# 宇宙史を物理学で読み解く

素粒子から物質・生命まで

福井康雄 [監修]

飯嶋 徹・杉山 直・平島 大・伊藤 繁 [編]

名古屋大学出版会

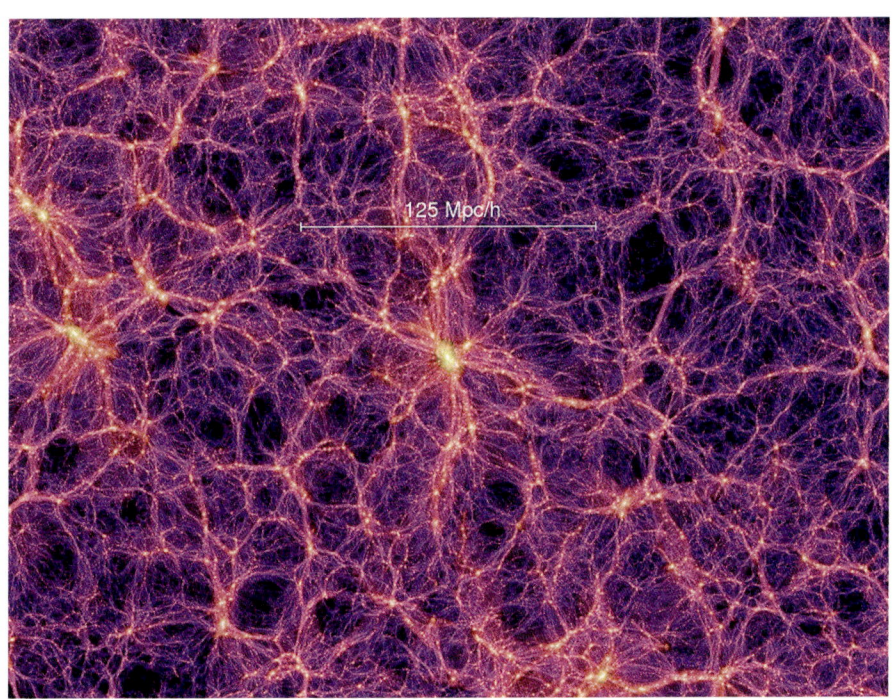

**口絵 1** 世界最高精度・最大規模の宇宙の構造形成シミュレーション．図中の 125 Mpc/h は約 5 億光年を表す（写真提供：The Millennium Simulation Project）

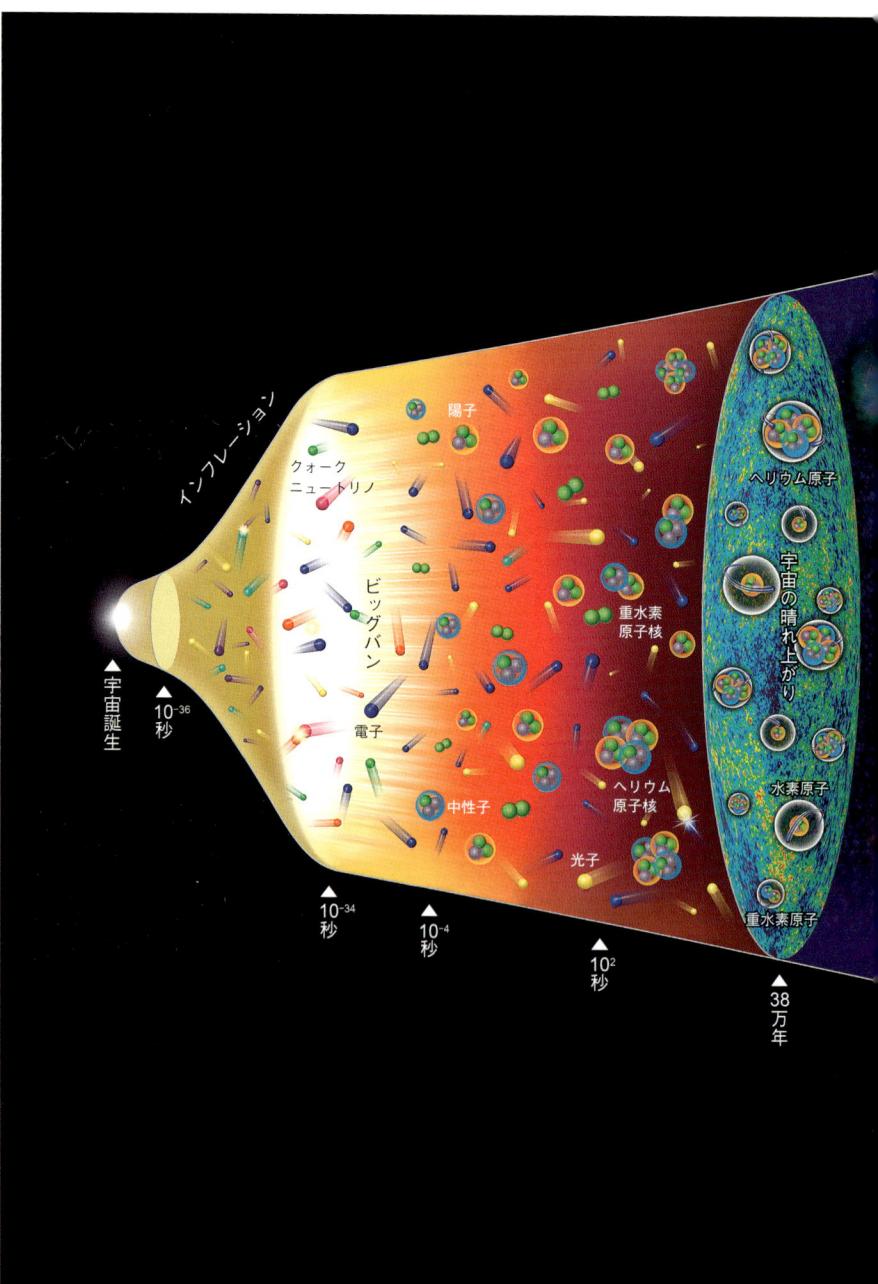

口絵2　宇宙

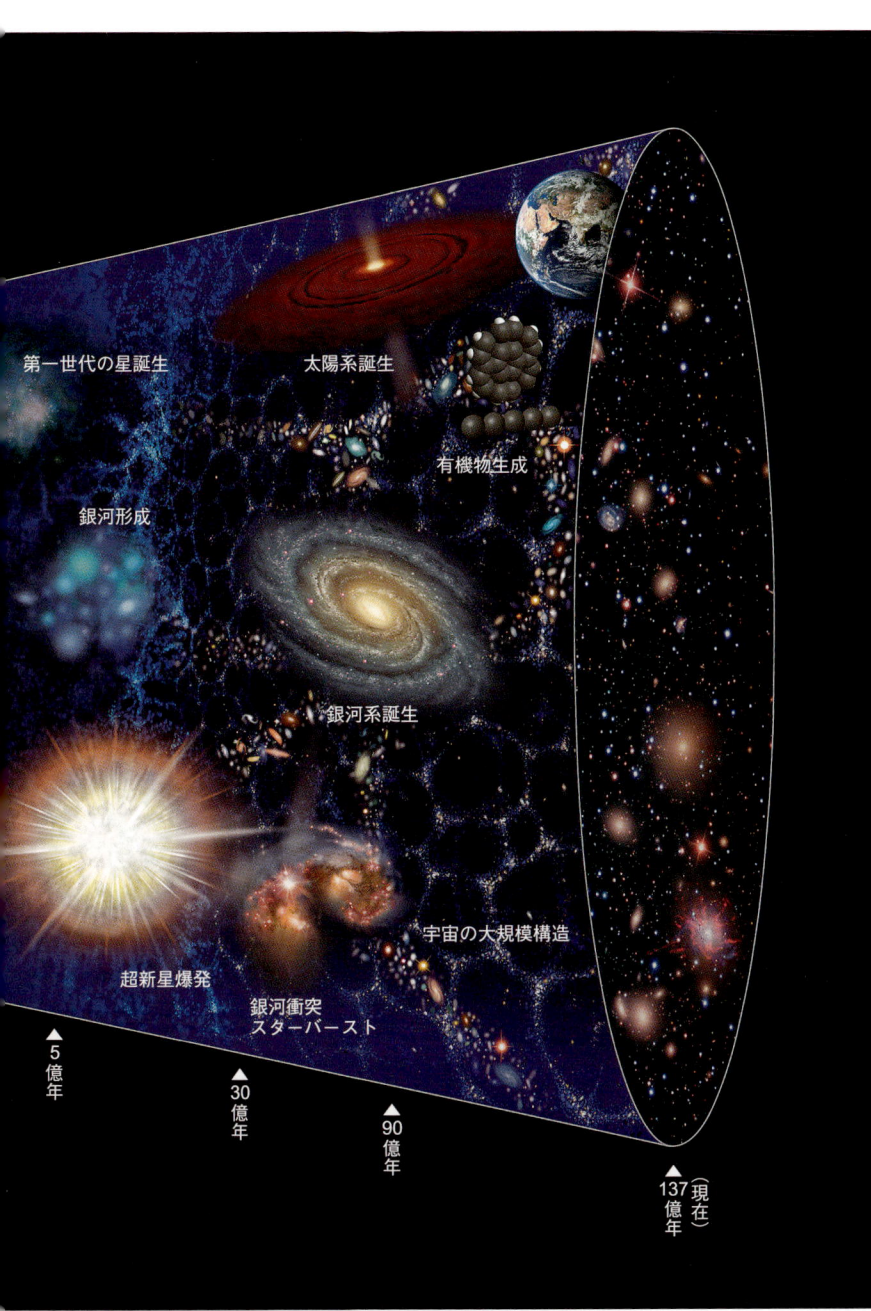

史 137 億年

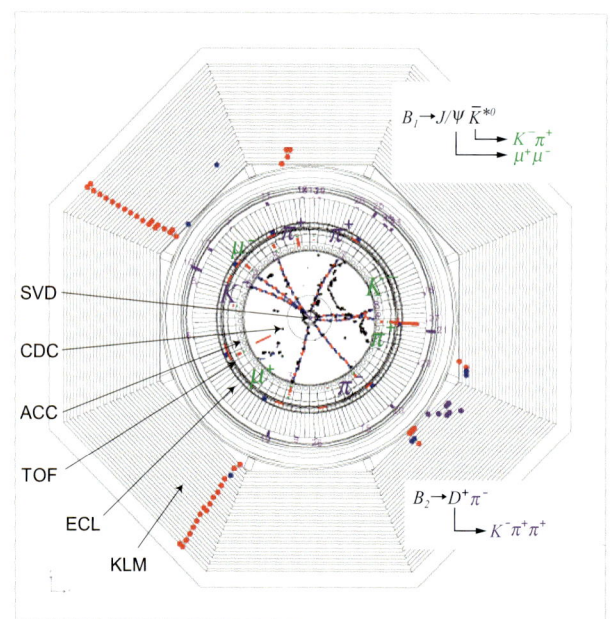

**口絵 3** B ファクトリーの Belle 測定器がとらえた B 中間子の崩壊事象．検出器の略称は図 1-2-5 参照

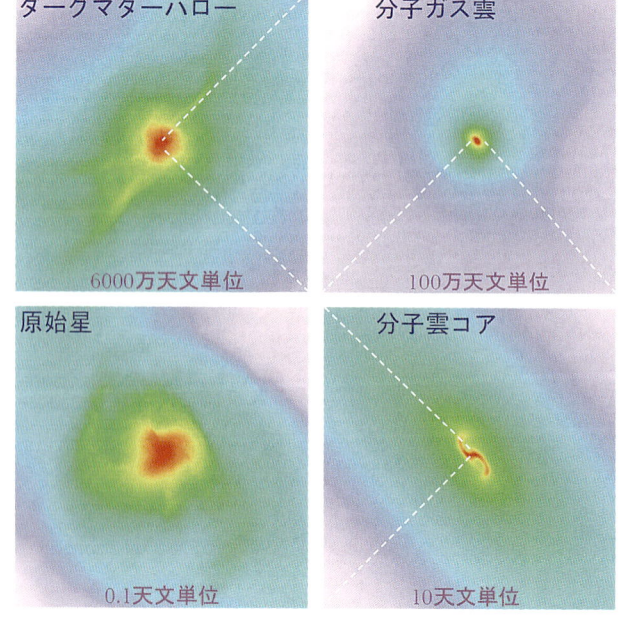

**口絵 4** コンピュータシミュレーションで再現した生まれたての原始星（出典：N. Yoshida et al., 2008, Science, 321, 669）

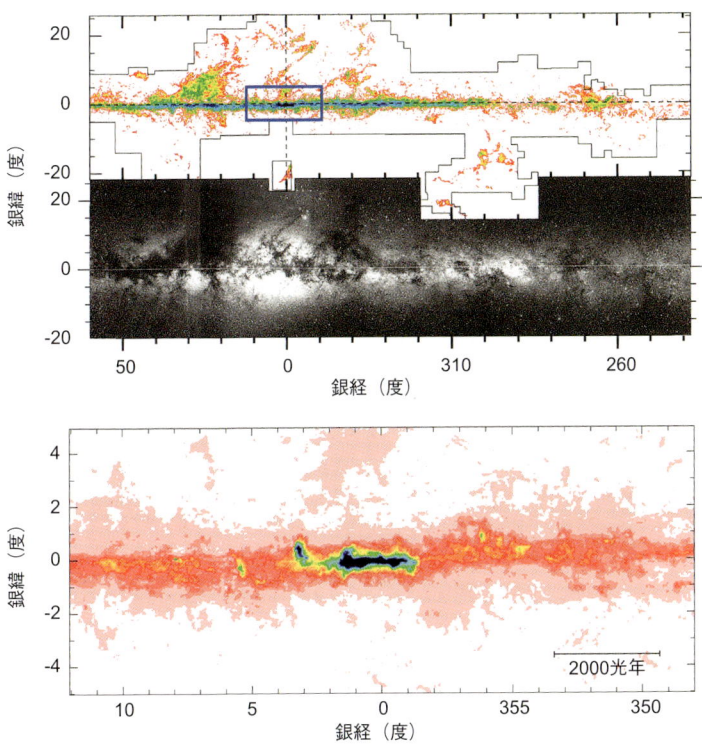

口絵5 「なんてん」望遠鏡によって観測された銀河系の電波地図．下は青枠部分の拡大

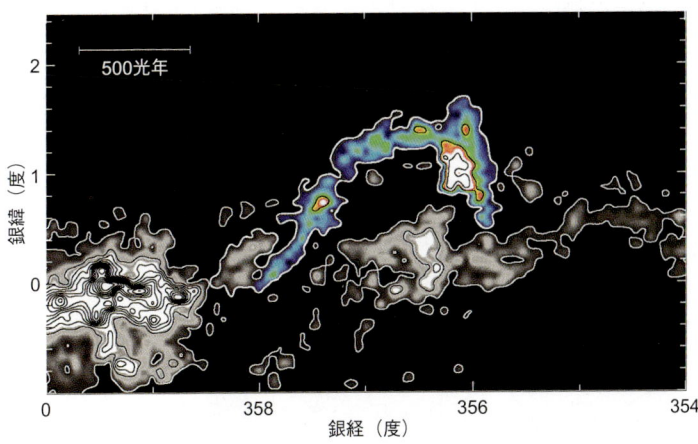

口絵6 「なんてん」望遠鏡が銀河系の中心部で発見した分子雲ループ

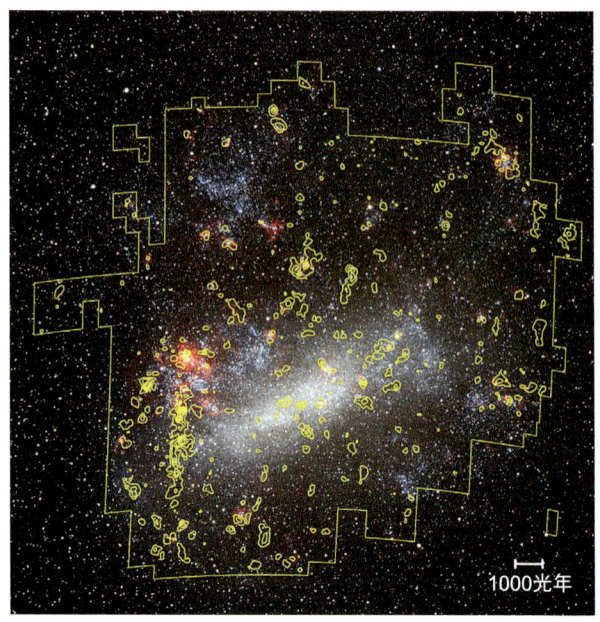

**口絵7** 大マゼラン銀河における巨大分子ガス雲の分布

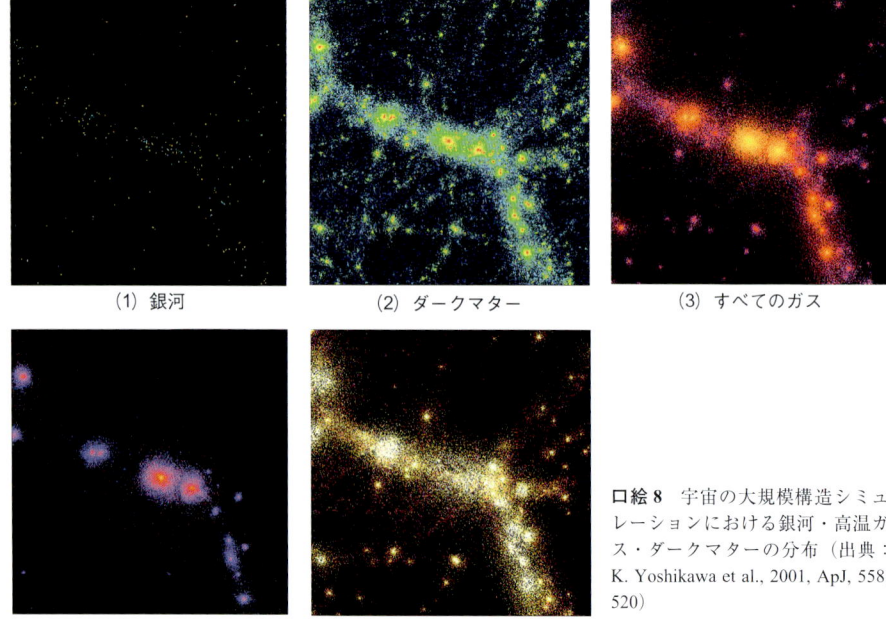

(1) 銀河　　(2) ダークマター　　(3) すべてのガス

(4) 高温ガス（1000万度以上）　(5) 高温ガス（10万〜1000万度）

**口絵8** 宇宙の大規模構造シミュレーションにおける銀河・高温ガス・ダークマターの分布（出典：K. Yoshikawa et al., 2001, ApJ, 558, 520）

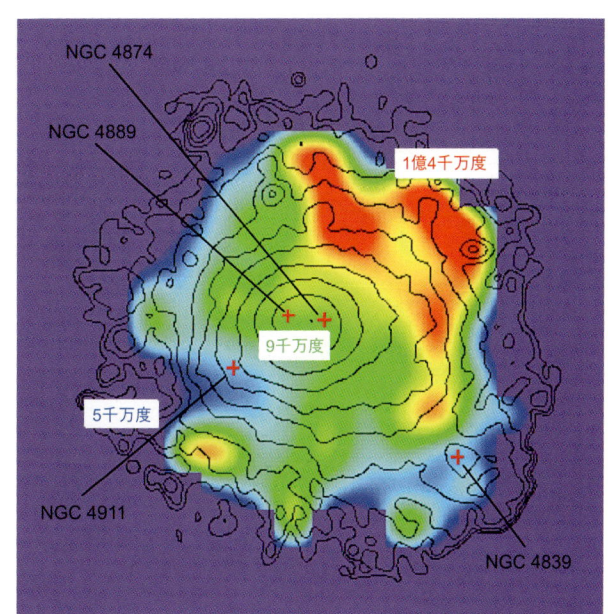

口絵 9　かみのけ座銀河団の X 線の明るさ（等高線）と高温ガスの温度（色）．「あすか」による観測（出典：M. Watanabe, 1999, ApJ, 527, 80）

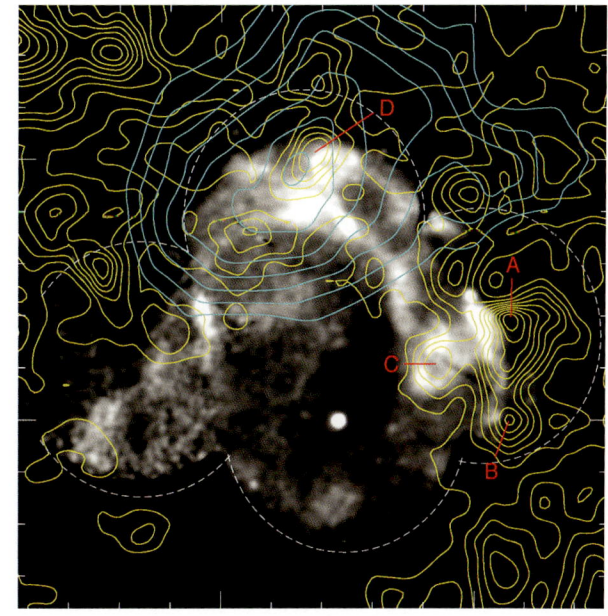

口絵 10　超新星残骸 RXJ 1713.7−3946 とガンマ線源 G 347.3−0.5．XMM ニュートン衛星による超新星残骸の X 線像に，「なんてん」によって観測された分子雲（黄の等高線）と CANGAROO による TeV 領域ガンマ線（青の等高線）を重ねた

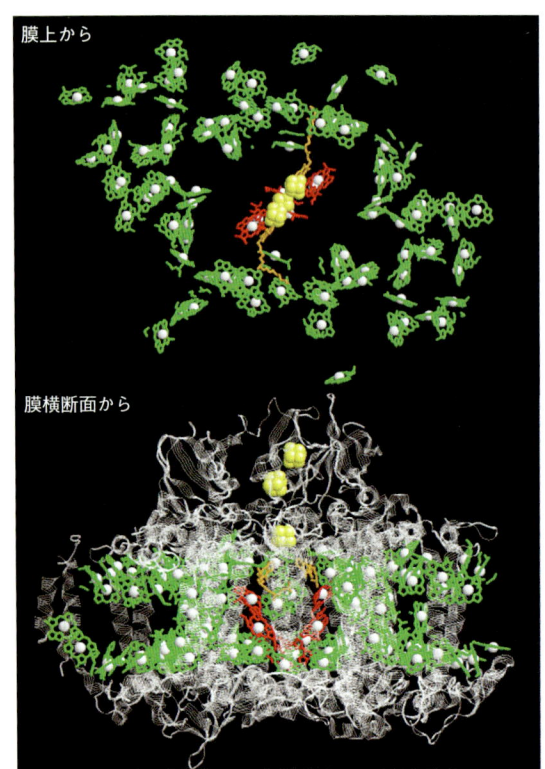

**口絵 11** 植物の光合成光化学系 I 反応中心複合体の構造．幅は 10 nm．緑と赤はクロロフィル，白丸はマグネシウム，橙はフィロキノン，黄は鉄硫黄センター，白いリボンはタンパク質を示す

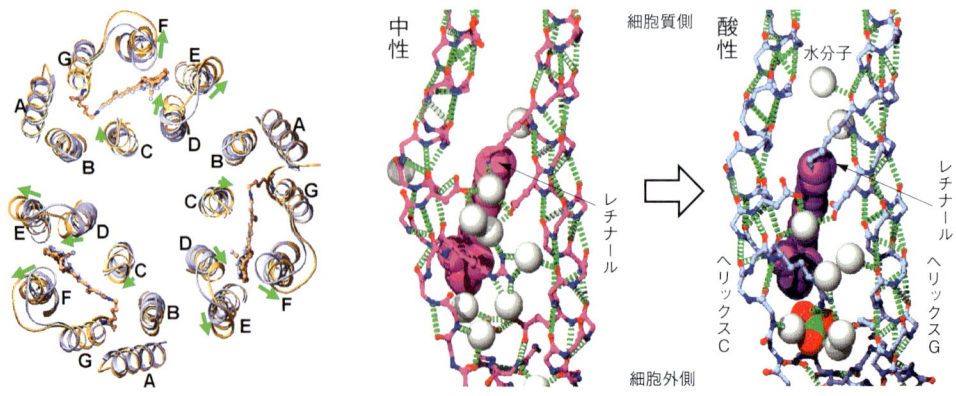

**口絵 12** バクテリオロドプシンの酸性転移に伴う構造変化．左図において，青は中性，黄は酸性での構造（出典：〈左〉H. Okumura et al., 2005, JMB, 351, 481）

宇宙史を物理学で読み解く

# 目　次

序　章　宇宙史解読への挑戦 …………………………………………… 1

## 第 1 章　初期宇宙

1　素粒子物理学で宇宙誕生に迫る ………………………………… 16
2　なぜ反物質は存在しないのか …………………………………… 25
　　ビッグバンが要求する素粒子論　25
　　粒子−反粒子対称性の破れの証拠をとらえた　37
　　　*Column*　粒子識別装置をつくる　49
3　ニュートリノ問題に終止符を打つ ……………………………… 52
　　原子核乾板でニュートリノをとらえる　52
　　OPERA 実験が始まった　60
　　　*Column*　リフレッシュできる写真フィルムをつくる　68

## 第 2 章　天体形成

1　宇宙を見る多様な目 ……………………………………………… 74
2　コンピュータの中で宇宙が生まれる …………………………… 82
　　宇宙の構造はいかにつくられたか　82
　　ファーストスター誕生　90
3　星が生まれる ……………………………………………………… 97
　　銀河系中心部の超巨大ループ状分子雲に迫る　97
　　大マゼラン銀河で巨大星団が生まれている　105
4　銀河団の熱い世界 ………………………………………………… 113
　　　*Column*　望遠鏡をつくる　126

## 第3章　極限天体

1 宇宙と地上をつなぐ物理 …………………………………………… 130

2 天体進化の終わりに ………………………………………………… 139
　　超新星と宇宙線陽子の起源　139
　　「すざく」が見たブラックホール近傍の時空　151
　　ブラックホールをつくり出す　157

3 極限状態の多様な世界 ……………………………………………… 165
　　超伝導の謎を追う　165
　　磁性超伝導体の新現象をとらえる　174
　　強相関電子系のエキゾチックな軌道を見る　184
　　*Column*　新物質，高圧・極低温環境をつくる　193

## 第4章　宇宙と生命

1 宇宙の中で生まれ出た生命 ………………………………………… 198

2 地球に生きる ………………………………………………………… 210
　　地球を変えた光と生命　210
　　生命を支えるプロトンポンプの4次元構造を解く　221
　　*Column*　人工光合成タンパク質をつくる　229

　　おわりに　231
　　用語集　233
　　索　引　244

# 序章
# 宇宙史解読への挑戦

福井康雄

## ◎人類共通の大きな課題，宇宙史解読

　宇宙の形成と進化を解き明かすこと，宇宙史を解読することは，人類共通の大きな課題です．そのための21世紀初頭における具体的な課題は，以下の3つに大きく整理できるでしょう．1つは，時間をさかのぼり，宇宙のはじまりの瞬間に迫ることです．これは高温・高密度の未知の世界に分け入ることを意味し，素粒子研究が有力な手段となります．2つ目は，重力が支配する膨張宇宙における天体形成と，そこでの物質と生命の起源を探ることです．さらに，ブラックホール・中性子星などの極限的高密度天体や，そのような極限状態での物質の振る舞いの解明が，3つ目の課題です．

　これらの課題を解決するために物理学者が用いる手法は，数学を含む理論の展開と仮説の提起，そして，それと密に連携する実験や観測による検証・実証です．これらは車の両輪のようなものであり，理論が先行して提起した仮説を実験や観測で検証するだけではなく，ときには実験や観測による思いがけない発見が理論に大きな飛躍をもたらすことを忘れてはなりません．

　この序章では，137億年の宇宙史を物理学研究の歴史とともに概観していきます．

## ◎「熱い宇宙」に迫る理論と観測

　宇宙は「熱い宇宙」ビッグバンによってはじまった——20世紀の初めには荒唐無稽と思われたであろう「ビッグバン宇宙論」は，現在では広く受け入れられ，自然科学の先端技術を駆使した観測と実験によって理論の精緻化

が進んでいます．

　ビッグバン宇宙論は20世紀に生み出された画期的な理論であり，それが受け入れられるようになった背景には，地道な宇宙観測と物理学の発展がありました．1929年にエドウィン・ハッブルは，ほとんどすべての銀河がわれわれから遠ざかっており，しかもその後退速度が距離とともに大きくなっていくことを明らかにしました．これは宇宙が膨張していることを意味し，宇宙にははじまりがあり，エネルギーが狭い空間に極度に凝縮した「熱い宇宙」の時代があった，という結論が自然に導き出されます．ハッブルの観測は，今から見れば実に粗く感度の低いものでしたが，宇宙は永久不変であるという当時の宇宙観に大きな衝撃を与えました．現在では，100億光年を超える距離にある銀河についても，その後退が確かめられています．銀河までの距離をその銀河の後退速度で割り算すると，百数十億年という時間が導かれます．これが，おおよその宇宙の年齢になります．

　ビッグバン宇宙論には，さらに2つの観測的な証拠があります．1つは「宇宙マイクロ波背景放射」の存在です．1965年，アーノ・ペンジアスとロバート・ウィルソンは，波長7.4 cmの電波が宇宙のあらゆる方向から一様に来ていることを発見しました．その電波の強度は，絶対温度約3 K（マイナス270℃）に相当する弱いものでした．これは，誕生から30万年あまりを経た，なお高温の宇宙が放った光が，宇宙の膨張によってその波長が引き伸ばされ，今に残ることを示しています．

　もう1つの証拠は，ヘリウムという原子番号2の軽い原子核が，宇宙全体に一様に，しかも宇宙で圧倒的に多い水素の10分の1ほどの量で存在することです．太陽をはじめとする星の内部で，水素原子核の核融合反応によってヘリウム原子核がつくられることは，よく知られています．しかし，星の内部でできたヘリウムは，星間空間には容易には放出されません．ヘリウムの多くは，星の進化の最後に残る白色矮星などの中に閉じ込められてしまうからです．にもかかわらず，大量のヘリウムが宇宙全体に一様に存在することは，宇宙全体がかつて1億度を超える高温の「熱い宇宙」の状態にあり，そこでの核融合反応によってヘリウムがつくられたことを物語っています．

**図 0-1** WMAP衛星がとらえた宇宙マイクロ波背景放射のゆらぎ
温度が高いところ（明るい部分）と低いところ（暗い部分）では30万分の1度の違いがある．（写真提供：NASA/WMAP Science Team）

　以上の3つの観測的な証拠は，20世紀の後半の研究によってさらに洗練され，周到な理論が組み立てられてきました．注目すべき最近の発展の1つは，宇宙マイクロ波背景放射がWMAP衛星によって精密に観測され，宇宙の年齢が137億年と高い精度で求められたことです（図0-1）．同時に，宇宙が曲率のない平坦な時空であり，膨張は永久に続くことなども明らかになりました．

　また，ビッグバンの前段階に「インフレーション」と呼ばれる，さらに急激な膨張が起きていたことが明らかになってきました．インフレーションの終了時に起きる真空のエネルギーが熱へと変わる相転移によって，「熱い宇宙」のエネルギーの起源を説明することができます．宇宙は，最初の$10^{-36}$秒から$10^{-34}$秒の間に，インフレーションによって膨張しました．次の100秒間に，1億度もの高温の宇宙で，水素原子核である陽子と中性子が反応してヘリウムの原子核がつくられました．しかしヘリウムより重い原子核の生成はほとんど起こらず，急速な膨張によって宇宙は冷えていき，宇宙初期の核融合反応は終息しました．このころの宇宙の主な成分は，電子，陽子，ヘリウム，光子，ニュートリノなどでした．ただし，これらの成分は宇宙の全エネルギーの4%であり，残りの23%はダークマター，73%はダークエネル

ギーです．ダークマターとは，電磁波では観測することができないが，重力的には存在が確認されている物質です．ダークエネルギーとは，宇宙の膨張を加速させるエネルギーで，その正体は分かっていません．

その後も宇宙膨張は続き，ビッグバン後30万年あまりを経て，宇宙全体は3000度程度にまで冷却しました．それ以前は電子が自由に飛び回っていたのですが，電子が陽子の電磁気力で束縛され，自由電子がなくなりました．その結果，それまでは自由電子にぶつかって散乱されていた光子が，長い距離を進むことができるようになりました．「宇宙の晴れ上がり」です．宇宙マイクロ波背景放射は，このときに自由に進み始めた光子です．そしてビッグバンの4億年後に，第1世代の星が形成されました．また，ビッグバンの数億年後に宇宙は再電離して，再び自由電子が飛び回るようになったと考えられますが，その仕組みはまだ解明されていません．

### ◘仮説と実証による物理学研究，400年の歴史

こうした宇宙への人類の関心は，何も20世紀になってから生まれたわけではありません．

実証による宇宙研究の歴史は，400年前のガリレオ・ガリレイにその端緒を見ることができます．ガリレオは，地上での落体の運動を解明し，それを実験によって確かめるという画期的な手法を示しました．さらに，同時代に得られた惑星の運動の緻密な観測は，落体の法則をその一部とする万有引力の法則の発見へとつながりました．1660年代，アイザック・ニュートンの『プリンキピア』によって，古典力学が一応の完成を見ました．1700年代には，ジョゼフ・ラグランジュらが古典力学を数学的に洗練し，解析力学を組み上げました．宇宙に学んだ数式をもとに高度に数学的な展開が進み，ウィリアム・ハミルトンにより力学の記述が整備され，さらなる理論の展開への準備となりました．

これと並行して，観測と実験にも目覚ましい進歩がありました．光学観測の進歩により，天体のスペクトルを得ることができるようになりました．天体の放射には，さまざまな波長の電磁波が含まれています．それを波長ごと

に分けたものを「スペクトル」，スペクトルに分けることを「分光」といいます．その顕著な成果は，1814年のヨーゼフ・フラウンホーファーによる太陽スペクトルにおける暗線の発見です．低い波長分解能では連続的な虹の7色にしか見えなかったものが，波長分解能を上げることによって，スペクトルの中に黒い線「暗線」が多数含まれていることが明らかになったのです．太陽スペクトルの暗線は「フラウンホーファー線」とも呼ばれ，太陽の大気に含まれる原子が特定の波長の光を吸収するためにできます．暗線の発見後しばらくすると室内での分光実験の進歩によって，地球上にある物質に由来する暗線が，太陽スペクトルの中にもあることが分かりました．地球の物質が，宇宙にも共通して存在しているのです．フラウンホーファー線の観測は，ヘリウムの発見にもつながりました．太陽光に未知の元素による暗線の存在が確認され，その元素はギリシャ神話の太陽神ヘリオスにちなんで「ヘリウム」と名付けられました．地上でヘリウムが発見されたのは，その後です．また，フラウンホーファー線には水素をはじめとする多数の原子スペクトルが含まれており，後で述べるように，20世紀における量子力学の成立を観測と実験の面から強く刺激しました．

　一方，ウィリアム・ハーシェルは，自作の光学望遠鏡によって天の川の星の数を調べ，銀河系が円盤状の形をしていることを最初に示しました．それまで太陽系内にとどまっていた宇宙観を塗り替え，銀河の存在を認識するに至った重要な一歩です．宇宙が銀河によって構成され，奥行きを持っているという認識は画期的であり，ハッブルの膨張宇宙の発見の背景にあると言えます．

　1900年前後には，新たな物理学が花開きました．物質のミクロな性質がマクロな性質とはまったく異なることが徐々に明らかとなったのです．例えば，原子スペクトルは電子の軌道が飛び飛びであることを示していますが，古典力学ではそれを説明することができませんでした．古典力学がミクロな世界で破綻していることを物語っています．古典力学では説明のつかない電子の振る舞いが明らかになり，不確定性関係が導入され，古典力学からの革命的な脱却がなされました．ここで，理論的には解析力学の体系を踏まえつ

つ，古典論と量子論をつなぐ対応原理によって，新たな物理学が構築されたのです．ヴェルナー・ハイゼンベルク，ポール・ディラックらの仕事によって，ミクロな量子の世界を扱う強力な手法，量子力学が構築されました．

　量子力学の成立は，宇宙の理解にも大きな影響を与えました．原子核反応を軸とする恒星進化論の成立，さまざまな原子・分子の分光研究の応用による恒星スペクトルの研究によって，20世紀の後半までには，恒星の進化がほぼ解明されました．その後の研究は，恒星の形成機構と，進化の終末期の解明へと向けられ，現代天文学の最前線の一端を担っています．さらに，結晶中の電子の状態を記述するバンド理論，DNAの二重らせん構造の発見など，物質と生命の存在の理解もまた，量子力学を抜きに語ることはできません．

　こうした物理学研究の発展史を振り返ると，多くの研究者が共通の目標を持っていたわけではなく，偶然に支配された類推と飛躍の連続であることに気がつきます．例えば，ガリレオの見た木星の衛星系は，太陽系や原子のモデルとして，人々の思考に大きく影響したに違いありません．また，数学者が独自の問題意識で数式の一般性を追究した結果が，やがて物理学にも応用できることが見いだされ，次のより高い発展をもたらしたことは，自然科学研究の方法論として興味深いものがあります．

### ◘宇宙線の発見から加速器実験へ．宇宙のはじまりの瞬間に挑む

　初期宇宙解明の鍵を握る，素粒子の世界への扉を開いたのはヴィクトル・ヘスです．ヘスは1912年，自ら熱気球に乗って上空での電離度が増加することを発見し，それまでは地球起源と考えられていた宇宙線が，実は地球外から飛来していることを示しました．その後，宇宙の「加速器」が生み出した各種の素粒子の中に陽電子，ミュー中間子などが発見され，やがて坂田昌一らによる素粒子物理学の興隆へとつながりました．同時に，宇宙線の起源は，発見から100年を経た現在でも，先端宇宙研究の最大の課題の1つです．早川幸男らによって1950年代に提案されたように，大質量星の進化の最後に起こる超新星爆発の残骸は，銀河系内の宇宙線（$10^{15}$電子ボルト[eV]

以下）の加速源として有望視されています．また，より高い $10^{20}$ eV に達する宇宙線の起源は，大質量ブラックホールを中心に含む活動的な銀河中心核が有望です．

　20世紀中ごろからは人工の加速器の開発が進み，現在の素粒子実験の主流をなしています．ここでの大きな課題の1つは，反物質の存在です．陽電子に象徴される反粒子は，粒子と対を成して生成・消滅します．この対称性は通常よく成り立っていると見られましたが，現実の宇宙は物質で構成されており，反粒子から成る反物質は存在しません．おそらく宇宙初期の粒子形成の時代に，反物質に対して物質が優勢となる対称性の破れが生じたはずです．このメカニズムを解明するために素粒子論研究は進められ，標準理論の構築によってその大枠が提案されました．日本の Belle 実験は，大量の B 中間子・反 B 中間子対の生成によって対称性の破れを検証する重要な成果を挙げました（口絵 3）．その背景には理論研究からの検証実験の提案があり，実験と理論は緊密に連係しています．

　最新の加速器である大型ハドロン衝突型加速器 LHC の最高エネルギーは，7 テラ eV（テラ ＝ $10^{12}$）に迫っており，宇宙初期の高温・高密度状態の解明に取り組み，標準理論を超えた大統一理論や超対称性理論の検証に向かっています．

### ◎多波長宇宙観測によって天体の形成史を解く

　現在の宇宙観測の中心は電磁波です．電磁波には，波長の短い方，つまりエネルギーの高い方から，ガンマ線，X 線，紫外線，可視光，赤外線，そして電波があります．可視光に次いで観測の歴史が古いのは，電波です．宇宙電波は 1932 年に，カール・ジャンスキーによって発見されました．その後の発展は，2つの大戦などによって必ずしも平坦ではありませんでしたが，1950 年代になって中性水素の波長 21 cm の線スペクトル発見から，恒星の原料である星間ガスの存在が示されました．1965 年には，先に述べたように宇宙マイクロ波背景放射が発見され，ビッグバン宇宙論の基礎をもたらしました．宇宙マイクロ波背景放射を発見したペンジアスとウィルソンは，引

き続いてミリメートル波の新鋭受信器を開発して星間分子の検出に取り組み，一酸化炭素分子の回転で出される波長 2.6 mm の電波を 1970 年に発見して，星間分子雲観測の端緒を開きました．これが恒星形成研究の発展の基礎を与えました．さらに期を同じくして，X 線天文学，赤外線天文学が創始されました．

20 世紀最後の四半世紀の天体観測は，多波長観測の展開によって特徴づけられます．宇宙の低温相はエネルギーの低い長波長の電磁波で，高温相は高エネルギーの短い波長の電磁波で観測されます．つまり多波長観測の展開は，宇宙の物質をすべての温度範囲について把握することを可能にしたのです．その結果，宇宙規模での壮大な物質循環が見えてきました．

21 世紀の宇宙観測は，ほとんどすべての電磁波を観測対象とし，その精密化，高精度化を進めています．わが国の X 線天文衛星「すざく」は 100 万度を超える高温ガスを詳細に観測し，銀河の中心核から超新星残骸，ブラックホールなどの極限天体を探っています．わが国初の赤外線天文衛星「あかり」は，宇宙の固体微粒子の詳細を明らかにし，惑星形成に至る固体成分の進化を解明しています．さらに，ガンマ線天文学が本格化し，特に近年のガンマ線望遠鏡 HESS，ガンマ線観測衛星フェルミの登場は，宇宙線の起源に迫るという意味でも重要です．また，ミリ波・サブミリ波帯の開拓も進み，南米チリの高地に展開されたサブミリ波望遠鏡群が，星間空間に新たな物質相を検出しています．

### ◎膨張宇宙における天体・構造の形成を追う

われわれの銀河系は，アンドロメダ銀河と局部銀河群を形成しています．局部銀河群には大小マゼラン銀河をはじめとする矮小銀河が多数含まれています．銀河群より大きな銀河の集団は「銀河団」と呼ばれます．銀河は億光年のスケールで泡状に分布しており，その分布は「大規模構造」と呼ばれています．膨張宇宙の中で宇宙の構造がどのように形成されてきたかを明らかにしようと，コンピュータを使ったシミュレーションが行われています．ダークマターの存在を仮定すると，泡状の構造が形成されることが確かめら

れています．しかし，ダークマターの正体は不明です．ニュートリノやニュートラリーノなどの可能性が議論されていますが，今のところ実験的な証拠は得られていません．

　ダークマターの観測的な兆候は，20世紀の後半にいろいろと得られていました．特に顕著な証拠は，ヴェラ・ルービンによる渦巻銀河の回転速度の観測です．渦巻銀河に属する光を発する天体の質量をもとに回転速度を求めると，中心から離れるにつれて減少します．ところが，銀河の回転速度を実際に観測してみると，中心から離れてもほぼ一定であることが分かりました．ルービンは，渦巻銀河には光では見ることができない物質，ダークマターがあり，その重力が回転速度に効いていると証拠づけたのです．

　宇宙初期を対象にしたシミュレーションによれば，ダークマターは自分自身の重力によって，フィラメント状に分布します．この重力によって水素ガスが引き付けられ，ガスは重力ポテンシャルの中でさらに凝縮します．水素は分子となり，赤外線を出してガスを冷やし，ガスはさらに収縮していきます．こうしてビッグバンから4億年後，宇宙の第1世代の星，ファーストスターが生まれました．第1世代の星は，水素とヘリウムだけで形成され，太陽質量の数百倍の重い星がほとんどであったと考えられます．第1世代の星は，大質量であるために急速に進化して超新星爆発を起こします．これが，宇宙への重元素供給の引き金です．星の内部でつくられていた重元素や爆発のときにつくられた重元素が，宇宙にばらまかれました．それ以降の宇宙では，継続的に重元素の「汚染」にさらされながら，恒星を形成して銀河の進化を促すことになります．

　現在の宇宙には，炭素，窒素，酸素などの重元素が，水素の量の1万分の1程度含まれています．第1世代の星，第2世代の星などによってつくられ，宇宙にばらまかれたものです．これらの重元素から一酸化炭素などの星間分子が形成されます．それらを含む星間分子雲が収縮して，その中で星が生まれます．生まれたばかりの原始星は，多数の分子スペクトルとしてエネルギーを放出し，ガスを効率よく冷やします．ガスが冷えやすいということは，小質量でも容易に凝縮して，星が誕生することを意味します．その結

**図 0-2 ハッブル・ウルトラ・ディープフィールド**
ハッブル宇宙望遠鏡が撮影した遠方の銀河．宇宙誕生後4億〜8億年の姿で，1万個以上の銀河が映っている．いびつな形をした小さな銀河が多い．（写真提供：NASA，ESA，S. Beckwith/STScI）

果，現在の宇宙で最も多く生まれるのは太陽程度の小質量星です．

ビッグバン後10億年は銀河の種が形成された時代でもあります．このころの銀河は小型のものが多く，現在の銀河系のような大きく発達したものはありませんでした（図0-2）．ハッブル宇宙望遠鏡の観測によると，これらの小型銀河は頻繁に衝突合体を繰り返していた形跡があります．数十億年を経て銀河は「成長」したのです．

宇宙の透明さゆえに，私たちは120億光年以上の空間を貫いて宇宙の遠方を観測することができます．光の速度が有限であるために，それぞれの距離が過去の時点に対応します．こうしてわれわれは，137億年にわたる宇宙史を，晴れ上がりの時点の誕生後30万年あまりまでさかのぼって観測することができるのです．

### ◆ 中性子星やブラックホール，高密度天体の物性の理解へ

　太陽をはじめとする恒星の大部分は，水素をヘリウムに変える核融合反応のエネルギーによって輝いています．これが，主系列星です．太陽を含めた小質量の星は，中心部の水素がすべてヘリウムに変換された時点で不安定になり，赤色巨星へと膨張します．その後，星の外層部は星間空間に放出され，中心には白色矮星と呼ばれるコンパクトな星が残ります．白色矮星の半径は地球とほぼ同じで太陽の100分の1ですが，質量は太陽の半分程度です．つまり，密度は1 cm$^3$当たり1トンにもなります．そのような高密度状態においては，フェルミ粒子である電子は量子力学の基本原理である「パウリの原理」に従うため，「縮退」と呼ばれる状態をとるようになり，縮退圧と呼ばれる圧力が生じます．白色矮星のような高密度星が自己重力によってつぶれてしまわないのは，縮退圧が自己重力に抗して星を支えているからです．

　さらに太陽質量の8倍を超える大質量星は，進化の最後に超新星爆発を起こします．爆発の後，太陽質量の25倍以下の場合は中心に中性子星を残し，それ以上の質量ではブラックホールが形成されます．中性子星は半径10 kmにもかかわらず太陽程度の質量を持ちます．密度は1 cm$^3$当たり10億トンと白色矮星よりもさらに高く，中性子が安定状態にあって，中性子の縮退圧が重力に対抗して星を支えています．ブラックホールは数kmの広がりを持ち，光も拘束される天体です．その周辺では，一般相対論に従って時空が歪みます．

　これらの高密度天体の物性と，その周囲で起きている現象の理解も，現代天文学の重要な課題です．焦点の1つは，コンパクト星の物性です．その高密度のために，中性子を超えてクォークから構成される天体が存在する可能性も提案されており，それが実証できれば大きな発見です．そのためにはハドロン物理学と宇宙研究の連携が必要であり，極限的な高密度物性研究にとって，宇宙が実験室となる可能性があります．

## ◘生命の起源を宇宙に探る

　私たちが住んでいる太陽系は，宇宙全体から見れば，低温・高密度のグループに属します．太陽系は約46億年前，銀河系の一角の星間分子雲の中でつくられました．分子雲の総質量は太陽10万個分を超え，その中に重力によって凝縮した分子雲コアが多数つくられます．太陽系を形成した母体分子雲コアは，太陽の3～4倍の質量を持つ水素分子ガスの塊と考えられ，その密度は1 cm$^3$当たり10万個，温度は絶対温度10 K（マイナス263℃）と推定されます．このガス塊は角運動量を保存しながら円盤状に収縮し，約100万年をかけて太陽を形成しました．太陽の質量は$2\times10^{33}$グラム，半径は$7\times10^{10}$cmです．このころ太陽を取り巻く物質は，半径が$10^{16}$cm程度の円盤状になっています．円盤の大きさは恒星間の距離の100分の1以下にすぎません．この円盤は回転しており，円盤の厚みの方向に内圧と重力が釣り合っていますが，やがて密度の大きな固体成分から赤道面に沈殿していき，微惑星の形成につながります．微惑星が集積し，惑星がつくられます．こうして，地球型惑星には炭素，窒素，酸素をはじめとする重元素が集中し，太陽自体とは大きく異なる化学組成を持つことになりました．

　水素とヘリウムを主成分とする宇宙全体から見れば，地球は重元素の多い特異な化学組成を持っています．生命の誕生は，このような重元素に富む環境で初めて可能となりました．生命の起源は現在でも，人類にとって解明に時間がかかる大きなテーマです．20世紀に発達した分子レベルでの生命の理解は生物物理学の成立につながり，現代物理学の重要なブランチを形成しています．

　宇宙における星間分子の発見，赤外線による固体微粒子の観測は，希薄な宇宙空間においてさまざまな分子が存在していることを示します．生体分子はそれらよりはるかに大きく複雑なシステムですが，星間分子から汲み取ることのできる情報も少なくありません．星間空間には星の放つ紫外線など分子に大きな影響を与える放射が満ちており，分子過程を理解するうえで貴重な実験室でもあります．1980年前後の炭素鎖分子の発見は，その後フラーレンなどの新物質発見の契機ともなりました．また，太陽系以外の惑星系に

おける生命の存在が，近い将来実証される可能性も十分にあります．生命の起源を宇宙に探る研究が，今後ますます重要性を増すことが予想されます．

## ◘本書の構成

ここまでに，素粒子物理学，天体物理学，物性物理学，生物物理学……といった，物理学のさまざまな領域における非常にホットなテーマが浮かび上がってきました．宇宙史を解読するに当たっては，これらの領域間の連携が不可欠です．また，当然ながら理論と実験との相互の連携も必要になります．

本書はこのような視座に立ち，21 世紀の初めの 5 年間の物理学研究で試みられた，宇宙と物質の起源の探究，宇宙史解読の成果を分かりやすくまとめたものです．

第 1 章では初期宇宙を解き明かす素粒子物理学研究の成果を紹介します．第 2 章では，多波長観測による天体形成研究を示します．第 3 章では極限的高密度天体の研究と，超伝導を軸とする物質研究を解説し，第 4 章の分子レベルでの生体機能の研究で締めくくります．各章のコラム「つくる」では，最先端の研究を支える新たな装置や計測方法などの開発について紹介しています．巻末に用語集をつけましたので，分からない語が出てきたときの参考にして下さい．

# 第1章

# 初期宇宙

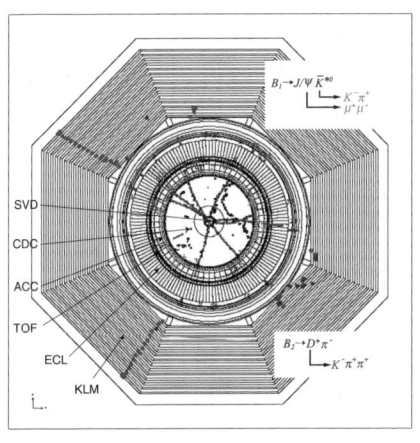

# 1
# 素粒子物理学で宇宙誕生に迫る

大島隆義

## ◨素粒子物理学とは

　宇宙は誕生以来，膨張を続けています．宇宙の歴史を過去にさかのぼると，すべての物質が狭い空間に集まり，非常な高温・高エネルギー状態になります．そのような世界では，私たちの体はもちろん，通常の物質は存在できません．すべての物質は，物質の究極の構成要素である「素粒子」に分解されています（図1-1-1）．素粒子を支配する基本法則を探求する学問が，「素粒子物理学」です．私たちは，素粒子物理学によって極微の世界を探求するとともに，極大の世界である宇宙がどのようにはじまったか，初期宇宙史を素粒子物理学的に解読することを目指しています．

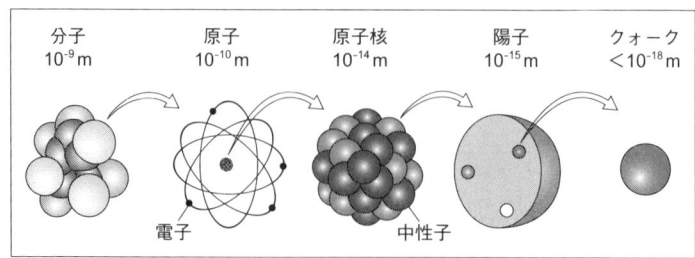

**図1-1-1　物質の構成要素**
分子は原子へ，原子は原子核と電子へ，原子核は陽子と中性子へ，陽子と中性子は3個のクォークへ分解できる．クォークや電子のように，それ以上分解できない物質の究極の構成要素を「素粒子」と呼ぶ．

### ◎ 物質を構成する最も基本的な粒子，素粒子

　物質は何からできているのか――人類は，はるか昔から，その答えを求めてきました．紀元前500年ごろ，古代ギリシャの哲学者は，すべての物質は非常に小さな粒子で構成されていると考え，その最小単位を「Atom（原子）」と呼びました．Atom とは「分割できないもの」という意味です．この時代，原子は仮想的な存在でした．

　はるかに時代を下って19世紀初頭，ジョン・ドルトンによって，すべての物質は分割できない最小の粒子，原子でできているという近代的な原子説が提唱されました．しかし，原子は物質の最小単位ではありませんでした．1911年，アーネスト・ラザフォードによって，原子の中に原子核が発見されたのです．原子核の周りには電子が回っていることも分かりました．さらに1932年，ヴェルナー・ハイゼンベルクが，原子核は陽子と中性子から構成されると提唱しました．これにより，電子と陽子と中性子が物質の最小単位であるとされ，素粒子と呼ばれるようになりました．

　しかし，陽子と中性子にはさらに内部構造があったのです．陽子と中性子は，それぞれ3個のクォークから成ることを示したのは，マレー・ゲルマンです．1964年のことで，クォークは3種類あると，ゲルマンは考えていました．

　現在，物質を構成する素粒子には，陽子や中性子をつくっている「クォーク」と，電子やニュートリノなどの「レプトン」が知られています．クォークとレプトンはそれぞれ6種類あり，2個ずつペアを組んで3世代を構成しています（表1-1-1）．クォークは，アップクォーク，チャームクォーク，トップクォーク，それぞれと対を成すダウンクォーク，ストレンジクォーク，ボトムクォークです．レプトンは，電子，ミュー粒子（ミューオン），タウ粒子（タウオン），それぞれと対を成す電子ニュートリノ，ミューニュートリノ，タウニュートリノです．それぞれに，質量とスピンは同じで，電荷などの符合が反対の反粒子が存在します．物質を構成する素粒子は，「フェルミ粒子（フェルミオン）」と呼ばれます．

　物質を構成する素粒子には，4つの力が働いていることも分かってきま

表 1-1-1　物質を構成する素粒子（フェルミ粒子）

|  | 第1世代 | 第2世代 | 第3世代 | 電荷 |
|---|---|---|---|---|
| クォーク | アップ（$u$） | チャーム（$c$） | トップ（$t$） | $+2/3$ |
|  | ダウン（$d$） | ストレンジ（$s$） | ボトム（$b$） | $-1/3$ |
| レプトン | 電子ニュートリノ（$\nu_e$） | ミューニュートリノ（$\nu_\mu$） | タウニュートリノ（$\nu_\tau$） | 0 |
|  | 電子（$e$） | ミュー粒子（$\mu$） | タウ粒子（$\tau$） | $-1$ |

表 1-1-2　力を媒介する素粒子（ゲージ粒子）

|  | 媒介する力（相互作用） | 相対的な力の強さ | 力の作用範囲 |
|---|---|---|---|
| 重力子（$G$） | 重力 | $10^{-40}$ | $\infty$ |
| 光子（$\gamma$） | 電磁気力 | $10^{-2}$ | $\infty$ |
| グルーオン（$g$） | 強い力 | 1 | $10^{-13}$ cm |
| W粒子（$W$）・Z粒子（$Z$） | 弱い力 | $10^{-5}$ | $10^{-16}$ cm |

た．4つの力とは，すべての素粒子に引力として働く「重力」，電子など電荷を持った粒子に働く「電磁気力」，クォークを結び付けて陽子や中性子をつくり，陽子と中性子を結び付けて原子核をつくる「強い力」，クォークとレプトンに働く「弱い力」です．これらの力は，粒子をキャッチボールのようにやりとりすることによって働きます．力を媒介する粒子は「ゲージ粒子」と呼ばれ，重力は重力子，電磁気力は光子，強い力はグルーオン，弱い力はW粒子（Wボソン）とZ粒子（Zボソン）によって媒介されます（表1-1-2）．

## ◘宇宙は小さかった

　素粒子物理学の進展によって，宇宙誕生直後の研究はだいぶ進んできました．まずは，素粒子物理学によって明らかになってきた，誕生直後の宇宙についてお話ししましょう．

　宇宙は137億年前に「無」から生まれました．生まれたときの宇宙は，素粒子よりも小さかったのです．素粒子には大きさがないと考えられているので，これは矛盾した説明ですが，その雰囲気を理解してください．とにか

く，宇宙は生まれ，膨張を始めました．

　そして，宇宙誕生から $10^{-36}$ 秒後，突然，膨張速度が急速になりました．「インフレーション」と呼ばれる現象が起きたのです．急膨張は，宇宙誕生から $10^{-32}$ 秒後くらいまで続きます．その間に宇宙の大きさは $10^{50}$ 倍になりました（$10^{-34}$ 秒後までで $10^{30}$ 倍という説もある）．$10^{-32}$ 秒とは，1 秒の 1 兆分の 1 兆分の 1 億分の 1 です．こんな数字を並べてもさっぱり分かりません．光（秒速 30 万 km）が $10^{-32}$ 秒間で進む距離は $10^{-24}$ m です．陽子の大きさは $10^{-15}$ m です．それより 9 桁も小さいのですから，大きさがないようなものです．つまり $10^{-32}$ 秒とは，光が陽子の大きさすら進むことができないほど，非常に短い時間です．では，$10^{50}$ 倍とはどのくらいでしょうか．$10^{-24}$ m を $10^{50}$ 倍すると，100 億光年のサイズになります．$10^{50}$ 倍とは，極小のものが極大規模にまで広がるのです．いかに短時間に，いかに急激に膨張したか，お分かりいただけたでしょうか．

　ただし，インフレーションが終わったときの宇宙の大きさは，たった 3 m です．宇宙は大きなものの代名詞となっていますが，その時代には，実は小さかったのです．

### ◎ヒッグス粒子がインフレーションを引き起こした

　宇宙はなぜ急膨張を始めたのでしょうか．私たちが素粒子論でさかのぼることができているのは，インフレーションが始まった宇宙誕生の $10^{-36}$ 秒後までです．残念ながら，それより以前の初期宇宙のことは，まだ確定的なことは言えません．しかし，初期宇宙を解明する鍵はあります．

　それが「ヒッグス粒子」です．ヒッグスは，物質に質量を持たせる素粒子で，初期宇宙で大変重要な役割を果たしていたと考えられています．その存在は，素粒子の振る舞いを最もよく表しているとされる「標準理論」が予言していますが，まだ発見されていません．初期宇宙の話をするとき，不確定性は避けることはできません．ならば，未発見ではありますがヒッグス粒子を足場として，不確定なところは「伝説」「物語」という言葉で補って話を進めてみましょう．「ヒッグス伝説」の始まりです．

20　第1章　初期宇宙

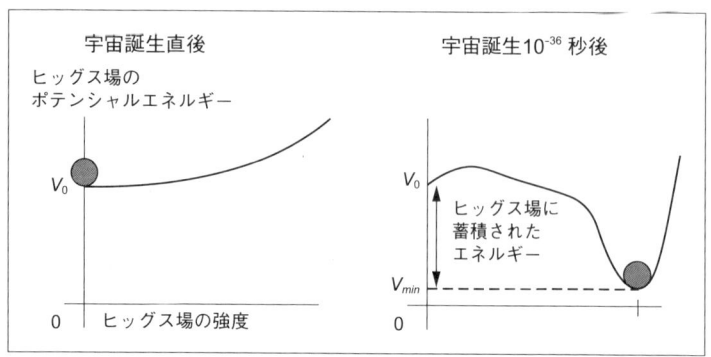

**図1-1-2　ヒッグス粒子のエネルギーポテンシャル**

宇宙誕生直後，ヒッグス粒子のポテンシャルエネルギーは膨大な有限の値を持つが，ほかの素粒子と相互作用しない．宇宙誕生の $10^{-36}$ 秒後，膨張に伴って温度が下がってくると，ヒッグスのポテンシャルエネルギーも下がり，膨大なエネルギーが解放される．そのエネルギーがインフレーションを引き起こし，そのときヒッグスはほかの素粒子と相互作用を始める．（出典：J. Allday, Quarks, Leptons and the Big Bang, IOP Publishing Ltd., 2002）

　誕生直後の宇宙は，真空の世界でした．真空といっても何も存在しないのではなく，ヒッグスやほかの素粒子が充満していました．宇宙誕生直後の高温・高エネルギー状態におけるヒッグスのポテンシャルエネルギーは，膨大な有限の値を持っています（図1-1-2）．しかし，ヒッグス結合定数と呼ばれる，ヒッグスとほかの素粒子との結合力はありません．このときのヒッグスは，ほかの素粒子と相互作用せず，存在していても見えない「幽霊素粒子」です．

　宇宙が膨張するにつれて，温度が下がっていきます．すると，ヒッグスのポテンシャルエネルギーも下がっていきます．同時に膨大なエネルギーが解放され，そのエネルギーが急膨張，インフレーションを引き起こしたのです．そのときヒッグスは，ほかの素粒子と相互作用を始めます．そして，ヒッグスは非常に大きな質量を持った素粒子として姿を現しました．同時に，ほかの素粒子もヒッグスと相互作用することで質量を得ます．これが第1回の相転移です．温度が下がることで水蒸気が水に姿を変えるように，真空に相転移が起きました．

インフレーションが始まる前，素粒子は質量を持っていませんでした．すべての素粒子が質量を持たない状態では，電磁気力，強い力，弱い力は，同じ1つの力として働きます．ところが宇宙誕生$10^{-36}$秒後，ヒッグスとほかの素粒子が相互作用を始めたために，力が強い力と電弱力に分かれました（図1-1-3）．電弱力とは，電磁気力と弱い力が統合された力です．

自然界に存在する4つの力，つまり重力，電磁気力，

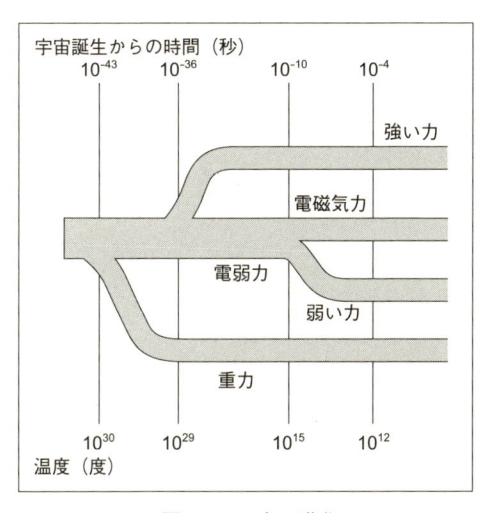

**図1-1-3 力の進化**
自然界に存在する4つの力である，重力，電磁気力，強い力，弱い力はもともと1つであり，宇宙の進化とともに枝分かれしてきた．

強い力，弱い力はもともと1つであり，宇宙の進化とともに枝分かれしてきたと考えられています．まず宇宙誕生直後に重力が分かれました．$10^{-36}$秒後に電弱力と強い力に分かれ，$10^{-10}$秒後に電弱力が電磁気力と弱い力に分かれたのです．電磁気力と弱い力の統一は「統一理論」，電弱力と強い力の統一は「大統一理論」によって説明されています．大統一理論はまだ完成していませんが，ほぼ間違いないと考えられています．しかし，重力を含めた4つの力を統一する，いわば「超大統一理論」はまだいくつもの候補があり，盛んに議論されている状況です．

## ◘反物質の宇宙がない理由

第1回の相転移のとき，ヒッグスやそのとき宇宙に存在した素粒子が，短時間のうちに崩壊しました．この崩壊によって，粒子と反粒子が生成されます．このとき，生成数のバランスが崩れました．粒子の方が，反粒子よりも多くできたと考えられています．粒子と反粒子の生成バランスの崩れを，

「CP対称性の破れ」と呼びます.

　粒子と反粒子が存在すると「対消滅」を起こして消滅し，光となります．ところが，粒子の数の方が多かったので，ほとんどの粒子と反粒子が対消滅した後，粒子だけがわずかに残りました．こうして，反粒子から成る反物質の存在しない，物質優勢の宇宙となりました．銀河や星，私たちの体も粒子でできています．CP対称性の破れを生み，現在の物質優勢の宇宙をつくったのも，ヒッグスなのです．

　茨城県つくば市にある高エネルギー加速器研究機構（KEK）では，KEKB加速器という1周3kmの円形加速器を使ったBelle実験が行われています．加速器を使って粒子であるB中間子と反粒子である反B中間子を大量につくり出し，その崩壊の様子の違いを詳しく調べることで，CP対称性の破れを検証しようという実験です．Belle実験には，13ヵ国，50研究機関，300名の研究者が参加しています．中でも名古屋大学は最大規模の大学チームとして，実験で得られた膨大な量の物理データを解析するとともに，新しい検出器の開発も行っています．そして2001年，B中間子の崩壊におけるCP対称性の破れが確認されました（口絵3，第1章2「粒子-反粒子対称性の破れの証拠をとらえた」参照）．また最近では，現在の標準理論では説明が付かない現象がとらえられています．新しい物理，新しい粒子発見への期待が高まります．

### ◘ニュートリノに質量はあるか

　第1回の相転移のときに，素粒子は質量を得ました．ニュートリノも例外ではありません．しかし，これまでニュートリノの質量は観測されませんでした．ニュートリノは本当に質量を持つのだろうか．その検証を目指しているのが，2006年から開始された長基線ニュートリノ振動実験OPERAです．スイスのCERN（欧州原子核研究機構）でミューニュートリノをたくさんつくり出し，732km離れたイタリアのグランサッソ研究所の地下実験室へ飛ばします．ニュートリノは物質とほとんど相互作用しないので，アルプス山脈の下を通って2.4ミリ秒でグランサッソに届きます．

ニュートリノには，電子ニュートリノ，ミューニュートリノ，タウニュートリノがあります．ニュートリノに質量があれば，3種類のニュートリノの間で，飛行中に別の種類に変わってしまう「ニュートリノ振動」が起きます．本当にニュートリノが質量を持っているのならば，CERN でつくられたミューニュートリノがグランサッソまで届く間に，ニュートリノ振動によってタウニュートリノに変わるはずです．

　名古屋大学の研究チームは，グランサッソに OPERA のために開発した原子核乾板を設置し，タウニュートリノをとらえようとしています．タウニュートリノをとらえることができれば，ニュートリノが質量を持つ明確な証拠となります．原子核乾板は，この研究チームが開発した自動飛跡読み取り装置で解析します（第1章3「ニュートリノ問題に終止符を打つ」参照）．

## ◆ヒッグス粒子をつかまえる

　では，ヒッグスの存在は，どのようにしたら確認できるのでしょうか．第1回の相転移を起こしたヒッグスは非常に重く，エネルギーが非常に高いため，それを加速器でつくることは不可能です．しかし現在の素粒子物理学によると，ヒッグスにはいくつか種類があり，軽いヒッグス粒子もあると予言されています．

　宇宙は膨張とともに温度が下がり，宇宙誕生から $10^{-10}$ 秒後に第2回の相転移を起こしました．第1回の相転移のときと同様，ヒッグスが姿を現します．それは軽いヒッグスです．第2回の相転移では，電弱力が電磁気力と弱い力に分かれました．軽いヒッグスの質量は数百ギガ電子ボルト（GeV，ギガ［G］= $10^9$）と予測されていますから，ぎりぎり加速器でつくり出し，とらえることが可能です．軽いヒッグス粒子をとらえることができれば，初期宇宙を解明する大変重要な手掛かりになります．

　軽いヒッグス粒子をもとらえることを目指しているのが，電子・陽電子線形加速器 GLC 計画です．GLC の加速器は長さ 30 km で，高速に加速した電子と陽電子を正面衝突させます．それほど巨大な加速器を使って超高エネルギー状態にしなければ，ヒッグスを生み出すことはできないのです．

### ◘理論と実験の連携

　また，素粒子物理学に欠かせないのが，理論研究者の存在です．よく知られているようにわが国には湯川秀樹先生，坂田昌一先生をはじめ，輝かしい伝統があります．2008年のノーベル物理学賞を受賞した小林誠先生と益川敏英先生は坂田研究室の出身です．また，ノーベル賞の受賞理由になった「小林・益川理論」は，CP対称性の破れを説明するものですが，CP対称性の破れはB中間子の崩壊を調べることで検証できることを提案したのは，三田一郎先生です（第1章2「ビッグバンが要求する素粒子論」参照）．その提案によって，日本ではKEKのBelle実験，アメリカではSLAC（スタンフォード線形加速器センター）のBabar実験が行われ，国際競争が繰り広げられています．

　私たちは，素粒子実験の測定データ，宇宙の観測データを総体的に解析し，理論との整合性を検証することによって，初期宇宙の理論的解明をさらに進めようとしているのです．

# 2
# なぜ反物質は存在しないのか

## ビッグバンが要求する素粒子論

三田一郎

◎素粒子を見る

　宇宙は 137 億年前に生まれました．初期の宇宙は，素粒子の世界でした．では，素粒子を理解すれば，宇宙のはじまりがすべて分かるのでしょうか．まず，素粒子物理学の発展の歴史を振り返ってみましょう．
　1912 年にチャールズ・ウィルソンが霧箱を発明しました．霧箱とは，箱を密閉して気圧をかけ，気体を過飽和状態にしたものです．荷電粒子が霧箱の中を通ると，過飽和状態の気体は荷電粒子を核にして凝結するため，荷電粒子の飛跡に沿って霧が現れます．ウィルソンは，霧箱による荷電粒子の観察によって 1927 年のノーベル物理学賞を受賞しています．素粒子研究の初期では，霧箱によって荷電粒子の飛跡を観察することが，「素粒子を見る」ということでした．
　この霧箱を使って 1912 年にヴィクトル・ヘスが，空からいろいろな粒子が飛んでくること，つまり「宇宙線」を発見しました．ヘスは，1936 年のノーベル物理学賞を受賞しています．宇宙線の中からは，さまざまな新しい素粒子が発見されました．このようにして素粒子の研究が始まりました．
　1950 年代になると，霧箱とだいたい同じ構造ですが感度がより高い，泡箱という大きな検出器で荷電粒子の飛跡を見ることができるようになってきました．

素粒子の実験家は欲張りです．受け身だった研究に満足できず，1950 年代になると，加速器によって素粒子をつくり出して研究をするようになりました．宇宙線を待つのではなく私たちは，自分たちの手で小宇宙をつくって研究しているのです．

そして 1970 年，光を発しない物質，ダークマターが発見されました．そのころから，素粒子論の構築に宇宙観測が重要になってきました．宇宙マイクロ波背景放射観測衛星 WMAP の観測結果や，ダークエネルギーも，素粒子の理論で考えていかなければならない問題です．

### ◯宇宙は膨張している

宇宙はどのようにはじまったのだろうか．宇宙の終わりはあるのだろうか．物理学者は，そんなことを考えています．その疑問について数理的に考える基礎をつくったのが，アルバート・アインシュタインです．そしてジョルジュ・ルメートルは，アインシュタインの式を使って宇宙の半径が時間によってどう変わるかを計算しました．アインシュタインの式からは，「宇宙の半径が指数関数的に膨張している」という解が導き出されました．だとしたら，昔にさかのぼるほど宇宙は縮んで小さくなるはずです．つまり「宇宙は 1 点から膨張した」と，ルメートルは考えました．

式をつくったアインシュタイン自身は，宇宙が膨張することに気が付かなかったのでしょうか．彼は，宇宙は静的で，時間によって動かないもの，という考えを持っていました．しかし，式を計算すると，どうしても宇宙の大きさが変化してしまいます．そこでアインシュタインは，無理やり定数 $\Lambda$ を式に導入して宇宙の膨張を止めました．それが「宇宙項」です．このことについて彼は晩年，「私が生涯で犯した一番の大きな間違いだった」と語っています．

ルメートルのアイデアを具体的にしたのが，ジョージ・ガモフです．彼は，物理学の世界以外でも，『不思議の国のトムキンス』というおとぎばなしなど，いろいろな本を書いています．彼は原子の生成について考え，「この宇宙では星よりも先にヘリウムの原子核が存在していた」と言いました．

ガモフはとても面白い人でした．一緒に論文を書いた大学院生の名前がラルフ・アルファでした．そして，自分はガモフ．彼は，「宇宙は α, β, γ ではじまった」と言いたかったのです．そこで，ハンス・ベーテという人を勝手に著者に加え，「Alpha, Bethe and Gamov」という著者名で論文を書いてしまいました．ベーテは 2005 年に 98 歳で亡くなりましたが，90 歳を過ぎてもニュートリノについて素粒子論の世界を驚かすような論文を書いていた先輩です．

では，ガモフが考えた宇宙のはじまりとは，どういうものでしょうか．宇宙のはじまりには，現在のこの世界全体が，針の先のように小さなところに閉じ込められていました．現在の宇宙にあるエネルギーがすべて小さな 1 点に入っていたのですから，エネルギー密度は非常に高くなります．まるで火の玉のようでした．それがビッグバンです．

### ◇ $10^{-43}$ 秒から 137 億年の歴史

誕生から $10^{-43}$ 秒．現在のところ，宇宙の歴史の話はそこから始まります．$10^{-43}$ 秒は「プランク時間」と呼ばれる物理的に考え得る最も早い時間で，それ以前は何があったのか，まったく分かっていません．誕生から $10^{-43}$ 秒たったときの宇宙の温度は $10^{30}$ 度で，半径は 0.0001 cm だったと考えられています．$10^{-34}$ 秒後になると，温度が $10^{26}$ 度に下がり，半径が 1 m になりました．このころには粒子が存在していたらしい．「らしい」と言ったのは，このころの宇宙を，私たちはまだ完全には理解できていないからです．宇宙誕生 $10^{-10}$ 秒後，つまり 100 億分の 1 秒たつと，温度も $10^{15}$ 度くらいまで下がり，半径は 10 万 km になりました．そのころの宇宙は，電子，反電子，クォーク，反クォーク，それからニュートリノ，反ニュートリノなど，私たちがだいたい知っている粒子によって構成されています．

宇宙誕生から $10^{-4}$ 秒を過ぎたころになると，やっとクォークが 3 個くっついて陽子になったり，反クォークが 3 個くっついて反陽子になったりします．それ以前は温度が高く，素粒子が互いに激しくぶつかり合うため，クォークや反クォークがくっついてもまた壊れてしまうのです．誕生から 1

秒後，ニュートリノがほかの粒子と相互作用せずに直進できるようになりました．それが，ニュートリノの晴れ上がりです．$10^2$ 秒後，つまり宇宙誕生から3分くらいたつと，温度が $10^9$ 度になり，陽子と中性子がくっついてヘリウムの原子核になります．そして $10^{13}$ 秒後，つまり宇宙誕生から38万年くらいたつと，温度は3000度に下がり，やっと電子と原子核がくっついて原子ができます．電子が原子に閉じ込められたとき，つまり電子が自由にうろうろしなくなると，光が電子と散乱しなくなり，宇宙は晴れ上がります．私たちが望遠鏡で見ている光は，宇宙が誕生して38万年後以降に出た光です．それ以前の宇宙は，光では見えません．

　宇宙誕生から10億年たつと，銀河や星がだんだん生成されてきます．そして，50億年くらいになると，一生を終えて死を迎える星もあります．星の中では，核融合反応によって放出される熱によって外向きの圧力がかかっています．一方，内向きの重力も働いています．2つの力がバランスを保つことで，星ができているのです．しかし，核融合の材料がなくなると，重い星は超新星爆発を起こします．星は自らの重さを支えていることができなくなり，中心に向けて爆発的な収縮が起きるのです．このとき，重い元素が生成されます．

　そして，誕生から137億年がたち，宇宙の温度はマイナス270℃（絶対温度2.725 K），半径は $10^{28}$ cm になりました．私たちは，今ここにいるのです．これが宇宙の歴史です．

### ◆ビッグバンは正しい．4つの事実

　こういう宇宙の歴史を聞いて，神話か仮説ではないかと思うかもしれません．しかし，ビッグバンは絶対に正しい．科学とは，1つ1つ実験で確認していくものです．ビッグバンが正しいことは，実験によって確認された4つの事実によって証明されています．

　太陽の光を分光してスペクトルを見ると，いろいろな波長の光から構成されています．光の波長分布は，量子力学ですべて計算できます．驚くべきことに，何億光年も離れた遠いところにある星からくる光も，太陽と同じスペ

クトルです．つまり，何億光年も離れた宇宙でも同じ物理法則が有効である．これが1つ目の事実です．

2つ目は，宇宙は膨張していることです．光源が自分に近づいてくる場合，ドップラー効果によって光の波長は短い方，つまり青い方にシフトします．光源が離れていく場合は，波長の長い方，つまり赤い方にシフトします．いろいろな距離にある天体のスペクトルを調べると，近くの星と比べて遠くの銀河のスペクトルは波長の長い方，つまり赤い方にずれています．そして，遠くにある銀河ほど，ずれは大きくなっています．このことから，遠くにある銀河ほど私たちから速いスピードで離れていっていると考えられます．これは，宇宙が膨張していることの証明です．

3つ目は，宇宙マイクロ波背景放射の発見です．宇宙が膨張すると，光の波長が伸びます．波長が伸びるということは，エネルギーが変わるということです．宇宙が誕生して38万年後に出てきた光は，非常に高いエネルギーを持っていました．このとき以降，光は散乱する確率が非常に小さくなり，光が持つエネルギーは散乱によって変化しなくなります．しかし宇宙が膨張するにつれて，だんだん光の温度は下がります．つまりエネルギーが低くなり，波長がだんだん長くなっていくのです．宇宙誕生38万年後に出た光は，現在ではマイナス270℃になっています．この光を観測することができれば，ビッグバンの証明になります．では，宇宙誕生38万年後に出た光は現在どれだけあるのでしょうか．角砂糖の大きさに200個くらいの光子が入っています．意外に多いと思うかもしれませんが，エネルギーのとても低い光ですから，観測するのは並大抵のことではありません．

それが見つかったのです．アメリカのプリンストン大学の近くに，ベルという研究所があります．そこで，アーノ・ペンジアスとロバート・ウィルソンが衛星通信の研究をしていました．しかし，どうしてもアンテナから雑音が入ってきて取り除けないのです．困り果てていたとき，2人はあるパーティでプリンストン大学のロバート・ディッケ先生に会い，尋ねました．「こういう雑音が入ってくるのですが，なぜでしょう」と．するとディッケ先生は，「それはマイナス270℃に対応する波長ではないかな」と答えたそ

うです．調べたら，まったくその通りだった．ペンジアスとウィルソンは，1978 年のノーベル物理学賞を受賞しました．ディッケ先生は，そこまで予言しておきながらノーベル賞をもらえませんでした．私もプリンストン大学でディッケ先生に学びましたので，残念でしかたがなかったです．

4 つ目は，軽い元素生成を観測で確認したことです．宇宙誕生 38 万年後に重水素，ヘリウム 3，ヘリウム 4 といった軽い元素がどのくらい生成されたかを理論的に計算することができます．その値は，観測結果と合っています．

なぜビッグバン宇宙論は正しいか．まとめると，1 つの物理法則ではるか彼方の星も理解できること，宇宙は膨張していること，そして宇宙が膨張して温度がマイナス 270℃になったビッグバンの光の残骸を観測したこと，それから，元素合成の理論と観測が合っていること．これらは絶対に動かせない事実です．ビッグバンがあったのか，なかったのか，ということではありません．宇宙は 137 億年前にビッグバンによって創造された．これは正しいのです．

### ◘見えないものを見る

少し話題を変えて，素粒子の物理学とはいったい何なのかを考えてみます．まず，水の分子は何でできているか．私たちは，酸素原子と水素原子でできていることを知っています．では，水素原子は何でできているか．原子は，電子と原子核から成り，原子核は陽子と中性子でできています．次に，陽子は何でできているか．陽子は 1 個のダウンクォークと 2 個のアップクォークでできています．私たちは，そこまで理解しています（図 1-1-1）．

素粒子物理学とは，物質は何でできているのか，どういう法則で動いているのかを考えるものです．私たちは，宇宙のごく初期，誕生 $10^{-43}$ 秒後にできた基本粒子は何か，基本法則は何かを理解したいのです．そのころは重力にしても，リンゴが落ちるような，私たちが慣れ親しんでいるものではありません．時間も空間もごちゃ混ぜになっている可能性もあります．そういうところを理解したいのです．

素粒子を研究するには，素粒子を見なければなりません．物を見るためには，対象に応じて当てる光の波長・エネルギーを選ぶことが必要です．観測する対象より短い波長の光を対象物に当てて，散乱した粒子を測定します．観測する対象より長い波長の光では，それを見ることができません．
　光子のエネルギーと波長との関係から，波長が長いほどエネルギーが低く，波長が短いほどエネルギーが高くなります．つまり，小さい物質を見るには高いエネルギーの光が必要になります．例えば，原子の大きさは1億分の1 cmです．原子を可視光で見ることはできません．可視光の波長は10万分の1 cmほどで，原子の大きさより長いからです．X線の波長は1億分の1 cmなので，X線を使えば原子でつくられている格子の構造を見ることができます．
　では，原子より小さい素粒子をどうやって見るのか．加速器によってエネルギーの非常に高い波をつくって見るのです．光ではなく，陽子を使うこともあります．筑波山のふもとにある高エネルギー加速器研究機構（KEK）では，加速器で陽子の高速なビームをつくって素粒子を見るという研究をしています．そのほか，アメリカのBNL（ブルックヘブン国立研究所）の相対論的重イオン衝突型加速器RHICや，スイスにあるCERN（欧州原子核研究機構）の電子・陽電子衝突型加速器LEPなど，さまざまな加速器を使い，素粒子・原子核の研究から宇宙を解明してきました．私たちは宇宙の歴史の半分以上は理解している，と考えていただいて結構です．

## ◘反粒子の存在を予言，そして発見

　問題は，私たちが存在するという事実と素粒子論が矛盾するということです．素粒子論は，粒子があったら必ずその反粒子が存在しなければならないと予言します．では，反粒子とはいったい何か．静止した粒子のエネルギー（$E$）は，アインシュタインの有名な式 $E = mc^2$ で求めることができます．$m$ は質量，$c$ は光速です．粒子が運動していると，運動量（$p$）が入って，$E^2 = p^2c^2 + m^2c^4$ となります．すべて2乗になっているため，エネルギーを計算するときには必ず平方根を取らなければなりません．平方根を取ると，プラ

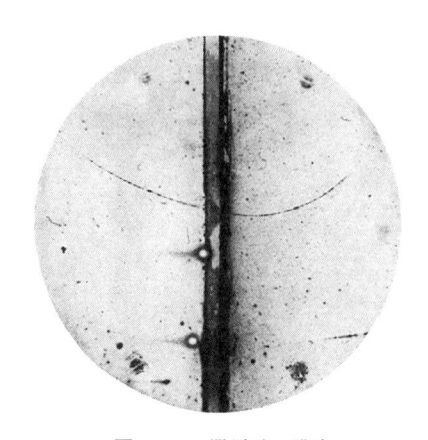

**図 1-2-1　陽電子の飛跡**
陽電子は，電子の反粒子である．電子と逆の電荷を持ち，質量は同じ．陽電子は左から右へと飛んだ．(出典：C. Anderson, 1933, Physical Review, 43, 491)

スとマイナスが付いてきます．

　マイナスが出てきたら，いったいそれは何かを考えなければなりません．無視するというのも1つのオプションとしてありますが，ポール・ディラックは無視しませんでした．負のエネルギーとは何か，このマイナスにどういう物理学的な意味があるのかを，彼は考えました．そして，ディラックは 1928 年，反粒子の存在を予言したのです．

　しかし，それは仮説でしかありません．本当にそれが正しいかどうかは，もちろん実験で確認しなければなりません．1932 年，カール・アンダーソンが霧箱を使い，反粒子の飛跡を初めてとらえることに成功しました（図 1-2-1）．反粒子が左から右へと飛んだ飛跡が見えています．でも，どうして粒子が左から右へ飛んだと分かるのでしょうか．この霧箱は，面に対して垂直に磁場をかけてあります．荷電粒子が磁場の中を通るとカーブします．速度が速い，つまりエネルギーが高いと，カーブは小さくなります．速度が遅いと，カーブは大きくなります．また，この霧箱の中央には厚さ 6 mm の鉛の板が入っています．荷電粒子は鉛板を突き抜けていきますが，そのときにエネルギーを放出します．すると粒子が描くカーブは，鉛板に入る前よりも大きくなります．カーブの仕方をよく見ると，粒子が左から飛んできたと分かるのです．

　また，同じ方向から飛んできた電子は，逆の向きにカーブしました．そのことから，この粒子は電子と逆の電荷を持っていることが分かります．カーブの仕方から，粒子の質量も分かります．測定の誤差はありますが，この粒子の質量は電子と同じでした．電子と質量が同じで電荷が逆のこの粒子は，英語では「positron」，日本語では「陽電子」と名付けられました．いわば反

電子です.

### ◘反宇宙は存在する？

　粒子と反粒子は，必ず対で生成されます．対で生成された粒子と反粒子がその辺りをうろうろしていたら，対消滅を起こして光になってしまいます．粒子と反粒子が同じだけつくられたら，完全になくなってしまうと考えられます．もう1つの可能性としては，生成した粒子と反粒子が瞬間にものすごい勢いで離れ，物質宇宙と反宇宙ができたとも考えられます．私たちの住む宇宙は，物質宇宙です．ここで考えなければならないのは，反宇宙はどこに行ったのかということです．もし反宇宙がないとしたら，素粒子論の変更が必要になります．

　アンダーソンの発見からも分かるように，上空からたくさんの反粒子が飛んできています．ただし，それらは宇宙から飛んできた宇宙線が地球の大気と相互作用をして，粒子と対で生成された反粒子です．宇宙起源の反粒子が宇宙空間を飛び回っているかどうかを調べるには，測定器を上空に持って行かなければなりません．

　図 1-2-2 は，超伝導スペクトロメータを用いた測定器を気球でつり下げ，

図 1-2-2　BESS-Polar 実験
クレーンでつり上げられているのが宇宙線を測定する超伝導スペクトロメーターで，質量は約2トン．2007年の実験では，約30日間で南極大陸上空を2周弱周回して観測した．（写真提供：NASA）

宇宙起源の反粒子を観測しようという BESS 実験の様子です．1993 年にカナダで始まり，2004 年からは BESS-Polar 実験として南極大陸で行われています．これまでのところ，ヘリウム原子核 100 万個に対して反ヘリウム原子核は 1 個以下であるという結果が出ています．

現在の宇宙は半径が $10^{28}$ cm，温度がマイナス 270℃ で，1 cm³ に 200 個の光子が存在しています．では，反陽子や反中性子はどのくらい存在しているか．いまのところ，ゼロといってよいでしょう．では，なぜ反宇宙がないのか，なぜ私たちが存在するのか．それが，私たちが考えるべきことであり，人類最大のパズルです．

### ◎ 2001 年，CP 対称性の破れを確認

そこで出てくるのが，「CP 対称性の破れ」です．CP とは，粒子と反粒子のことです．素粒子論の基礎である「場の理論」において粒子と反粒子は，電荷は正反対ですが，ほかの性質，例えば質量や振る舞いはまったく同じです．しかし，本当に対称なのかが問題になります．場の理論を変更する必要があるのではないか，対称性を壊すようなものが必要ではないか，と考えられます．

CP 対称性の破れは 1964 年，中性 K 中間子（$K^0$）がプラスの電荷を持った π 中間子（$\pi^+$）とマイナスの電荷を持った π 中間子（$\pi^-$）に崩壊する現象で発見されました．実験を行ったジェイムズ・クローニンとヴァル・フィッチは，1980 年のノーベル物理学賞を受賞しています．$K^0$ 中間子が $\pi^+$ 中間子と $\pi^-$ 中間子に崩壊する場合と，反 $K^0$ 中間子が $\pi^+$ 中間子と $\pi^-$ 中間子に崩壊する場合を比べると，崩壊率が 0.2% くらい違うのです．

1975 年にノーベル平和賞を受賞した物理学者アンドレイ・サハロフは，「CP 対称性の破れを見て，なぜ宇宙が存在するのかが分かった」と言っています．粒子は，反粒子よりも少しだけ多かったとすると，大部分の粒子と反粒子は対消滅して光になりますが，粒子が少しだけ残ります．この粒子が宇宙をつくっていると考えたのです．サハロフは 1967 年，「初期宇宙の場の理論は，粒子と反粒子を差別する」と提案しました．

そして1973年，小林誠先生と益川敏英先生が「小林・益川理論」を提唱しました．「3世代6個のクォークが存在すると，自然にCP対称性の破れが生じる」と言ったのです．当時は，アップクォークとダウンクォーク，ストレンジクォークの3種類しか見つかっていませんでしたから，画期的な理論でした．現在では，彼らが予言した通りの3世代6個のクォークが見つかっています．

私は1980年，B中間子と反B中間子におけるCP対称性の破れは，$K^0$中間子と反$K^0$中間子における0.2%よりもはるかに大きく，70%にもなることを予言しました．そして，その70%の違いを確認しようというBelle実験をKEKでスタートしました．線形加速器で電子と陽電子を加速して1周3kmの加速器リングに送り込み，Belle測定器の中央で電子と陽電子を衝突させます．電子と陽電子の衝突によってB中間子と反B中間子をつくり出し，その崩壊過程を調べるのです．Belle測定器は，高さ約10m，幅約8m，全長8mです（図1-2-5）．3階建ての建物ほどの大きな測定器で，B中間子と反B中間子の崩壊過程で生じる粒子と反粒子のわずか200μmほどの飛跡を観測します．

そして，B中間子と反B中間子においてCP対称性の大きな破れが存在することを2001年に確認し，話題になりました（口絵3，図1-2-7，次節「粒子-反粒子対称性の破れの証拠をとらえた」参照）．アメリカのSLAC（スタンフォード線形加速器センター）のグループも同じころ，私たちとまったく同じ実験を始めました．彼らとの5年間のすさまじい競争の結果，私たちの発見に至りました．2つの加速器の性能を比べると，私たちの加速器の方がはるかにいい．日本は，最先端の物理実験でアメリカに勝ったのです．私の予言が実験で確認されたことによって小林・益川理論の正しさが証明され，両先生は2008年のノーベル物理学賞を受賞しました．

### ◘宇宙観測への期待とダークエネルギー

私たちが存在しているのは，CP対称性の破れが原因らしいということが分かってきました．ただし，小林・益川理論で私たちの存在をすべて証明で

きるかというと，それはできないことも分かりました．私たちがまだ理解していない新しい物理が存在し，将来見つかる可能性が十分にあると思います．そのためには，現在私たちが行っている加速器実験とともに，宇宙観測が重要になってくるでしょう．宇宙観測は，素粒子物理学に対する大切な助っ人です．遠くにある星の光ほど，私たちのところに来るまで時間がかかります．つまり，私たちが遠くの夜空を見ると，歴史をさかのぼって昔の宇宙を見ることになります．しかし残念ながら，宇宙が晴れ上がった，誕生から38万年後が限界です．電磁波を使っている限り，それ以前の宇宙を見ることはできません．ニュートリノを使うことができたら，宇宙誕生1秒後の姿が見えてくることでしょう．

最近の観測から，遠くにある超新星よりも近くにある超新星の方が速く遠ざかっていることが分かってきました．近くにあるということは，宇宙の歴史でいえば新しい．この観測が正しければ，宇宙の膨張は加速していることになります．しかし，宇宙の加速膨張は，素粒子論の基礎である「場の理論」では理解できません．

場の理論ではなく，「超ひも理論」で考えるとこの問題が解けると考えている物理学者もいます．モデルもつくられていて，実際に膨張エネルギーが出てくるものもあります．しかし，どうして今，加速膨張するのかが，非常に理解しにくいところです．私たちは常に，よりシンプルな基本的理論を探求しています．ダークエネルギーが今後大きなヒントを与える可能性が大いにあります．

素粒子と原子核の物理で，宇宙が誕生して$10^{-43}$秒から100万年くらいまでの宇宙の歴史は理解が進んできています．その前に何があったかは，2009年に打ち上げられた宇宙マイクロ波背景放射衛星Planckや，2008年に稼動した大型ハドロン衝突型加速器LHC，計画中のスーパーBファクトリー，そしてハイパーカミオカンデ，大強度陽子加速器施設J-PARC，電子・陽電子線形加速器GLCなどによって明らかになってくるでしょう．また，超ひも理論など未知の物理学によって，ダークマター，ダークエネルギーが説明されることを期待しています．

# 粒子-反粒子対称性の破れの証拠をとらえた

飯嶋　徹

## ◆素粒子物理学と初期宇宙史

　素粒子物理学とは，物質を構成する粒子は何か，その間に働く相互作用は何かを探求する学問です．素粒子研究は，初期宇宙史の解明とかかわっています．宇宙のはじまりから $10^{-5}$ 秒後くらいまでの出来事が，私たちの研究対象です．

　誕生直後の宇宙は，非常に高温でした．そのようなエネルギーの高い状態では，分子や原子は存在できず，ばらばらの素粒子となっています．天文学では望遠鏡を使って宇宙の果てを調べていますが，電磁波を使った望遠鏡で直接見ることができるのは，宇宙が誕生して 38 万年後の「宇宙の晴れ上がり」以降だけです．それ以前の素粒子で満たされた宇宙の様子を調べるのが素粒子物理学であり，私たちは加速器を使って実験を行います．加速器によって荷電粒子を加速することで，宇宙誕生直後の超高温・超高エネルギー状態をつくり出し，そのとき何が起きていたかを調べることができます．

　加速器を使った研究によってこれまでに分かっていることを図 1-2-3 にまとめました．これは，「宇宙を構成している最も基本的な粒子は何か」という問いに対して，私たちが今持っている答えです．現在の素粒子標準理論では，「クォーク」と「レプトン」が私たちの宇宙を構成している基本的な粒子であると考えられています．6 種類ずつあるクォークとレプトンは，2 個でペアを組んで 3 世代の構造を持っています．ほかに，力を媒介する素粒子が 4 種類あります．電磁気力を媒介する「光子」，強い力を媒介する「グルーオン」，弱い力を媒介する「Z 粒子（Z ボソン）」と「W 粒子（W ボソン）」です．そして，すべての素粒子には質量や寿命は同じだが電荷の符号が異なる「反粒子」が必ず存在します．

| | 物質を構成する粒子 | | | 力を媒介する粒子 | |
|---|---|---|---|---|---|
| | 第1世代 | 第2世代 | 第3世代 | | |
| クォーク | $u$ アップ | $c$ チャーム | $t$ トップ | $\gamma$ 光子 | 電磁気力 |
| | $d$ ダウン | $s$ ストレンジ | $b$ ボトム | $g$ グルーオン | 強い力 |
| レプトン | $\nu_e$ 電子ニュートリノ | $\nu_\mu$ ミューニュートリノ | $\nu_\tau$ タウニュートリノ | $Z$ $Z$粒子 | 弱い力 |
| | $e$ 電子 | $\mu$ ミュー粒子 | $\tau$ タウ粒子 | $W$ $W$粒子 | |

図 1-2-3 現在の素粒子標準理論
物質を構成する粒子と力を媒介する粒子から成る．物質を構成する粒子には，クォークとレプトンがあり，それぞれ2個でペアを組み，3世代構造を持っている．すべての素粒子には反粒子が存在する．反粒子は粒子の記号の上にバーを付けて表記する．

## ◎消えた反粒子

ところが，現在の宇宙には反粒子がありません．初期宇宙では，「対生成」によって光のエネルギーから粒子と反粒子がペアで生まれました．従って，宇宙の進化の過程のどこかで反粒子が消えてしまったらしい．それはなぜか．

この謎を説明できるシナリオは，以下の通りです．宇宙の初期に素粒子 X と反粒子 $\overline{\mathrm{X}}$ があり，それぞれクォークと反クォークに崩壊するとします．その崩壊率が非対称，つまり崩壊率が少し違ったのです．崩壊率の非対称度は $10^{-10}$ ととてもわずかですが，クォークが100億プラス1個できるのに対して，反クォークは100億個です．100億個のクォークと100億個の反クォークは衝突して対消滅し，最後にクォークが1個だけ残ります．それが私たちである，というシナリオです．

粒子と反粒子の崩壊率が同じではないことを「CP対称性の破れ」と呼んでいます．宇宙の初期の出来事を見てきたかのように言いましたが，それを実験で証明しなければなりません．

## 2 なぜ反物質は存在しないのか 39

### ◉ CP 対称性の破れと「小林・益川理論」

　素粒子物理の世界では，CP 対称性の破れがあることは半世紀近くも前から知られていました．1964 年，中性 K 中間子がプラスの電荷を持った π 中間子とマイナスの電荷を持った π 中間子に崩壊する現象で，初めて見つかったのです．中間子とはクォークと反クォークが結合した粒子で，さまざまな種類があります．そして，CP 対称性の破れを初めて説明したのが，小林誠先生と益川敏英先生が 1973 年に提唱した「小林・益川理論」です．小林・益川理論では，「3 世代 6 種類のクォークがあれば弱い相互作用によって CP 対称性が破れるのは自然である」と説明しました．

　当時知られていたクォークは，アップ，ダウン，ストレンジの 3 種類でした．2 人は名古屋大学の坂田昌一先生の研究室の出身です．実は当時，原子核乾板でとらえた宇宙線の飛跡の中にチャームクォークと考えられる事象を，名古屋大学の丹生潔先生のグループが見つけていました．名古屋大学では 4 種類のクォークが知られていたことになります．チャームクォークは 1974 年，ボトムクォークは 1977 年，トップクォークは 1995 年に，それぞれ加速器を使った実験によって発見され，小林・益川理論が予言した 6 種類のクォークがすべてそろいました．

　6 種類のクォークのうち，アップとダウンが第 1 世代，チャームとストレンジが第 2 世代，トップとボトムが第 3 世代です．弱い相互作用では，クォークは仮想 W 粒子を出して，ほかのクォークに変化します．上側にあるアップ，チャーム，トップクォークはプラス 2/3 の電荷を持ち，下側にあるダウン，ストレンジ，ボトムクォークはマイナス 1/3 の電荷を持っています．電荷を持つ仮想 W 粒子を出すことで，上側から下側，あるいは下側から上側に，クォークが変化するのです．第 3 世代のクォークはとても重く，第 3 世代のトップクォークとボトムクォークが，第 1 世代のアップクォークやダウンクォークに変化するとき，CP 対称性の破れが起きる．小林・益川理論では，そう説明しています．

## ◎ BファクトリーでB中間子対を大量に生成

1980年，名古屋大学教授だった三田一郎先生が小林・益川理論に基づいて，「B中間子の崩壊では，K中間子で観測されたより，もっと大きなCP対称性の破れがある」と予言しました（前節「ビッグバンが要求する素粒子論」参照）。B中間子は反ボトムクォークとダウンクォーク，反B中間子はボトムクォークと反ダウンクォークから成り，寿命が1.53ピコ秒（ピコ[p]は1兆分の1）と非常に短い粒子です。B中間子の崩壊には，そのまま終状態に崩壊する経路と，いったん反B中間子になってから終状態に崩壊する経路があります（図1-2-4上）。B中間子が反B中間子に振動する中間状態で，一瞬だけとても重いトップクォークになることがあります。トップクォークはダウンクォークに変化するため，そのときCP対称性が破れると考えられています（図1-2-4左下）。

私たちは，茨城県つくば市の高エネルギー加速器研究機構（KEK）にあるBファクトリーでB中間子と反B中間子を大量につくり出し，両者の崩壊

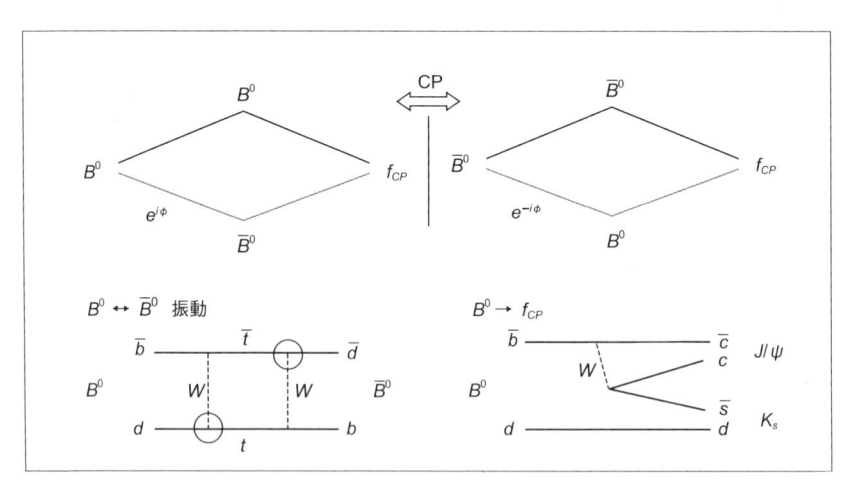

**図1-2-4　B中間子の崩壊におけるCP対称性の破れ**
B中間子の崩壊（右下）には，そのまま終状態に崩壊する経路と，いったん反B中間子になってから終状態に崩壊する経路がある（上）。B中間子が反B中間子に振動する中間状態でトップクォークになることがあり，トップクォークがダウンクォークに変化するときCP対称性が破れると考えられている（左下）。

の違いを精密に測ることで，対称性の破れが起きることを確かめようとしています．まず，線形加速器で電子と陽電子を加速し，地下に設置された1周3 kmのKEKB加速器に送り込みます．電子は時計回りで8ギガ電子ボルト（GeV，ギガ［G］= $10^9$）まで，陽電子は反時計回りで3.5 GeVまで加速し，1

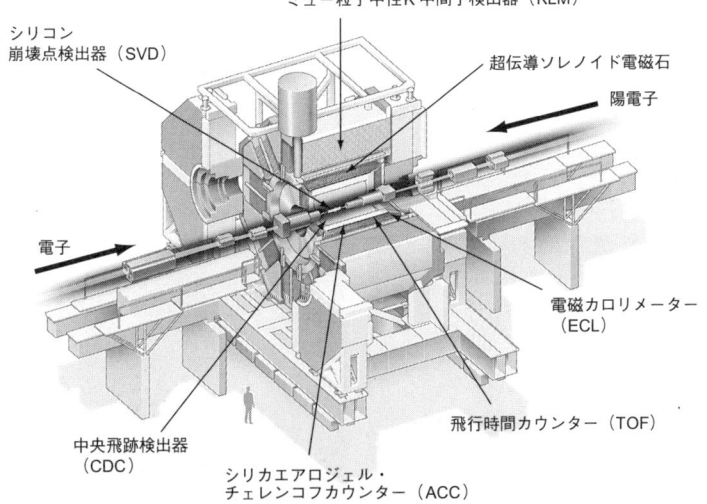

**図1-2-5 Belle測定器**
8 GeVまで加速した電子と，3.5 GeVまで加速した陽電子をBelle測定器の中心で衝突させてB中間子と反B中間子をつくり出す．その崩壊過程を，衝突点を取り囲むように設置されたさまざまな検出器で観測する．高さ約10 m，幅約8 m，全長8 m，重量約1300トン．（写真提供：高エネルギー加速器研究機構 素粒子原子核研究所）

点で衝突させます．電子と陽電子の衝突によって，B中間子と反B中間子が大量に生成されます．この実験は「Belle実験」と呼ばれています．

同様の加速器はアメリカのSLAC（スタンフォード線形加速器センター）にもあり，2000年の実験開始以来，両者の熾烈な競争が続いています．初めはアメリカのPEP-II加速器の方の性能が上回っていましたが，日本のKEKB加速器が追い抜き，2001年3月に世界最高のルミノシティを達成しました．ルミノシティとは，ビームの明るさを表す量で，毎秒1 $cm^2$ 当たり電子と陽電子がどれだけ衝突するかを示し，この値が大きいほど多くのB中間子と反B中間子の対を生み出すことができます．その後もルミノシティは向上し，5年で10倍になっています．KEKBは現在，B中間子と反B中間子の対を年間約2億対生成することができます．

電子と陽電子の衝突点には，粒子の崩壊を測定するBelle測定器が設置されています（図1-2-5）．B中間子対の崩壊位置を精密に測定するための「シリコン崩壊点検出器」が中央にあり，その周りを粒子の運動量やエネルギーを測定する装置が層状に取り囲んでいます．私たちは，主に「中央飛跡検出器」を担当しています（図1-2-6）．これは，B中間子と反B中間子が崩壊して生成した粒子の飛跡を正確に測る装置です．ガス容器の中に約2000本のワイヤーを張り，粒子がそこを通ったときに出る電気信号を測ることで飛

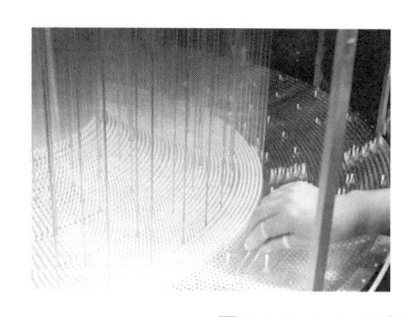

**図 1-2-6** Belle測定器の中央飛跡検出器
ガスを満たしたチェンバーの中に約2000本のワイヤーを張り，強い磁場をかけている．荷電粒子がガス中を通ると飛跡に沿って電子とイオンが生じ，その電子がワイヤーを通過すると電気信号を出す．その電気信号から荷電粒子の飛跡や運動量を求め，粒子の種類を決定する．

跡と粒子の運動量を求め，種類を判別します．そのほかの検出器には，電子と光子のエネルギーを測定する「電磁カロリメーター」，素粒子の飛行時間を測定する「飛行時間カウンター」，K中間子とπ中間子を識別する「シリカエアロジェル・チェレンコフカウンター」，ミュー中間子と$K_L$中間子を検出する装置などがあります．

### ◉ B中間子崩壊におけるCP対称性の破れを確認

電子と陽電子の衝突によって生成したB中間子と反B中間子の対は，1兆分の1秒ほどで崩壊します．そのとき，B中間子と反B中間子が特定の終状態，例えば$J/\psi$粒子とK中間子に崩壊する事象を選別します（図1-2-4右下）．1つの崩壊だけを見ていたのでは崩壊する前の親粒子がB中間子か反B中間子かは分かりませんが，対生成したもう一方のB中間子（あるいは反B中間子）の崩壊によってできた電子やK中間子の電荷を測定することで，識別できます．B中間子か反B中間子かを識別することをタギングと

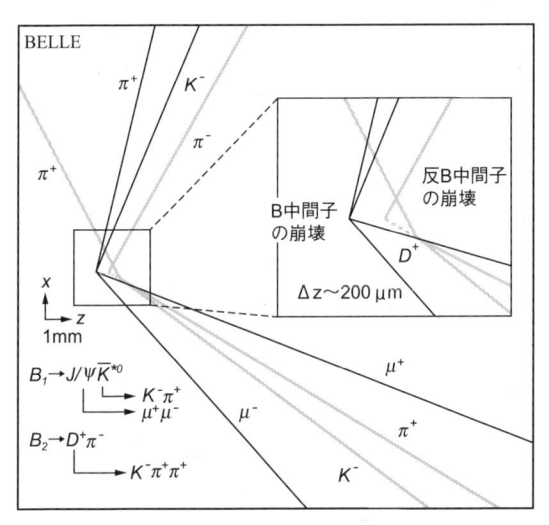

**図1-2-7　Belle測定器によるB中間子崩壊の観測**
シリコン崩壊点検出器がとらえたB中間子と反B中間子の崩壊点．崩壊点の差は200 μm以下，時間にして1ピコ秒以下である．

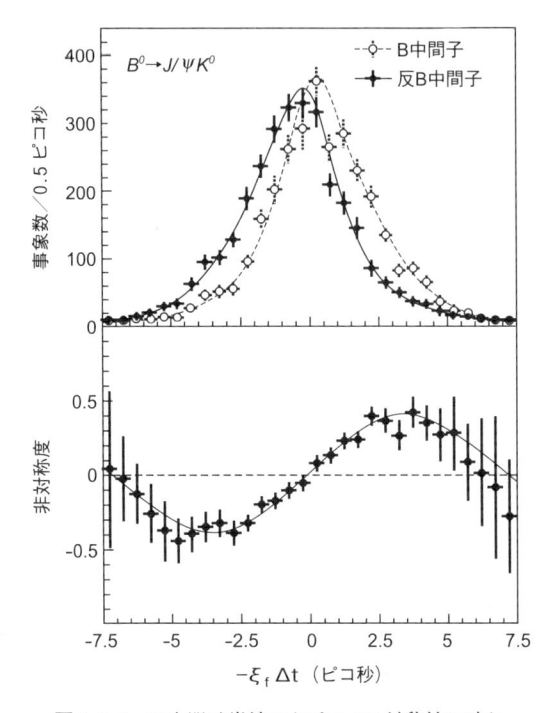

**図 1-2-8　B中間子崩壊におけるCP対称性の破れ**
上は，B中間子が $J/\psi$ 粒子と中性K中間子に崩壊する崩壊率の時間依存性を示す．分布の違いがB中間子と反B中間子の間でのCP対称性の破れを表している．下は非対称度の時間依存性を示す．

呼び，一方が反B中間子とタグ（識別）されれば，もう一方はB中間子であると決定できます．そして，タグした反B中間子の崩壊点と，もう一方のB中間子の崩壊点の差を計測します．それを時間に直すことで，B中間子と反B中間子の性質の違い，つまりCP対称性の破れがあるかどうかを調べることができます．

　B中間子の崩壊におけるCP対称性の破れの証拠が初めて得られたのは，2001年です．口絵3は，Belle測定器がとらえた，B中間子の崩壊によって生じた粒子の飛跡です．崩壊点を精密に測定した結果，B中間子と反B中間子の崩壊点の差は 200 μm 以下，時間にして1ピコ秒程度でした（図1-2-7）．3100万個のB中間子対のデータから，B中間子と反B中間子の崩壊率がわずかに違うことが明らかになりました．さらに 2006 年には，5億3200万個のB中間子対データを使い，B中間子と反B中間子の崩壊率が明らかに違うことを示しました（図1-2-8）．

　この観測は，K中間子でしか観測されていなかったCP対称性の破れをB中間子で観測した，という大きな意義があります．しかもB中間子のCP対称性の破れはK中間子より大きく，三田先生の予測，そして小林・益川理

論と矛盾しない結果になっています．

### ◨深まる謎，新しい物理の探索へ

CP 対称性の破れの証拠を発見したことで，小林・益川理論の正しさが証明されました．しかし，小林・益川理論だけでは，宇宙には反物質がないという，宇宙の物質優勢を説明できません．小林・益川理論のメカニズムだけでは，非対称性が小さ過ぎるのです．宇宙の物質優勢を説明するためには，標準理論を超えた新しい物理や，ほかの粒子でも CP 対称性の破れが起きることが必要になります．これからの素粒子研究が向かうのは，新しい物理の探索，新しい粒子の探索です．

新しい物理や新しい粒子の可能性を示唆する不思議な現象が，B ファクトリーで観測されています．それは，B 中間子が φ 中間子と K 中間子に崩壊する反応で見つかりました．この崩壊は中間状態にループがあり，「ペンギン崩壊」と呼ばれる崩壊が起きます．ペンギン崩壊の途中で，B 中間子を構成するボトムクォークが，トップクォークと W 粒子として現れます（図 1-2-9）．古典物理の世界では，エネルギー保存が精密に成り立っています．ところが量子力学の世界では，一瞬であればエネルギー保存則を破る，その

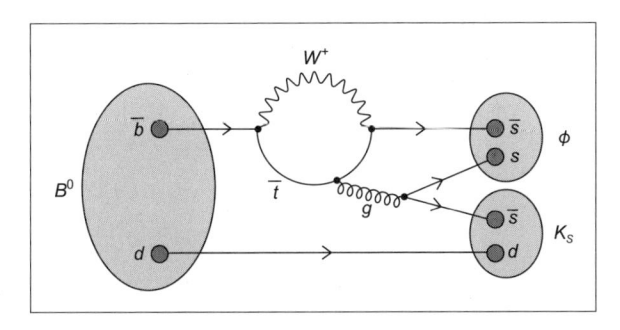

図 1-2-9　B 中間子の崩壊におけるペンギン崩壊
B 中間子が φ 中間子と K 中間子に崩壊する過程で，B 中間子を構成するボトムクォークが，トップクォークと W 粒子として現れる．このような現象を「ペンギン崩壊」と呼び，トップクォークや W 粒子の代わりに未知の新粒子が現れる場合もある．

ような現象も可能なのです．

B中間子がJ/ψ粒子とK中間子に崩壊するときにCP対称性の破れが起きたように，B中間子がφ中間子とK中間子に崩壊するときにもCP対称性の破れが起きます．標準理論に従っていれば，両者のCP対称性の破れの大きさは同じはずです．しかし，φ中間子とK中間子に崩壊する場合の方が，やや小さいというデータが得られています．まだ誤差が大きいので結論づけることはできませんが，両者のCP対称性の破れの大きさが異なることがはっきりすれば，新しい物理，新しい粒子が存在する証拠になります．

### ◘ヒッグス粒子の探索

興味深い現象は，ほかにも観測されています．B中間子がタウ粒子とニュートリノに崩壊する場合，標準理論ではW粒子が崩壊の途中で飛びます．もし新しい物理があれば，荷電ヒッグス粒子という新粒子が飛び，崩壊率が標準理論の予測から変化します．私たちは，B中間子がタウ粒子とニュートリノに崩壊する現象を世界で初めて観測しました（図1-2-10）．崩壊率は標準理論の予想と誤差の範囲で一致しており，新しい物理の発見とはなりませんでした．しかし，観測されたデータから荷電ヒッグス粒子がどのくらいの質量を持ち得るか，制限をつけることができました．

その観測データから，荷電ヒッグス粒子は250 GeVくらいという制限が得られています．この制限は，高エネルギーの巨大加速器を使った実

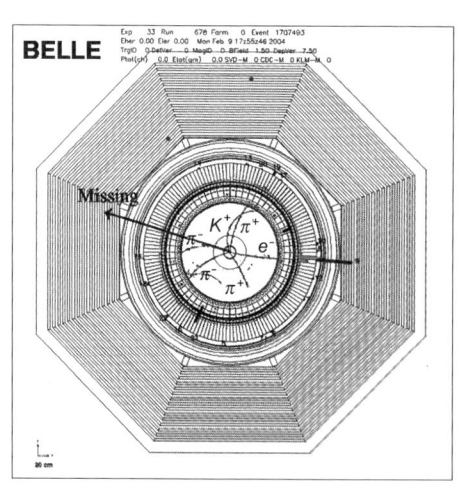

**図1-2-10** B中間子がタウ粒子とニュートリノに崩壊した事象
BファクトリーのBelle測定器が世界で初めて観測に成功した．

験による直接探索から得られた制限より，はるかに強いものです．Bファクトリーはエネルギーの低い加速器ですが，精密測定によって，より高いエネルギー領域に存在する粒子も発見できることを示しています．

### ◆より高エネルギーへ，より初期の宇宙へ

　Bファクトリーでは，B中間子と同じようにタウ粒子が大量に生成されます．私たちは，タウ粒子の崩壊を使った新しい物理の探索も進めています．クォークには3世代間の振動があり，その種類が変化することが分かっています．ニュートリノにも振動があることが分かっています．しかし，荷電レプトン（電子，ミュー粒子，タウ粒子）については，変化するかしないかは分かっていません．そこで，タウ粒子を大量につくって，タウ粒子がミュー粒子に変化したり，電子に変化したりする崩壊を，世界最高感度で探索しています．

　今後の素粒子研究では，宇宙のより初期の解明を目指し，現在の標準理論の背後にある新しい物理の世界，新粒子を探索することが重要です．それには，できるだけエネルギーの高い加速器をつくり，新粒子を直接見る必要があります．スイス・ジュネーブにあるCERN（欧州原子核研究機構）では，1周27kmという大型ハドロン衝突型加速器LHCが2008年に完成し，新粒子の生成を直接観測する実験が始まろうとしています．この実験にも，私たちは参加しています．

　また，Bファクトリーの約50倍のビーム強度を持つ「スーパーBファクトリー」を建設し，新しい粒子を観測しようという計画を提案しています．スーパーBファクトリーでは，いろいろな崩壊に現れるCP対称性の破れの精密な測定，B中間子の稀崩壊の探索，タウ粒子の稀崩壊の探索などを目指します．これらはすべて標準理論を超えた新しい物理の探索です．

### ◆最新の物理成果は最新の測定器開発から

　素粒子の実験研究は，高い技術力に支えられています．最先端の物理成果を出すには最先端の測定器が必要です．私たちは，「TOPカウンター」や

「エアロジェル RICH」などの新しい検出器や，それらに使用する新しい光センサーなどを独自に開発しています．TOP カウンターとは，石英バーで発生するチェレンコフ光の全反射を利用した，K 中間子と $\pi$ 中間子を識別するための検出器です．各チェレンコフ光子の伝播時間を 40 ピコ秒程度の時間分解能で測定します．TOP カウンターは，私たち独自のアイデアによる新型検出器であり，究極の時間分解能による光子の検出を目指します．エアロジェル RICH は，屈折率 1.05 程度のシリカエアロジェルを輻射体とするリングイメージング型チェレンコフ光検出器です．高透過率ゲルの製作に成功し，これまでにない K 中間子と $\pi$ 中間子の識別能力を確認しています（コラム「粒子識別装置をつくる」参照）．

　私たちは現在，B 中間子崩壊における CP 対称性の破れを発見し，次のステップである新しい物理現象の探索の入り口にいます．今後，加速器や検出器の性能をさらに向上させ，物質優勢の宇宙がどのように進化してきたか，そして初期宇宙に存在したであろう未知の新粒子の発見を目指していきます．

── *Column* つくる ──────────────────────

## 粒子識別装置をつくる

居波賢二

◙ チェレンコフ光で粒子を識別する

　高エネルギー加速器研究機構（KEK）で行われている Belle 実験では，電子と陽電子を衝突させて B 中間子と反 B 中間子をつくり，その B 中間子対が光子や π 中間子，K 中間子などに崩壊していく様子を観測します．高エネルギー物理学実験では，粒子のエネルギーや運動量の測定，粒子識別を行い，衝突点で何が起きたのかを調べるのです．

　粒子の測定の中で技術的に最も難しいのが，粒子の識別です．個々の粒子は固有の質量を持っています．粒子を識別するためには，運動量と速度を測定し固有の質量を割り出す必要があります．運動量は磁場中の飛跡から比較的正確に測定できますが，粒子の速度は光速に近いため，その測定は難しくなります．特に，質量が比較的近くて性質が似ている π 中間子と K 中間子を区別することは非常に困難です．私たちは，この 2 つの粒子を主に区別する「TOP カウンター」と「エアロジェル RICH」を開発し，改良型 Belle 検出器へ搭載することを目指しています．

　この粒子識別装置はチェレンコフ光を利用します．チェレンコフ光とは，荷電粒子が透明な物質中を，その物質中での光の速さより速く進むとき，衝撃波として放射されるものです．荷電粒子の進行方向に対して円錐状に放射されます．チェレンコフ光の放射角は粒子の速度に依存するため，円錐の形，リングイメージから粒子の速度が分かります．チェレンコフ光のリングイメージをいかに正確にとらえるかが，測定器開発のポイントです．

◙ TOP カウンター

　TOP カウンターは，石英を用いたイメージング装置です．荷電粒子が石英バーを通過するとチェレンコフ光が発生します．それを石英バーの端面まで内部反射させ，スクリーン上に投影します．同じ運動量の π 中間子と K 中間子では速度が異なり，チェレンコフ光の放射角が変わります．

そのためリングイメージがずれ，粒子を識別できるのです．しかし，リングイメージを投影する大きなスクリーンが必要であることが，従来の測定器の欠点でした．この欠点を克服するためにTOPカウンターでは，スクリーンに投影してリングイメージの2次元位置情報を得る代わりに，石英バーの端に取り付けた検出器でチェレンコフ光の1次元位置と到着時間を測定し，リングイメージを再構成します．

π中間子とK中間子ではチェレンコフ光の放射角が異なるため，発生点から端面にある測定点までの光の伝播距離が異なり，伝播時間が変わってきます．測定点では，伝播してきたチェレンコフ光の1次元の位置を約5 mm，到達時間を40ピコ秒（ピコ［p］は1兆分の1）という高分解能で測定します．1ピコ秒とは，光の速度で0.3 mm 進む時間です．1次元の位置と伝播時間からチェレンコフ光の放射角を求め，π中間子とK中間子を識別します．さらにフォーカスミラーを使ったシステムを取り入れたことで，TOPカウンターはコンパクトでありながら，従来の2倍以上の性能を達成しています．

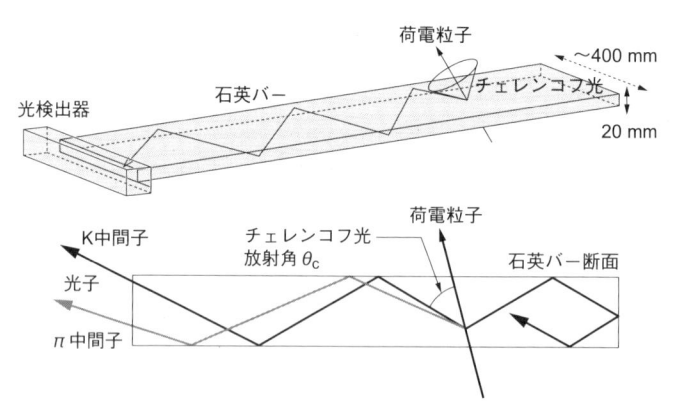

TOPカウンター．K中間子とπ中間子ではチェレンコフ光の放射角が異なるため，光が石英バーの端に到達したときの位置と時間が変わる．位置と時間からチェレンコフ光のリングイメージを再構成しK中間子とπ中間子を識別する．

### ◘エアロジェル RICH

エアロジェル RICH は，輻射体で発生したチェレンコフ光を正面に置い

た光検出器に直接当てて π 中間子と K 中間子のリングイメージを撮ることで，粒子を識別します．輻射体には，シリカエアロジェルと呼ばれる物質を使っています．軽く，寒天のような透明な物体で，屈折率が 1.02 〜 1.05 と空気に近く，屈折率を調整できるというのが最大の特徴です．

現在，新たなアイデアをもとに輻射体の改良を行っています．その一例が，多層エアロジェルです．発生したチェレンコフ光の円錐が光検出器に集まるように屈折率を調整した多層のエアロジェルを使うことで，測定点のゆらぎを抑えつつ，輻射体の厚みが増えた効果で光量を上げることができます．その結果，リングイメージが鮮明になり，高い角度分解能が得られます．現在はエアロジェルを 1 枚ずつ別につくって重ねていますが，屈折率の違う 3 層から成る一体型のエアロジェルをつくることを目指しています．一体型にすることで境界面での光の散乱などが抑えられて，より光量が上がり，分解能が高くなると期待しています．

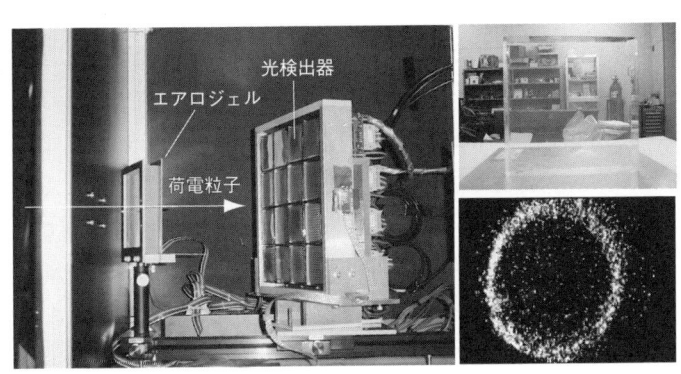

エアロジェル RICH．右上はシリカエアロジェル，右下はチェレンコフ光のリングイメージ．

## ◉改良型 Belle 検出器へ搭載

TOP カウンターやエアロジェル RICH は，チェレンコフ光の円錐を正確に測るコンパクトで高性能な次世代型装置で，改良型 Belle 検出器に搭載される予定です．1 光子を高効率・高速に検出する光検出器，また高速読み出しエレクトロニクスなど，より高性能な要素技術の開発によって，さらに精度の高い装置を開発中です．

# 3

# ニュートリノ問題に終止符を打つ

## 原子核乾板でニュートリノをとらえる

中野敏行

◆ニュートリノの発見

　ニュートリノは，1930年，ウォルフガング・パウリによって予言された粒子です．原子核の中性子が陽子に変わるベータ崩壊を起こしたときに電子が放出されますが，電子の持つエネルギーは原子核から放出されるべきエネルギーよりも小さく，エネルギーが保存されていないように見えます．そこでパウリは，ベータ崩壊では電子だけでなく，中性で物質とほとんど相互作用しない未知の粒子「ニュートリノ」も放出されると予言したのです．

　1956年，フレデリック・ライネスとクライド・コーワンが，原子炉からベータ崩壊によって放出されるニュートリノを検出することに成功しました．1962年にはレオン・レーダーマンが，π中間子がミュー粒子（ミューオン）に崩壊するときに発生する「ミューニュートリノ」を発見しました．ベータ崩壊によって放出されるニュートリノは「電子ニュートリノ」と呼ばれます．レーダーマンは，電子ニュートリノとミューニュートリノは別のものであることも証明しました．

　そして1975年にマーティン・パールがタウ粒子を発見し，それによってタウニュートリノの存在が確信されるに至りました．さらに1989年には，スイスにあるCERN（欧州原子核研究機構）の電子・陽電子衝突型加速器LEPによって，ニュートリノは3世代しかないことが確認されました．そ

してついに20世紀の終わり，1998年に名古屋大学のグループが，タウニュートリノの検出に世界で初めて成功したのです．

### ◘ニュートリノ振動を検証する

　ニュートリノの存在はすでに検証済みですが，その性質はまだよく分かっていません．特にニュートリノの質量は，10数年来の課題になっています．直接測定の実験では，ニュートリノ質量の上限値しか得られておらず，質量がゼロであるとされています．一方，名古屋大学の牧二郎先生，中川昌美先生，坂田昌一先生によって1962年，「ニュートリノ振動」が提唱されました．電子ニュートリノ，ミューニュートリノ，タウニュートリノは，弱い相互作用の固有状態です．ところが質量の固有状態と弱い相互作用の固有状態が同じではなく，ニュートリノの質量に差があればニュートリノ振動が起こり，別の種類のニュートリノになるというものです．ミューニュートリノが飛んでいる間にタウニュートリノになり，タウニュートリノが飛んでいる間にミューニュートリノになり……というように，飛行中に別の種類のニュートリノに変化する現象が，ニュートリノ振動です．

　太陽は，核融合反応に伴って大量の電子ニュートリノを放出しています．しかし，1960年代末からアメリカのホームステイク金鉱で行われたレイモンド・デイビスらの観測では，理論から予測される電子ニュートリノの約3分の1しか検出されませんでした．超新星からのニュートリノを人類で初めて検出することに成功した，岐阜県神岡鉱山の地下につくられたカミオカンデの観測でも，太陽からのニュートリノは理論予測の約半分以下しか検出されませんでした．それが1989年に発表されると「太陽ニュートリノ欠損問題」と呼ばれ，議論を巻き起こしました．ニュートリノ振動は，この問題を解決する有力な仮説であり，ニュートリノ振動によって電子ニュートリノが別の種類のニュートリノに変わったからだと考えれば，説明がつくというものです．

　その後1994年にはカミオカンデによって，「大気ニュートリノ異常」が報告されています．宇宙線が大気に突入するときに大量発生した$\pi$中間子は

ミューニュートリノとミュー粒子に，さらにそのミュー粒子はミューニュートリノと電子ニュートリノと電子に崩壊します．従ってミューニュートリノと電子ニュートリノの比はおよそ 2 : 1 となることが期待されるのですが，カミオカンデでの測定ではその比が 1 : 1 に近いことが分かりました．これも電子ニュートリノと同様に，ミューニュートリノが別の種類のニュートリノへ変わる，ニュートリノ振動を起こしていると考えることで説明できます．

その後，スーパーカミオカンデや KamLAND などでも，ニュートリノ振動の検証が行われています．K2K 実験では，茨城県つくば市にある高エネルギー加速器研究機構（KEK）の加速器でつくったミューニュートリノを 250 km 離れた岐阜県神岡にあるスーパーカミオカンデに向けて打ち込み，観測しました．しかし，これらのニュートリノ振動実験は，振動によって発生したニュートリノをとらえるものではありません．発生したときの量に比べてニュートリノが「減った」ことを検証しているに過ぎないのです．ニュートリノの発生量を精密に推定する困難や，どの種類のニュートリノに変化したかについての疑問も残ります．

### ◘タウニュートリノ検出を目指す OPERA 実験

さまざまなニュートリノ振動の検証実験の中で，振動によって発生したタウニュートリノを原子核乾板で直接検出しようというのが，長基線ニュートリノ振動実験 OPERA です．OPERA は国際共同研究実験で，日本，イタリア，フランスを中心に 11 ヵ国 27 大学・研究機関が参加しています．

中でも名古屋大学は，OPERA 実験の推進において中心的な役割を果たしています．その理由の一つにタウニュートリノは，名古屋大学が世界で初めて検出に成功したという実績があります．そしてタウニュートリノは，現在のところ原子核乾板によってのみ識別ができ，ほかの検出器では確認ができません．世界一の原子核乾板技術を持っているのも，私たちなのです．

OPERA 実験では，まず CERN の大型陽子加速器 SPS で，4000 億電子ボルト（eV）に加速した陽子ビームからミューニュートリノのビームをつく

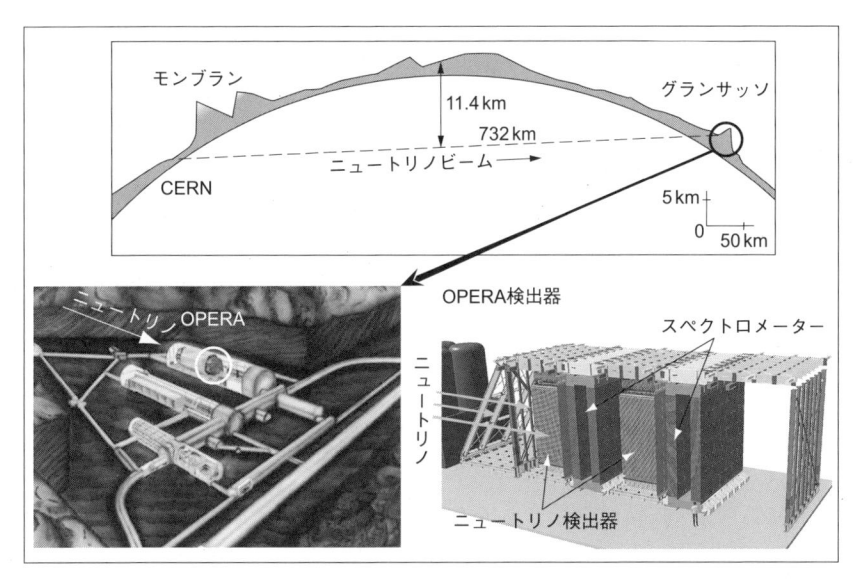

**図 1-3-1** OPERA 実験

スイスの CERN でミューニュートリノのビームをつくり，イタリアのグランサッソ研究所に向けて打ち込む．ニュートリノに質量があれば，732 km 飛行する間にニュートリノ振動を起こし，ミューニュートリノがタウニュートリノに変化する．そのタウニュートリノをグランサッソ研究所の地下トンネルに設置された OPERA 検出器でとらえる．OPERA 検出器は，ECC ブロックを 10 万個ずつ積み重ねたニュートリノ検出器 2 セットと，ミュー粒子を検出するスペクトロメーターから成る．

ります．それを 732 km 離れたイタリア・ローマの近くにあるグランサッソ研究所に向けて打ち込みます（図1-3-1 上）．ニュートリノビームは，2.4 ミリ秒でグランサッソ研究所の地下実験室に届きます．そして，飛行中にニュートリノ振動によってミューニュートリノから変化したタウニュートリノを原子核乾板で検出します．検出器 1000 トン当たり年 3600 事象起きるニュートリノ反応の中には，ニュートリノ振動によって出現したタウニュートリノの反応が約 16 事象含まれると予測しています．

### ◎極めて高性能な原子核乾板

　タウニュートリノをとらえる原子核乾板は，名古屋大学と富士フイルム㈱が共同で開発しました．「OPERA フィルム」と呼んでいる原子核乾板の大

**図 1-3-2** ニュートリノ検出器 ECC ブロック
ECC ブロックは，縦 100 mm，横 125 mm の原子核乾板 58 枚と鉛板 56 枚を交互に重ねてパックしてある．1 個の ECC ブロックは大きさ約 13 × 10 × 8 cm，重さ 8.3 kg．

きさは，縦 100 mm，横 125 mm です．フィルムベースの厚さは 200 μm で，両面に乳剤を 44 μm ずつ塗布してあります．この原子核乾板を厚さ 1 mm の鉛板と交互に重ねてパックしたものが，「ECC ブロック」と呼ぶニュートリノ検出器の基本単位になります（図 1-3-2）．1 個の ECC ブロックは 8.3 kg です．それを 10 万個ずつ積み上げたもの 2 セット，合計で 1700 トンほどの検出器になります（図 1-3-1 右下）．ニュートリノ検出器の後ろにはミュー粒子の検出を行うスペクトロメーターを設置します．

　原子核乾板に塗布された乳剤は 0.22 μm 程度の大きさの臭化銀（AgBr）結晶が主成分です．ニュートリノが鉛板と反応して生成した荷電粒子が臭化銀結晶内を通過すると，電子が発生して銀イオンが還元されます．その原子核乾板を現像すると，荷電粒子の飛跡は黒化銀の線として可視化され，荷電粒子が通過していない部分は，定着という過程で洗い流されて透明になります（図 1-3-3）．乳剤が塗布された厚み 44 μm の間には，臭化銀結晶がたくさん並んでいます．粒子の通過した結晶のすべてが現像され黒化銀の粒子になるわけではありませんが，銀粒子が平均 17 個残るので，3 次元検出が可能です．原子核乾板の原理的な位置分解能は 0.05〜0.06 μm です．これは，ほかに類を見ない高い位置分解能です．角分解能は 100 μm 以下の厚みでも数ミリラジアン（mrad）を得ることができます．このような優れた空間分解能がタウニュートリノを識別することを可能にするのです．

またニュートリノは物質との相互作用が極めて小さいため,その検出には非常に大きな検出器が必要です.OPERA実験の検出器の総面積は15万$m^2$にもなります.原子核乾板はほかの検出装置に比べて,比較的安価かつ容易に大面積化を実現できるというのも,OPERA実験が実現した理由の一つです.

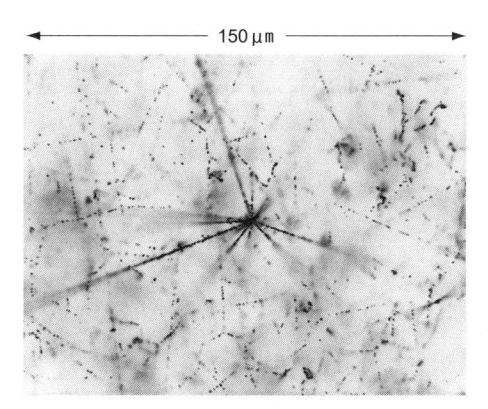

**図 1-3-3** 原子核乾板でとらえたニュートリノ反応

原子核乾板の表面には臭化銀を主成分とする乳剤が塗られている.ニュートリノが鉛板と反応して生成した荷電粒子が乳剤を通過すると,電子が発生して銀イオンが還元される.原子核乾板を現像すると,荷電粒子の飛跡が黒化銀の黒い線となって現れる.

## ◎超高速自動飛跡読み取り装置を開発

原子核乾板には,目的とするタウニュートリノ反応以外にもたくさんの飛跡が記録されています.そこから,私たちが知りたいタウニュートリノ反応に関係する飛跡だけを取り出してこなければなりません.しかも,OPERA実験で解析しなければならない原子核乾板の枚数は膨大であり,解析の高速化が不可欠です.私たちは,原子核乾板の飛跡を高速・高精度そして自動で読み取り,コンピュータが容易に取り扱える位置・角度情報に変換する装置を,独自に開発しています.この自動飛跡読み取り装置は,顕微鏡とCCDカメラ,画像処理専用の並列コンピュータからなります.

顕微鏡は焦点が合う面が限られているため,原子核乾板に記録されているすべての飛跡を見るためには,原子核乾板を立体的に移動して焦点面を動かしながら観察しなければなりません.50倍の対物レンズを取り付けた顕微鏡を使って,レンズの焦点面を変えながら厚さ44 μmの乳剤を厚さ約3 μmずつCCDカメラで撮影し,1視野当たり16枚から成る飛跡の3次元断層画像を得ます(図1-3-4).

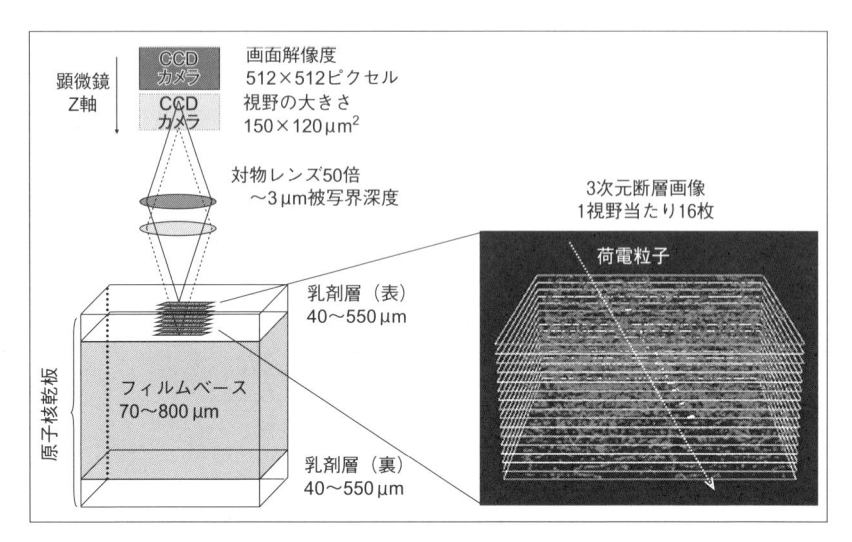

**図1-3-4** 超高速自動飛跡読み取り装置の仕組み
レンズの焦点面を変えながら乳剤を厚さ3μmずつ撮影する．1視野当たり16枚の3次元断層画像を得る．CCDカメラが読み取る毎秒1.3 GB（CD約2枚分）にも上る3次元断層画像は，専用の並列コンピュータによって飛跡を自動認識し，位置・角度情報を記録する．

　また私たちの開発した3次元画像処理専用並列コンピュータは，デジタル化された3次元画像の中から，必要としている素粒子の飛跡を自動認識し，位置と角度情報を実時間で出力します．この装置では，厚さ50μmの乳剤で0.2μm程度の空間分解能が得られています．また原子核乾板1枚を使って得られる角度分解能は2ミリラジアンを達成しています．

### ◎"流し撮り"により，さらなる高速化を実現

　現在，毎秒3000枚の画像取り込みが可能な超高速CCDカメラを採用しています．さらに高速化を狙う場合に問題となるのが，視野の移動です．視野を移動させると，機械の作動によって振動してしまいます．振動が収まるまで撮影できませんから，1回の視野移動にかかる時間は120ミリ秒にもなります．それを短くしなければなりません．そこで，次のような方法を考えました．

原子核乾板を乗せているステージを横方向に等速で移動させながら，かつ焦点面を変えながら読み取るという方法です．しかし，そのままでは断層画像が動いてしまって都合が悪い．そこで，対物レンズもステージの動きに合わせて移動します．対物レンズは13gと極度に軽量化し，振動が収まる時間が最短になるようにしています．サブマイクロメートル（1万分の1mm）の高精度でステージと

**図 1-3-5　超高速自動飛跡読み取り装置**
顕微鏡，CCDカメラ，並列コンピュータから成る．CCDカメラは毎秒3000枚の画像取り込みが可能．原子核乾板を乗せているステージの動きに合わせて対物レンズも移動させて，焦点面を変えながら読み取る．

対物レンズの移動をコントロールすることによって，一種の手ぶれ補正に相当する効果が得られ，高速化を実現することができるのです．この"流し撮り"を採用した超高速自動飛跡読み取り装置は，2006年から稼働しています（図1-3-5）．

　OPERA実験では，反応を起こしたECCブロックは毎日30個ほど交換され，現地で現像されます．そして現像済みの1000枚を超える原子核乾板が毎日イタリアから日本に空輸されてきます．それを名古屋大学の素粒子飛跡読み取り室で解析します．

### ◎ 2006年8月，ニュートリノビームの照射開始

　2006年8月18日，CERNからグランサッソに向けてミューニュートリノの照射が開始されました．2007年10月には，原子核乾板によって初めてニュートリノ反応をとらえることに成功しました（図1-3-9）．残念ながら，それはミューニュートリノであり，狙っていたタウニュートリノではありません．しかし，これで技術の検証ができました．これからが，本格的な実験のスタートです．

# OPERA 実験が始まった

中村光廣

### ◎ニュートリノの質量問題に決着を付ける

　長基線ニュートリノ振動実験 OPERA は国際共同研究実験で，日本，イタリア，フランスを中心として，11ヵ国 27 大学・研究機関が参加しています．スイス・ジュネーブにある CERN（欧州原子核研究機構）の加速器からニュートリノを発射して，732 km 離れたイタリアのローマ郊外にあるグランサッソ研究所でニュートリノを観測します（図 1-3-1）．ニュートリノは，質量があるとダークマターの候補になり得るなど，宇宙論的にも興味深い粒子です．しかし，ニュートリノに質量があるのか，ないのか，まだ最終的な結論は出ていません．

　ニュートリノには 3 つの種類があります．電子ニュートリノ，ミューニュートリノ，タウニュートリノです．ニュートリノに質量があれば，飛行中に「ニュートリノ振動」を起こして，別のニュートリノに変わります．このことは，名古屋大学の中川昌美先生，牧二郎先生，坂田昌一先生によって，今から約 40 年前に理論的に予言されました．

　東京大学のグループは，宇宙線と大気の衝突によって発生したミューニュートリノを宇宙素粒子観測施設カミオカンデで観測し，ミューニュートリノが減少していることを明らかにしました．また，茨城県つくば市にある高エネルギー加速器研究機構（KEK）からミューニュートリノを発射し，250 km 離れた岐阜県神岡にあるスーパーカミオカンデで観測する K2K 実験によって，加速器でつくったミューニュートリノも減少することを確認しています．ニュートリノ振動はかなり確からしいと考えられますが，決定的な証拠が得られていません．ミューニュートリノの減少を確認しただけでは不十分で，ミューニュートリノが変化したタウニュートリノをつかまえなけれ

ば，確かに振動したという証拠にはなりません．
　変化して現れたタウニュートリノを検出することによってニュートリノ振動の有無，つまりニュートリノの質量の有無の問題に決着を付けることが，OPERA 実験の目的です．
　OPERA 実験には「3 技術要素」と呼べるものがあります．1 つ目は，タウニュートリノを捕まえる原子核乾板技術．これは，名古屋大学の基本粒子研究室が世界に誇るオリジナル技術です．2 つ目は，純粋なミューニュートリノビームを生成する技術．これは CERN が非常に優れた技術を持っています．3 つ目は，ニュートリノが振動するのに十分な時間．ニュートリノが振動するためには時間が必要なので，スイス—イタリア間の 732 km を飛行させます．

### ◨ミューニュートリノビームを生み出す

　CERN の加速器は地下にあります．OPERA 実験のために，ニュートリノを発生させるニュートリノビームラインを新しくつくりました（図 1-3-6 a）．加速器で加速された陽子ビームを，このビームラインでニュートリノ発生装置に導きます．ジェットコースターのように傾いているのは，地球が丸いため，ニュートリノをイタリアに届けるには少し下に向けて打たないといけないからです．図 1-3-6 b は，ニュートリノ発生装置です．ニュートリノ発生装置の中には標的があり，炭素の棒が並んでいます（図 1-3-6 c）．加速器で加速させた陽子を炭素の標的に衝突させると，$\pi$ 中間子と K 中間子が発生します．それぞれ，電荷がプラスのものとマイナスのものがあります．標的の先には磁場を発生させる磁石があり，プラス電荷とマイナス電荷の粒子を分けて取り出すことができるようになっています．粒子は磁場で曲げられてプラス電荷の粒子は収斂しますが，マイナス電荷の粒子は発散していきます．図 1-3-6 d が，電磁ホーンと呼ばれる磁石で，15 万アンペアの電流を流して磁場を発生させます．しかし，15 万アンペアもの電流を定常的に流すと装置が溶け出してしまうので，数ミリ秒だけパルス状に電流を流しています．そうして集めたプラス電荷の $\pi$ 中間子と K 中間子を，真空トンネルに

a ビームライン 　　b ニュートリノ発生装置 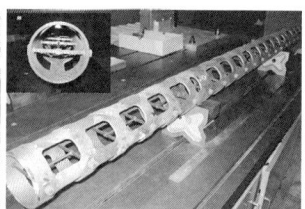　　c 炭素標的

d 電磁ホーン 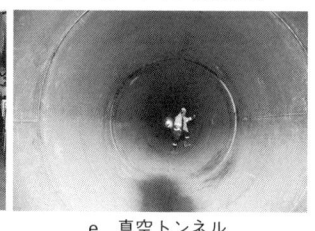　　e 真空トンネル

**図 1-3-6** CERN のニュートリノ発生装置
加速器で加速された陽子ビームをビームライン (a) でニュートリノ発生装置 (b) に導く．陽子を炭素の標的 (c) に衝突させ，π中間子と K 中間子を発生させる．電磁ホーン (d) によってプラスの電荷を持つπ中間子と K 中間子だけを集め，真空トンネルに送り込む (e)．π中間子と K 中間子は，真空トンネルの中を飛んでいる間に崩壊してミューニュートリノになる．(写真提供：K. Elsener/CERN)

送り込みます（図 1-3-6 e）．π中間子と K 中間子は，真空トンネルの中を飛んでいる間に崩壊してミューニュートリノになります．真空中を飛ばすのは，ほかの粒子と反応を起こすことなく，崩壊によってニュートリノを発生させるためです．

標的に当たる陽子数は，1 日当たり $2 \times 10^{17}$ 個です．真空トンネルに入ってくるπ中間子と K 中間子は $3 \times 10^{17}$ 個．そして，グランサッソ方向に発射されるミューニュートリノは $10^{17}$ 個です．1 mol に含まれる分子数は $6 \times 10^{23}$ 個ですから，その 100 万分の 1 にしかなりません．世界最強のニュートリノ発生装置でも，それだけなのです．

発生したニュートリノが向かう先は，ヨーロッパ最高峰のモンブランです．その地下を通り，ニュートリノは 732 km 離れたイタリアのグランサッソ研究所に届きます．所要時間は 2.4 ミリ秒です．

## ◎画期的な OPERA フィルムを開発

イタリアのグランサッソ研究所は，ローマからアドリア海に抜ける道路沿いにあります．地下にトンネルが3つあり，その1つにOPERA検出器が設置されています（図1-3-1左下）．地下実験室は，幅15 m，長さ100 mほどです．地上にはたくさんの宇宙線が降り注いでいるので，ニュートリノ検出の妨げになります．そこで，宇宙線がほとんど届かない地下に検出器を設置するのです．

OPERA検出器の主要部分を横から見ると，棚のような構造になっていて，ブロック状の物体が入っています（図1-3-7）．それが，ECCブロックというOPERA検出器の基本単位です（図1-3-2）．ECCブロックは，OPERAフィルムと呼ばれる原子核乾板58枚と鉛板56枚を交互に重ねたもので，大きさは約 $13 \times 10 \times 8$ cm，重さは8.3 kgです．この原子核乾板は，富士フイルム㈱と共同で開発したものです．

OPERAフィルムは，非常に特殊な機能を持っています．普通の写真フィルムは一度記録された情報を消すことができませんが，OPERAフィルムはそれができるのです．製造されてから実験に使われるまでの間，フィルムをたくさんの荷電粒子が通過し，その飛跡が記録されていきます．温度と湿度をコントロールした特殊な環境に置いて「リフレッシュ」という処理を行うことで，蓄積された飛跡を消去します．岐阜県にある東濃鉱山の地下にフィ

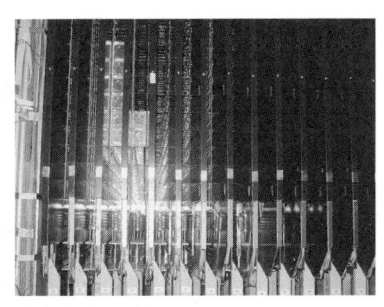

**図1-3-7** グランサッソ研究所のOPERA検出器
ニュートリノ検出器の内部には，ブロック状のECCブロックが並べられている．ECCブロックは，OPERAフィルムと呼ばれる原子核乾板と鉛板を交互に重ねたもの．

ルムリフレッシュ施設をつくり，すべての OPERA フィルムのリフレッシュを行いました．地下で行うのは，宇宙線の量が地上の数百分の1と少ないからです（コラム「リフレッシュできる写真フィルムをつくる」参照）．

### ◘日本からイタリア・グランサッソへの輸送

2004年12月～2007年3月にかけて，リフレッシュ処理を行った930万枚のOPERAフィルムをグランサッソ研究所に輸送しました．航空便で送ると上空の宇宙線の強度が強いところを通りフィルムが汚れるので，船便で送ります．初荷のときは，日本国内でも新聞各紙で紹介されました．2005年1月にイタリアに到着すると，地元の新聞でも取り上げられました．そのときの見出しが「Tsunami e neve sfidano Opera（津波が OPERA にどう影響したか）」．実は，フィルムを積んだ船がインド洋を航海しているときに，スマトラ島沖の大地震が起きたのです．津波の影響が心配でしたが，開けてみる

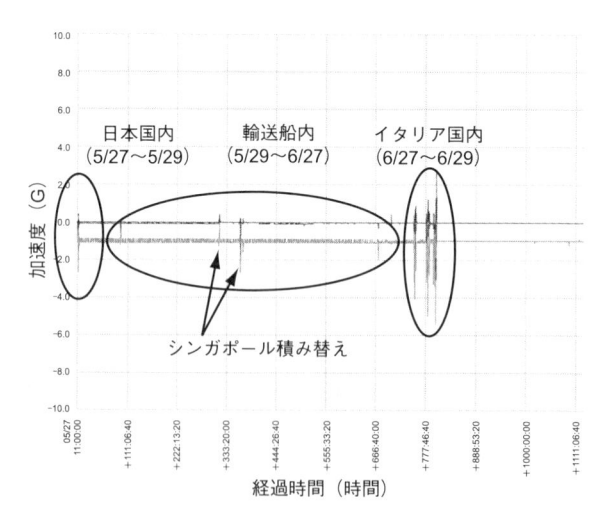

**図 1-3-8** OPERAフィルム輸送時の衝撃記録装置の記録
OPERAフィルムは岐阜県東濃鉱山の地下でリフレッシュ処理を行った後，ECCブロックに組み立てて真空パックされる．ECCブロックは保冷コンテナに積み込まれ，トラックと船を乗り継いでイタリアのグランサッソまで輸送される．

と，幸いなことにまったく問題ありませんでした．

2回目の輸送からは衝撃記録装置を載せ，フィルムにどのくらい衝撃がかかっているかを記録することにしました（図1-3-8）．日本での荷積み，シンガポールでの積み替えのときには多少衝撃が大きくなっています．驚いたのは，イタリア国内のトラック輸送の衝撃が非常に大きいということです．津波よりも，イタリアの運転手の方がはるかに怖い．意外な事実が分かってきました．

### ◎ 2007年10月，原子核乾板でニュートリノをとらえた

2006年8月18日，CERNからグランサッソへ向けてミューニュートリノのビーム照射が開始されました．その後，さまざまな準備や予備実験を重ねてきました．そして2007年10月3日，OPERA実験最初のニュートリノ反応が確認されました．図1-3-9上はOPERA検出器の電気計測器系がとらえた最初のニュートリノ反応です．ニュートリノは，図の左から入射し，ECCブロックが並べてある検出器で反応を起こしています．反応点から右へ伸びる長い飛跡は，ニュートリノ反応で発生したミュー粒子です．

しかし，そのニュートリノがCERNから来たものであるとどうして分かるのか，という疑問が出てきます．決め手の1つは，反応が起きるタイミングです．ニュートリノ発生装置では電流をパルス状に流すと言いました．CERNでは，6秒ごとに2回，10万分の1秒の間だけニュートリノを生成しているのです．検出器が観測した反応がその間に入っているかどうかをチェックします．10万分の1秒の範囲内に集中していれば，そのニュートリノがCERNから来たものであることが分かります．もう1つの決め手は，検出器に入ってきたニュートリノの方向です．それがCERNの方向と一致するかどうかを確認すればよいのです．

タイミングと方向を検証した結果，CERNから打ち出されたミューニュートリノが732km離れたグランサッソにまで到達し，引き起こしたニュートリノ反応であることが確認されています．

電気計測系がニュートリノ反応が起きたことをとらえると，ニュートリノ

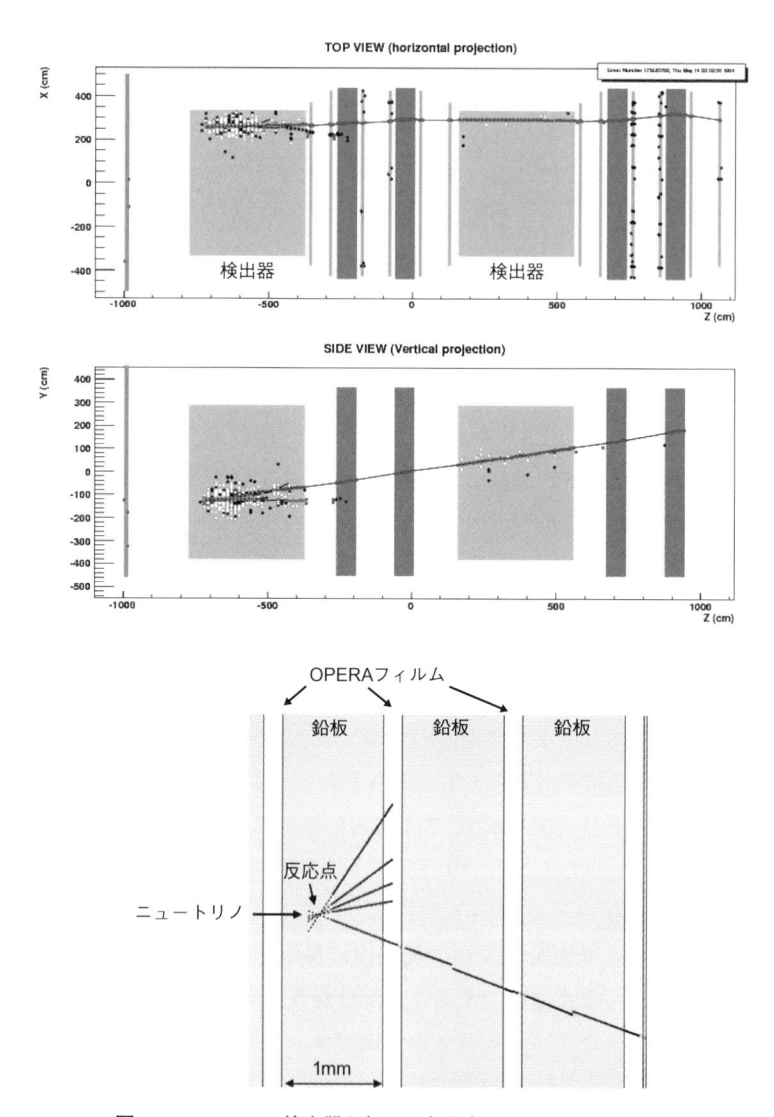

**図 1-3-9** OPERA 検出器が初めてとらえたニュートリノ反応
ニュートリノは左から入射し，ECC ブロックを積み上げた検出器の中で反応を起こした．反応点から右へ伸びる長い飛跡はニュートリノ反応で発生したミュー粒子．下はECC ブロックを自動飛跡読み取り装置などで解析した結果．

反応を起こした ECC ブロックを特定します．すぐにその ECC ブロックを取り出し，現像，解析を行います．最初のニュートリノ反応から数日の間に 9 例のニュートリノ反応が確認されました．私たちはそのうち 4 例の解析を担当しました．図 1-3-9 下は，自動飛跡読み取り装置などを用いて解析した結果です．ECC ブロックは鉛板と OPERA フィルムを交互に重ねてあります．左から入射した CERN からのニュートリノが，鉛板の中で反応を起こしている様子がはっきりとらえられています．右下へ出ていく粒子はミュー粒子です．私たちは，割り当てられた 4 例すべてのニュートリノ反応点の特定に成功しました．このときの 9 例は，すべてミューニュートリノによる反応でした．

OPERA 実験は 2008 年春から本格的な実験を開始しました．私たちの目的は，ミューニュートリノが飛行中にニュートリノ振動を起こして変化したタウニュートリノによる反応をとらえることです．タウニュートリノ反応が起きるのは，数千ニュートリノ反応に 1 個程度と予測されています．非常にまれです．OPERA 実験では 5 年間で数万個の反応を解析し，ニュートリノの質量について確実な証拠をつかむことを目指しています．

―― *Column* つくる ――――――――――――――――――

## リフレッシュできる写真フィルムをつくる

中村 琢

　原子核乾板は，荷電粒子に感度を持つ非常に高感度な写真フィルムの一種です．原子核乾板は，製造した瞬間から汚れ始めます．感度が高いため，地上に降り注ぐ宇宙線や自然放射線の飛跡をすべて記録し，蓄積してしまうのです．余分な飛跡は，解析の妨げになります．実験には製造直後のきれいな原子核乾板を使いたい．そこで，実験に使う前に，原子核乾板に蓄積した余分な飛跡を消せないものかと考えました．

　普通の写真フィルムを現像に出さないまま高温多湿の環境に長く置いておくと，潜像退行といって撮影した像がだんだん消えてしまいます．写真フィルムのメーカーは像が消えないように改良を重ねてきました．逆に，そのフィルムの性質を利用できないか，積極的に蒸せば飛跡が消えるのでないか，と考えました．

### ◘温度30℃，湿度98％，3日で飛跡が消える

　簡単に思えましたが，やってみると難しく，最初の2～3年は失敗の連続でした．試行錯誤の末，ようやく飛跡を消す方法の開発に成功．飛跡を消すときの条件は，温度30℃，湿度98％です．その環境に原子核乾板を3日置いておくと，約98％以上の飛跡が消えます．飛跡を消す処理を「リフレッシュ」と呼びます．リフレッシュ処理によって原子核乾板の感度が低下しないことも確認しています．

　リフレッシュ可能な原子核乾板は，ニュートリノ振動で出現したタウニュートリノの直接検出を目指す長基線ニュートリノ振動実験OPERAのために開発しました．OPERA実験で使う原子核乾板には，非常に高い感度が求められます．名古屋大学と富士フイルム㈱は1998年から共同で高感度原子核乾板の開発を進めてきました．しかし，高感度であるほど余分な飛跡がたくさん蓄積してしまいます．そこで，飛跡を消去する方法が必要になったのです．

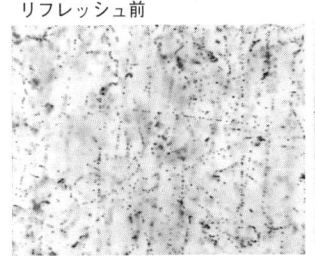

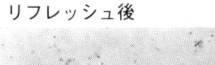

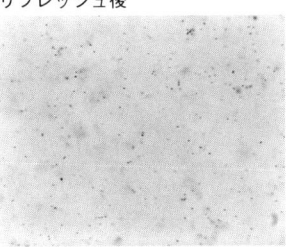

リフレッシュ処理前後の原子核乾板．製造から時間がたった原子核乾板には宇宙線など余分な飛跡が蓄積されている（左）．リフレッシュ処理を行うと飛跡が消去される（右）．

## 地下トンネルで1200万枚をリフレッシュ

　OPERA実験で使う原子核乾板は1200万枚と膨大な量です．1枚の大きさは縦100 mm，横125 mm，フィルムと乳剤を合わせた厚さは約0.3 mmです．総面積は15万 $m^2$，すべて横に並べると名古屋と鹿児島を往復する距離，積み重ねると富士山の高さになります．それを温度30℃，湿度98％の状態に3日置かなければなりません．OPERA実験開始までの短期間でリフレッシュを完了するには，1日4万枚の処理能力を持つ巨大な加湿器が必要です．しかし既製品には使えるものがありません．名古屋大学物理金工室の協力を得て，自分たちでつくることにしました．そして約1年半の試行錯誤の末，リフレッシュチェンバーが完成しました．
　リフレッシュチェンバーは，原子核乾板にダメージを与える化学物質を放出しないステンレスでできています．そこに原子核乾板を並べ，湿気98％の空気を下の吹き出し口からファンを回して送り込みます．空気は，並べた原子核乾板の間を通り，手前にある吸い出し口から出ていきます．吸い出し口には，直径4 mmの穴が4000個あいています．このとき，各穴から吸い出す空気の速度を等しくすることが重要です．「ベルヌーイの定理」で計算して，吹き出し口と吸い出し口に傾斜を付けました．処理の手間を最小限にするために，加湿・乾燥の切り替えが容易にできるようにするなど，大量に効率良く，確実にリフレッシュ処理を行うため，ほかにもいくつもの工夫をしています．3日後，乾燥空気を送り込んで原子核乾板を乾燥させ，リフレッシュ処理の完了です．

リフレッシュ処理は，岐阜県にある日本原子力研究開発機構の東濃鉱山の地下トンネルを2つ借りて行いました．地下45 mと96 mにあるトンネルの中は，宇宙線の量が地上の50分の1から400分の1と，とてもきれいな環境です．約400 $m^3$ の地下トンネルに巨大な暗室をつくり，リフレッシュチェンバーを14台設置しました．1台で一度に8000枚，1週間に12万枚もの原子核乾板をリフレッシュ処理できます．それでも1200万枚のリフレッシュ処理には約2年かかりました．リフレッシュ後の原子核乾板はイタリアに輸送され，OPERA実験で使用されています．

完成したリフレッシュチェンバーの1号機．2003年6月．

東濃鉱山の地下に建設したリフレッシュ施設．

原子核乾板をサポート枠に張った布の上に並べていく．サポート枠により，原子核乾板を効率良く入れることが可能になった．

サポート枠をリフレッシュチェンバーに入れ，温度30℃，湿度98％の環境に3日間置く．

### ◈さらなる改良，応用に向けて

　リフレッシュ処理の方法の改良にも取り組んでいます．一つには，現在3日かかっている処理時間を短縮できる方法を検討しています．さらに，この技術をニュートリノ実験以外の分野，例えば宇宙物理学の気球実験や医療などの応用につなげることを目指しています．

# 第2章

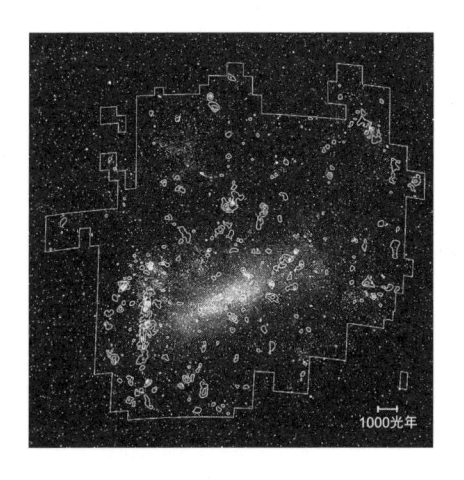

# 天体形成

1000光年

# 1
# 宇宙を見る多様な目

芝井　広

　宇宙を観測する方法として最近では，天体から試料を持ち帰るサンプルリターンが成功し，重力波の検出も試みられています．しかし，現在の宇宙観測の主役は，やはり電磁波です．電磁波には，波長の短い方，つまりエネルギーの高い方から，ガンマ線，X線，紫外線，可視光，赤外線，そしてサブミリ波やミリ波などの電波があります（図2-1-1）．

　天文学者は137億年という非常に長い時間と距離を相手にしなければなりません．さらに，現在の宇宙では，星が集まった銀河，銀河が集まった銀河団，銀河団がいくつも集まった超銀河団というように，さまざまな構造が階層的に連なり，ミクロからマクロまで，低温から高温まで，低密度から高密度まで，さまざまな物質や構造があります．宇宙史は，1つの観測手法だけでは，とうてい語れないのです．そこで私たちは，全波長域をカバーする観測体制を構築することで，宇宙の構造・多様性の形成の解明を目指しています（図2-1-2）．

### ◇不透明な波長帯を開拓する

　電磁波は波長帯によって，地球の大気を通って地表まで届く「大気が透明」なものと，地球の大気に吸収されてしまい地表まで届かない「大気が不透明」なものがあります（図2-1-1）．全波長域をカバーする観測体制を構築するためには，大気が不透明な波長帯を「開拓」する必要があります．

　開拓が必要な波長帯の1つが，サブミリ波です．サブミリ波帯は，地球の大気が透明な波長帯と不透明な波長帯のちょうど境目にあります．サブミリ

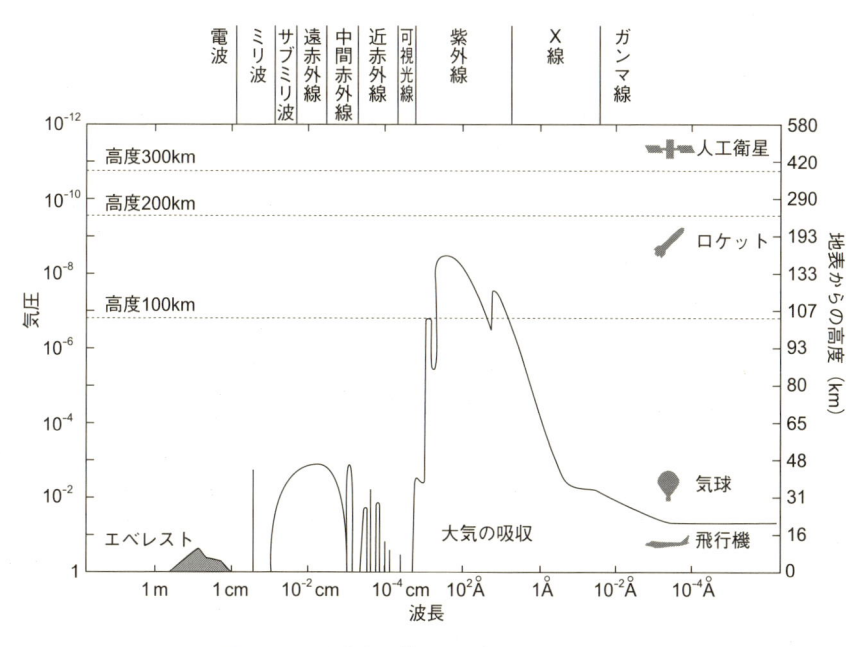

**図 2-1-1** 電磁波の種類と大気に対する透明度
曲線は，宇宙からの電磁波の強度が 10 分の 1 になる高度．可視光と赤外線の一部，電波は大気が透明で地表まで届くが，そのほかは大気が不透明で地表まで届かない．

波帯は低地では不透明ですが，大気が薄いあるいは水蒸気が少ない場所に行くと次第に透明になり，観測できるようになります．名古屋大学の電波天文グループは，サブミリ波帯を観測できる新しいサイトを開拓してきました．1996 年には，口径 4 m の電波望遠鏡「なんてん」を南米チリのラス・カンパナス天文台に設置しました．2004 年により観測条件の良いチリのアタカマ高地に移設し，性能も向上した「NANTEN2」として活躍しています．電波は携帯電話など生活で使われる民生技術の開発が進められていますが，サブミリ波帯の民生技術の進歩はとても遅れています．まして宇宙観測に使える技術は，未開拓のままです．「開拓」という言葉には，新しい観測サイトの開拓だけでなく，観測技術の開拓という意味も含んでいます．

　遠赤外線では地球大気がまったく不透明なため，成層圏より上の高度数十 km 以上でなければ観測することができません．そのため，遠赤外線望遠鏡

76　第 2 章　天体形成

図 2-1-2　名古屋大学が参加する主な観測プロジェクト

(写真提供：IAXA, Sloan Digital Sky Survey, ヨーロッパ南天天文台/ALMA, 国立天文台)

を搭載した気球やジェット機，人工衛星を使って観測します．遠赤外線天文グループでは，直径 50 cm の赤外線望遠鏡を気球に搭載して観測するFIRBE 実験をインドで実施してきました．現在，複数の遠赤外線望遠鏡を搭載した気球を揚げ，干渉計方式で観測しようという FITE 実験を進めています．遠赤外波長帯での干渉計は FITE が世界初です．また，2006 年に打ち上げられた日本初の赤外線天文衛星「あかり」のプロジェクトにも参加して，赤外線帯の観測を開拓しています．

　近・中間赤外線の波長帯では，地球の大気が透明だったり，不透明だったり，かなり複雑です．相対的には，標高が高いあるいは水蒸気が少ないところに行くほど透明になります．近赤外線天文グループは，南アフリカに口径 1.4 m の赤外線望遠鏡 IRSF を設置して観測を行っています．また，南極以外では地上で最高のサイトであるといわれる南米チリのアタカマ高地に赤外線望遠鏡を設置する計画も進めています．

　X 線に対しては地球の大気が完全に不透明ですから，気球や人工衛星によって観測するしかありません．X 線天文グループは，気球による観測実験 InFOCμS を NASA との共同で 2004 年に実施しました．名古屋大学が開発した多層膜スーパーミラーを用いた硬 X 線望遠鏡によって，パルサーの撮像観測に成功しています（図 2-4-6）．現在は，名古屋大学と大阪大学との共同で気球搭載硬 X 線撮像観測実験 SUMIT を進めるとともに，日本の X 線天文衛星「すざく」プロジェクトや次期 X 線天文衛星計画 ASTRO-H にも参加しています．

### 銀河や星，惑星系の誕生を見る

　さまざまな波長で観測することで，どのような宇宙の姿が見えてくるのでしょうか．

　私たちヒトの目で見ることができる可視光を使うと，星や銀河などが見えてきます．現在の宇宙に見られる銀河，銀河団，超銀河団などの階層構造を詳しく調べるために，SDSS というプロジェクトでは可視光によって高感度かつ系統的に天体の位置，明るさ，距離を観測し，宇宙の地図づくりを進め

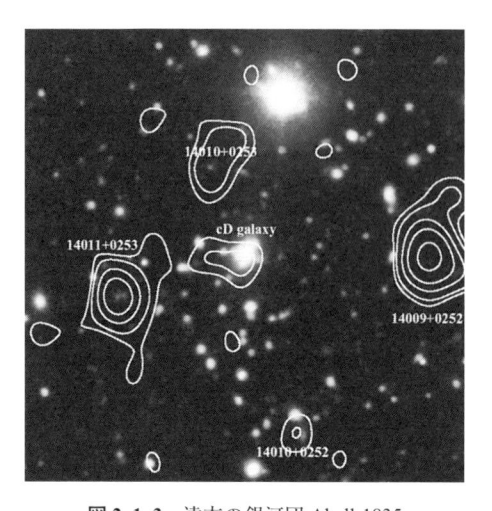

**図 2-1-3** 遠方の銀河団 Abell 1835
可視光で撮影した写真に，サブミリ波で観測したデータを等高線で重ね合わせた．可視光では何も見えないがサブミリ波が強く出ている領域には，生まれたばかりの銀河があると考えられている．（出典：R. Ivison et al., 2000, MNRAS, 315, 209）

ています．詳しい宇宙地図は，大規模構造がどのようにできてきたかを探る重要な手掛かりになります．

銀河がいつ，どのようにして誕生したかは，宇宙史を考える上で，とても重要なことです．遠方の銀河団を可視光で撮影した写真に，サブミリ波で観測したデータを重ね合わせてみましょう（図2-1-3）．可視光では天体が何も見えていないのに，サブミリ波が強く出ている領域があります．そこには生まれたばかりの銀河があると考えられています．普通，銀河からは可視光と赤外線が同じくらいの強さで出ています．一方，生まれたての銀河はちりが多く残されており，銀河を構成する星々が出す可視光や赤外線はそのちりに吸収されてしまい，外に出てきません．生まれたての銀河は，星の光によって暖められたちりが発する遠赤外線やサブミリ波を観測することで，ようやくその姿を現すのです．

銀河は，1億から1兆個の星の集まりです．星は，ガスやちりを材料にして生まれてきます．星の材料となるガスやちりは，とても低温であるため，可視光では観測できません．星の誕生の解明にも，ミリ波・サブミリ波や遠赤外線による観測が不可欠です．

星の形成に引き続き，星の周りに形成された原始惑星系円盤の中で惑星系が生まれてきます．惑星が1個形成されると，周りの物質をはき集め，原始惑星系円盤にすき間ができると考えられています．原始惑星系円盤を見るのに適した波長が，ミリ波・サブミリ波です．2012年の本格的運用を目指し

てチリ・アタカマ高地に建設中のアタカマ大型ミリ波サブミリ波干渉計 ALMA の解像度は，約 0.01 秒角です．ALMA の解像度をもってすれば，原始惑星系円盤のすき間の大きさまで正確に観測することができるはずです．すき間の大きさが分かると，形成される惑星の質量なども精度良く分かってきます．その結果，惑星の形成過程の解明が大きく進むと期待されます．

### ◘ なぜ多波長観測が重要か

　大気球を用いたブーメラン実験や WMAP 衛星は宇宙マイクロ波背景放射を観測し，その温度分布のゆらぎの細かさを精密に測定しました．これらの観測結果から，光で見ることができる物質は，宇宙を構成している物質のわずか 4% しか占めていないことが分かりました．残り 96% のうちの 4 分の 3 （全体の 73%）は，「ダークエネルギー」です．ダークエネルギーは，アルバート・アインシュタインの一般相対性理論の方程式における「宇宙項」と同じ働きをします．アインシュタインは，重力とは逆の反発する力，宇宙項を入れることで，膨張も収縮もしない永久不変の宇宙モデルをつくり上げたのです．しかしエドウィン・ハッブルの観測によって宇宙が膨張していることが示されてからは，宇宙項は無視されてきました．アインシュタイン自身も，宇宙項を入れたことを「生涯最大の失敗」と悔いたそうです．それが，この宇宙背景放射の観測によって，宇宙項，つまりダークエネルギーは宇宙の構造をつくる上でとても重要な役割をしていることが分かってきました．減速しつつあった宇宙膨張が現在加速しているのも，ダークエネルギーによるものです．ダークエネルギーの正体は，素粒子物理学が解き明かすことになるでしょう．

　96% のうち 4 分の 1（全体の 23%）は，「ダークマター」です．ダークマターは暗黒物質とも呼ばれ，電磁波では観測できません．では，ダークマターの存在は，どのように分かるのでしょうか．ダークマターが存在する証拠の 1 つが，銀河団です．かつては，光で見えている銀河だけの重力で集まり，銀河団を形成していると考えられていました．しかし，光で見える物質だけでは，銀河を集めておくための重力がまったく足りません．銀河団の領

**図 2-1-4** 重力レンズ現象
手前にある銀河団 Abell 2218 の重力場によって，はるか遠方にある天体の形がゆがんで長く伸びて見えている．（写真提供：W. Couch ［University of New South Wales］, R. Ellis ［Cambridge University］, and NASA）

域にはダークマターがあり，その重力によって銀河が束縛されているのです．ほかにもダークマターの存在を示す決定的な証拠があります．銀河団をX線で観測したところ，数億度の高温ガスが集まっていることが分かりました．高温ガスが散らばらないように集めておくためにも重力が必要です．しかし，光で観測しても対応する天体がありません．高温ガスを集めておくための重力は，光では見ることができないダークマターが担っているのです．

　もう1つ，ダークマターが存在する証拠をお見せしましょう．ある銀河団をとらえた写真を見ると，形がゆがんで長く伸びた天体が写っています（図2-1-4）．これは，手前にある銀河団の重力場によって，はるか遠方にある天体が変形して見えているのです．これを「重力レンズ現象」といいます．写真に写っている銀河の重力だけでは，このような重力レンズ現象を起こすのに不十分であることが分かりました．つまり，ダークマターの重力が重力レンズ現象に加担していることが，明らかになったのです．

　このようにダークマターが存在する証拠は，可視光，X線，電波などの観測から示されています．1つの波長の観測だけでは結論が出ない問題でも，いろいろな波長で観測し，結果を集めることによって確実な結論を導くことができます．多波長観測の重要性は，そういう点にあるのです．

### ◎宇宙に有機物を探す

　最近，星間空間や惑星環境における電磁波と物質との相互作用が注目されています．アストロケミストリー（宇宙化学）あるいはアストロバイオロジー（宇宙生物学）と呼ばれています．有機物は電磁波と星間物質の相互作用によってどのように進化し，そして私たち生命が誕生したのか．その解明を目指すこの新しい分野も，多波長観測の1つといえるでしょう．

# 2
## コンピュータの中で宇宙が生まれる

### 宇宙の構造はいかにつくられたか

杉山　直

　この10年ほどで，宇宙は137億年前に熱く密度の高いビッグバンによって誕生したことが，分かってきました．また，宇宙の物質・エネルギーは，73％が正体不明のダークエネルギーと呼ばれるもので，残りの23％が正体不明のダークマター，そして皆さんの体を構成しているような普通の物質はわずか4％しかないことが分かってきました．普通の物質のうち星やガスとして輝いているのは，わずか1％です．宇宙の99％は暗黒．私たちは，暗黒宇宙に住んでいるのです．
　ビッグバンから現在の宇宙までを観測事実に立脚しつつ理論的に解明する，というのが「観測論的宇宙論」であり，私たちの究極の目標です．

#### ◎過去を見るタイムマシン
　まず，宇宙の歴史についてお話ししましょう．宇宙の誕生から100秒までの間に，いろいろなことが起きました．一番重要な出来事は，100秒のころに元素が誕生したことです．このときに誕生した元素は，水素とヘリウムです．それ以外の元素は全部，星の中でできました．皆さんの体をつくっている炭素や鉄，カルシウムも，星の中でつくられたのです．
　そして，ビッグバンから38万年後．100秒からいきなり飛びますが，その間は大きなことは起きていません．38万年後に，「宇宙の晴れ上がり」と

いって，宇宙が透明になりました．それまで宇宙は熱いスープのような状態でしたが，膨張に伴って冷え，水素原子ができました．光とよく衝突する性質を持つ電子が水素原子に取り込まれ，光が散乱されずに直進できるようになり，宇宙が透明になったのです．

　私たちは今ここから，透明になったときの宇宙の姿を見ることができます．それが，宇宙マイクロ波背景放射です．宇宙マイクロ波背景放射に温度の高いところと低いところ，つまり温度のむらがあることを最初に見つけたのは，COBE衛星です．COBEの研究グループは，2006年のノーベル物理学賞を受賞しました．COBEの後継のWMAP衛星は，10万分の1度というわずかな温度のむらを精度良くとらえました．

　宇宙の晴れ上がりの後は「暗黒時代」です．見掛け上，何も起きておらず，星も輝いていません．そして，ビッグバンから4億年後くらいに最初の星が誕生しました．星が輝いた後は，銀河がたくさん生まれます．そして，私たちは現在，そういう銀河の1つである銀河系に住んでいます．

　私たちは，銀河系の少し辺境の地から宇宙を見ています．ここで重要なのは，遠くの宇宙を見ると過去が見える，ということです．私たちは過去を見るタイムマシンを持っているのです．このタイムマシンを使わない手はありません．宇宙がはじまって1億年の時代，38万年の時代，もしかしたら100秒の時代までさかのぼることができるかもしれない．それが，私たちの研究です．

## ◘銀河の巨大ネットワーク

　現在の宇宙には，惑星系から銀河，銀河団，大規模構造まで，多様な階層構造があることが分かってきました．

　冬の夜空を見上げると，「すばる」が輝いています．視力のいい人なら肉眼でも6個か7個の星を見分けることができますが，実際は数十個から数千個の星の集まりです．星の集団には，「すばる」のような散開星団のほかに，古い星が何万個も集まっている球状星団があります．そのような星団や星がたくさん集まっているのが，銀河系です．銀河系には，およそ2000億個の

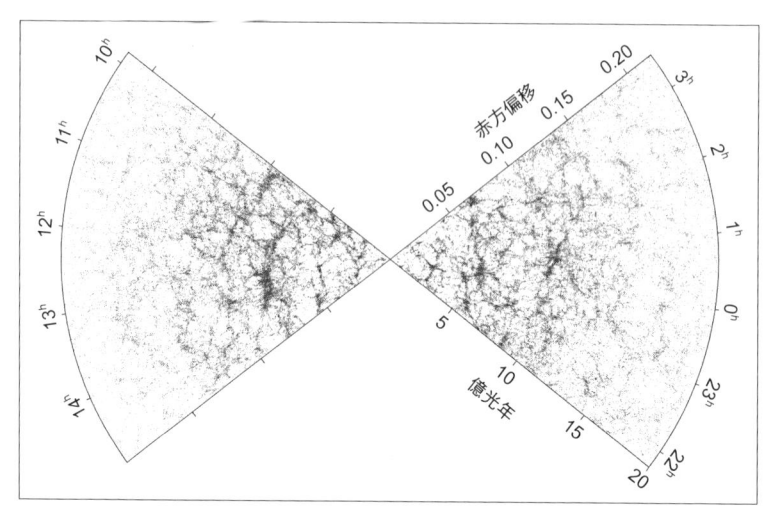

**図 2-2-1** 2dF 銀河探査計画によって観測された銀河の分布
地球から20億光年までに存在する11万個の銀河の位置が示されている．（写真提供：The 2dF Galaxy Redshift Survey）

星があります．

銀河系のすぐ隣には大マゼラン銀河と小マゼラン銀河，そして230万光年の距離にはアンドロメダ銀河があります．銀河系とそれらの銀河は，重力的に結び付いています．ほかにも大小30個ほどの銀河が重力的に互いに結び付いており，この銀河の集団を「局部銀河群」と呼びます．もっとたくさんの銀河の集団が「銀河団」です．銀河団の中でも大きい，かみのけ座銀河団は，1000億個以上の銀河が集まっています．

ここ10年くらいの観測によって，銀河，銀河群，銀河団は単発的に存在しているのではなく，ネットワークを組んでいることが分かってきました．図 2-2-1 は，イギリスとオーストラリアが共同で行っている 2dF 銀河探査計画で観測された銀河の分布です．1個1個の点が銀河で，11万個の銀河の位置が示されています．銀河が連なってネットワークをつくり，銀河がほとんどない「ボイド」と呼ばれる領域もあります．宇宙には，このように数億光年スケールの巨大な構造があることが分かってきました．

私たちが知りたいのは，巨大な銀河のネットワークがどのようにしてできてきたのか，ということです．巨大な構造が自然にできてくるのか，宇宙には何かとてつもないトリックが隠されているのか．それを調べることが，私たちの研究の1つの大きな柱です．

### ◉わずかなゆらぎから大きな構造へ
　宇宙の階層構造の形成について現在最も信じられている説が，「重力不安定性による構造形成」です．私たちも，この説にのっとって研究しています．

　宇宙は全体で見たら均一でとてものっぺりしていますが，平均からのごくわずかな密度のずれ，ゆらぎがあります．物質が集まって密度がほかより少しでも高いところがあると，そこは重力が強くなります．すると，自己重力といって，自分の重力で周りの物質をどんどんかき集めます．重力ポテンシャルで見ると，物質が集まっているところは井戸のようにへこんでいます．周りの物質は重力井戸に向かって，どんどん落ち込んでいきます．普通の井戸は水をためていくとあふれてしまいますが，重力井戸は物質が落ちるほど深くなっていきます．ごくわずかでもゆらぎがあると，それが発展していき，ついにはとても大きな構造に育っていく．これが，重力不安定性による構造形成です（図2-2-2）．

　重力不安定性による構造形成を理論的に計算するときには，2つの過程に分ける必要があります．1つ目は，密度ゆらぎが小さい場合です．難しいものを簡単にして計算する線形近似を使うことができ，ほぼ解析的に厳密に解くことができます．私たちは，世界最高精度でこの計算を行うことができます．2つ目は，ゆらぎが大きくなった場合です．コンピュータの中に銀河を表す質量の点，質点をばらまいた宇宙を用意し，重力によって銀河同士が互いに引き合い集まっていく過程を数値的に追い掛けます．私たちには，この計算を世界最大規模で行う技術もあります．

　密度ゆらぎが大きくなった場合のスーパーコンピュータによる計算を紹介しましょう．図2-2-3の1点1点が銀河で，10億光年を超える宇宙の大規

密度分布

重力ポテンシャル

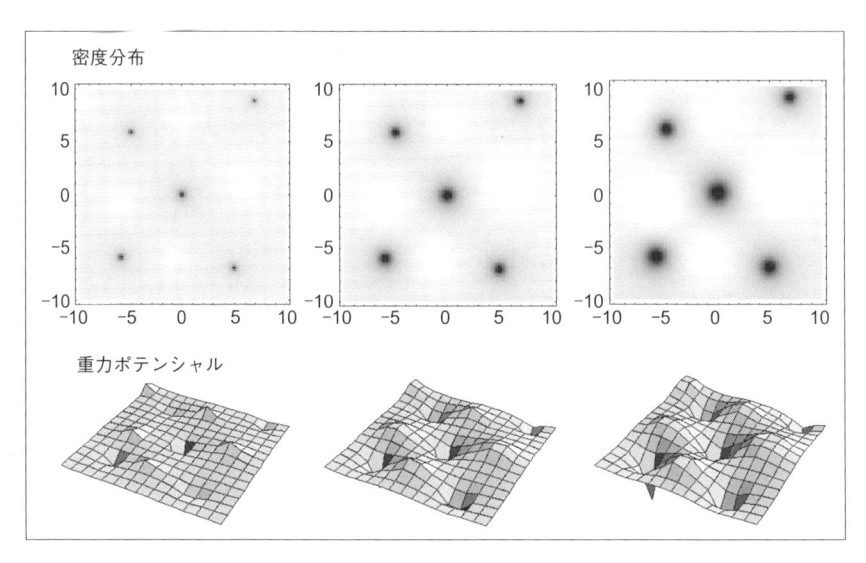

**図 2-2-2 重力不安定性による構造形成**
密度が少しでもほかより高いところは，重力が強いためにさらに周りの物質をかき集め，構造を形成していく．

10億光年

フィラメント

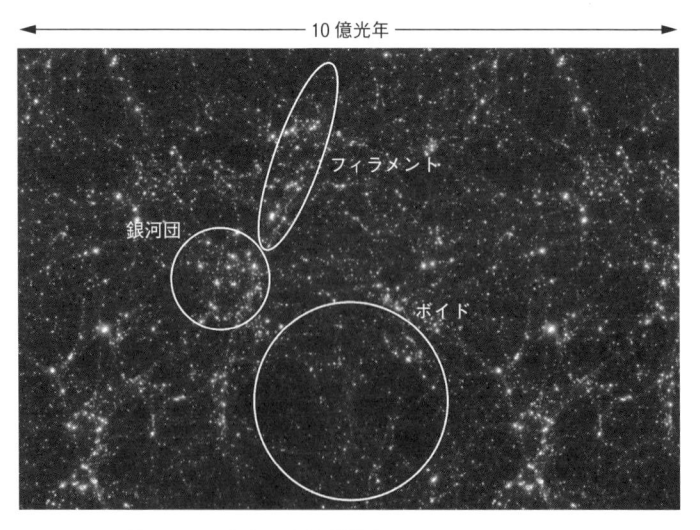

銀河団

ボイド

**図 2-2-3 宇宙の大規模構造のシミュレーション**
銀河は集まって銀河団やフィラメントを形成する．銀河がほとんど存在していない領域はボイドと呼ばれる．

模構造を示しています.銀河が連なったフィラメント,銀河がほとんど存在していないボイド,銀河がたくさん集まった銀河団が見えます.図2-2-1の実際に観測されている銀河のネットワーク構造にそっくりだと思いませんか.コンピュータの中に宇宙の構造を再現することができているのです.

また,私たちのグループメンバーがドイツ・マックスプランク研究所とイギリス・ダーラム大学と共同で行った世界最大の構造形成シミュレーションは,『Nature』2005年6月2日号の表紙を飾りました.このシミュレーションでは,銀河を表す質点が1000万個もばらまいてあります(口絵1,図2-2-4).

私たちはコンピュータの中に宇宙の大規模構造をつくり出すことに成功していますが,それと現実の宇宙がどれだけ似ているのか,検証が必要です.日本・アメリカ・ヨーロッパの共同で進めているSDSSは,口径2.5 mの専用望遠鏡を用いて100万個の銀河と10万個の

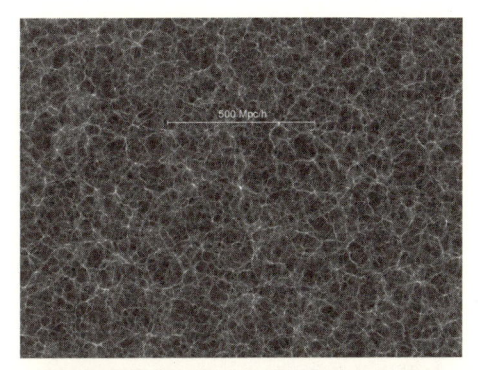

図2-2-4 世界最高精度・最大規模の宇宙の構造形成シミュレーション

(写真提供:The Millennium Simulation Project)

クェーサーの位置を決め，宇宙の地図づくりをしようというプロジェクトです．SDSSによって得られた観測データを使って私たちの理論を検証したいと考えています．その方法の1つが，「ゆらぎのトポロジー解析」です．観測データと理論モデルについて，ゆらぎの面積や長さなど構造の幾何学的情報の特徴をとらえ，数値的に解析します．両者を比較して合っているかどうか，検証を進めています．

### ◧密度ゆらぎが宇宙磁場を生んだ？

密度ゆらぎがまだ小さい状態を世界最高精度で計算した結果，密度ゆらぎの成長が宇宙磁場，つまり宇宙に存在する磁石の起源になっている可能性があることが分かってきました．

太陽や銀河，銀河団など，宇宙には至るところに磁石があります．方位磁石のN極が北を指すのも，地球自体が磁石になっているからです．宇宙にたくさんある磁石が，星をつくるときなどに重要な働きをすることが分かっています．しかし，そういう磁石がどのように生まれたのか，実はよく分かっていないのです．アルバート・アインシュタインは，「地球に存在する磁石は人類に残された最大の謎の1つである」と言っています．私たちは，地球どころか宇宙に存在する磁石について，もしかしたら密度ゆらぎの成長がその答えかもしれない，と期待しているのです．

密度ゆらぎからどのように宇宙磁場がつくられるのでしょうか．晴れ上がり以前，宇宙がまだ不透明だった時代には，陽子と電子がばらばらに存在していました．宇宙には光の風が吹いています．光の風は軽いものを押すので，軽い電子だけ押され，電子と陽子が分かれます．すると，電場ができて電流が流れます．電流が流れると磁場が生まれる．これは，高校で習った「アンペール・マクスウェルの法則」です．このように，非常に小さいけれども，密度ゆらぎから電場，そして磁場をつくることができることが分かり，2006年に『Science』で発表しました．

## ◎「すばる」望遠鏡でダークエネルギーに迫る

　私たちが今一番関心を持って進めているのが，ダークエネルギー探査です．ダークエネルギーは，宇宙全体のエネルギー密度の73％を占めています．重力に対して斥力として働き，膨張を加速させるとんでもないものです．つまり，宇宙には反重力があるのです．膨張を加速させるための仕事を真空から得る，正体不明の暗黒のエネルギー．それをどのように測定するかを考えています．

　ダークエネルギーを測定するには，宇宙の膨張の速さが時々刻々どのように変化しているかを調べればいいのです．例えば，100ワットの電球が天体だと思ってください．電球がどのように暗くなっていくのか，どのように小さくなっていくのかを観測すれば，電球までの距離，つまり宇宙の大きさが分かります．すると，ダークエネルギーによって宇宙の膨張がどれだけ加速されたかが分かる．しかし，そのためには明るさと大きさが分かっている天体が必要です．

　大きさが分かっている天体として，私たちは「バリオン音響振動」を使っています．バリオン音響振動とは，陽子と電子と光子の混合流体に生じた波で，宇宙が誕生して38万年後の時代に宇宙に鳴り響いていた音が，図2-2-1に見られるような銀河の分布の中に現れるものです．バリオン音響振動を使って宇宙の加速膨張の大きさを測り，ダークエネルギーに迫ろうとしているのです．

　このため，SDSSをさらにスケールアップしてさらに遠く，つまり昔の宇宙まで見るために，「すばる」望遠鏡にHyper Suprime-Camという新しいカメラを取り付けて観測することを計画しています．Hyper Suprime-Camは超広視野で，既存の10倍の領域を一度に見ることができます．さらに，既存のCCDの3倍という高感度，世界一シャープな画像で，ダークエネルギーに迫ります．ダークエネルギーはアインシュタインの宇宙項なのか．「すばる」Hyper Suprime-Camによって，その答えが分かります．

　世界最高画質の超広域探査で得られるデータは，今後数十年にわたって天文学の基本的財産になるでしょう．これは，「すばる」望遠鏡を21世紀のパ

ロマー望遠鏡にしようという壮大なプロジェクトなのです．私たちもそれに参加しており，現在は，探査計画に指針を与えるべく，莫大な数値シミュレーションを実行するための PC クラスターを構築しています．大規模構造の形成やダークエネルギー，宇宙の進化が明らかになる日を目指して．

# ファーストスター誕生

吉田直紀

　宇宙は，誕生とともにものすごい速さで膨張し，その中にある物質や電磁波の温度も下がっていきます．初めの数億年は銀河などの光輝く天体もなく，冷えきっていて，宇宙は闇に包まれていたと考えられています．この「暗黒宇宙」に光を灯すのは，宇宙に最初に生まれる星「ファーストスター」です．ファーストスターの形成について解説しましょう．

## ◘暗黒の時代

　私たちが見ることのできる最古の宇宙の姿は，宇宙誕生からおよそ 38 万年たったころのものです．当時の様子は，宇宙マイクロ波背景放射として見ることができます．最近では NASA が打ち上げた WMAP 衛星によって詳しく観測されました．一方，私たちの近傍の宇宙や，ある程度さかのぼったところまでは，地上の「すばる」望遠鏡などを使って見ることができます．最近では，なんと 130 億光年も離れた場所にある銀河の姿もとらえられました．そして，その先は次世代の宇宙望遠鏡などで見えてくるでしょう．

　宇宙誕生 38 万年後から数億年後の時期を「宇宙の暗黒時代」といいます．この時期にはまだ星や銀河などの光輝く天体は存在せず，ヒトの目で感じる光がありませんから，宇宙は文字通り「暗黒」なのです．また，理論的にも

観測的にもよく分かっていないので，意味合いもぴったりの名前です．しかし，まったく何も起こっていなかったわけではありません．ファーストスターを育むための環境が整いつつあったのです．

## ◘コンピュータシミュレーションで宇宙暗黒時代に迫る

　宇宙暗黒時代に何が起こっていたのか．私たちは，この問題に大規模なコンピュータシミュレーションで挑みました．シミュレーションの初期設定は，実は非常に単純です．誕生から38万年くらいたったころの初期宇宙の姿は，WMAP衛星による観測によって明らかにされています．その時期の物質密度のゆらぎの統計的な特徴もよく分かっている．どんな物質があるのかも分かっています．それは，ダークマターと通常の元素で，元素のうち76％が水素，24％がヘリウムです．与えられた初期の物質の組成と分布が，膨張する宇宙の中でどう進化するか，計算すればよいのです．しかし「言うは易く行うは難し」です．実際に宇宙の進化を追うのは，簡単なことではありません．

　具体的な計算について説明しましょう．宇宙の構造形成に最も重要な重力相互作用を解くために，6000万体という大規模な重力多体計算を行います．星間ガスの振る舞いを追うため，粒子法を用いて流体力学の方程式を解きます．化学反応については，水素とヘリウム，そしてそれらのイオン，合計9種がそれぞれの領域でどのくらいできていたのかを，逐一計算します．およそ50個程度の化学反応式が必要となります．

　私たちのコンピュータシミュレーションで再現された，宇宙で最初にできる「構造」を図2-2-5に示します．この図の1辺は10万光年で，その中での物質密度の分布を濃淡で表しています．物質の分布パターン，構造がかなりはっきり見え，網目構造の節点に相当する部分では，分子ガス雲がもうでき始めています．分子ガス雲の中で，やがてファーストスターが生まれます．

　このコンピュータシミュレーションから，いくつかの重要な結果が得られました．まず，ファーストスターが生まれる様子から説明します．

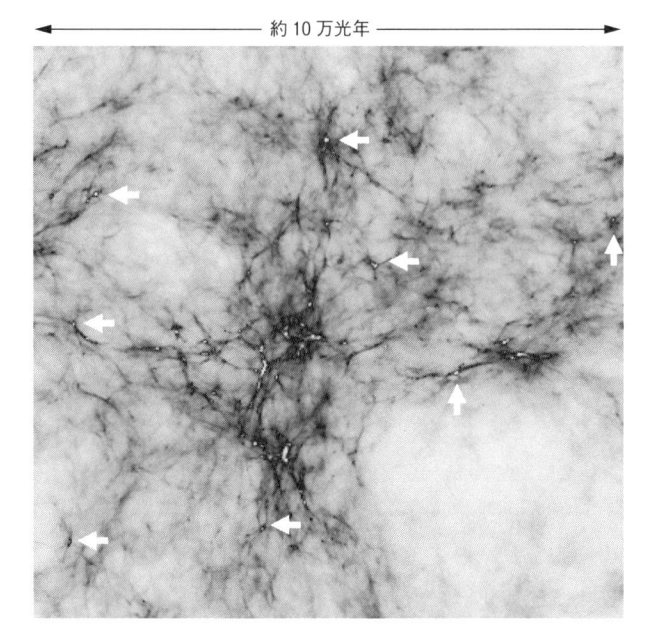

**図 2-2-5** コンピュータシミュレーションで再現した約2億歳の宇宙の姿
物質分布を色の濃淡で示している．濃い部分にはガスがたくさん集まっている．最も濃い部分では，分子雲ガスができ始めている（矢印）．（出典：N. Yoshida et al., 2003, ApJ, 592, 645）

## ◉ファーストスターを育むダークマターの塊

　星は通常，冷たくて密度の高い（濃い）分子ガス雲の中で生まれます．初めは薄く広がっていただけの星間ガスの中で化学反応が起こり，たくさんの分子が生成され，それらの分子が電磁波を放射することでガス全体はエネルギーを失います．つまり冷えていくのです．初期宇宙では，初めに重力によってダークマターの塊ができ，その引力によってガスがかき集められます．私たちが行った分子ガス雲形成のシミュレーションによると，母天体の質量がダークマターも含めておよそ太陽質量の約100万倍になったとき，星の材料となる分子ガス雲が形成されます．

　しかし，ものがたくさんありさえすれば星が生まれるわけではありませ

ん．実は，成長が速く，非常に早いペースで質量が増えていったガス雲ではガスを冷やすことができません．このような状況は，単純な解析的な方法では手に負えませんが，3次元シミュレーションを使うとよく分かるのです．

運良く星が生まれる条件の整ったガス雲では，重力の働きによってガスが暴走的に収縮し，やがて原始星と呼ばれる「星の赤ちゃん」が生まれます（口絵4）．そして原始星にさらにガスが降り積もることで，一人前の星へと成長するのです．こうして，光輝くファーストスターが生まれたと考えられます．

### ◘ ファーストスターが宇宙を暖めた

ファーストスターは，宇宙の進化の中で重要な役割を果たします．暗黒宇宙に最初の光を解き放ち，それまで冷える一方だった宇宙を初めて「暖める」のです．ここで，宇宙の温度の進化について簡単に説明しておきましょう．ビッグバンの直後は高温高密度で，電子や陽子などがばらばらのプラズマ状態になっていました．宇宙の膨張とともに物質の温度は下がり，やがて，ほとんどの電子が陽子に取り込まれ，水素原子を生成します．このとき宇宙は，プラズマ状態から電気的に中性の状態になります．この「再結合期」（宇宙マイクロ波背景放射として観測できる時期）の後，数億年ほどたってファーストスターができ始めると，星からエネルギーの高い紫外線が放出されます．紫外線はガスを電離させます．原子核と電子をばらばらに引き離してしまうのです．この過程を「宇宙の再電離」と呼びます．ビッグバン直後は電離（プラズマ）状態であったのが中性になり，再び電離されるのです．同時に，星間ガスの温度は急激に上昇したと考えられます．

再電離の時期については，理論からも観測からも，よく分かっていませんでした．2003年にWMAP衛星による宇宙マイクロ波背景放射の最初のデータが解析されました．その結果から，宇宙の組成が判明したり，初期宇宙における物質の密度ゆらぎの量が決まったり，重要な事柄がいくつも判明したのは先述の通りです．その中で私たちが一番驚いたのは，宇宙マイクロ波背景放射の大規模な偏光パターンが見つかったことです．宇宙の再電離が起き

ると，飛び交う電子によって宇宙マイクロ波背景放射が散乱されます．WMAPは，電子によって散乱された宇宙マイクロ波背景放射の特徴的なパターンを発見したのです．それが示唆する再電離の時期は，なんと宇宙誕生後2億年から3億年．理論研究者が予想していた時期より格段に早いものでした．その後も衛星による観測が続き，より詳細なデータ解析によって，再電離の時期はおよそ4億年と修正されましたが，それでもかなりの早期であることに変わりはありません．

ここで，いろいろな疑問が浮かんできます．まず，再電離を引き起こす紫外光の源は本当に個々の星なのか，あるいは銀河のような星の集団なのか．そして，紫外光の源となる天体はどこでできたのか．そしてもっと大事なことは，宇宙全体を電離するためには光輝く天体がたくさん必要だということです．星1個では宇宙全体を電離できません．紫外光の源となる天体が，どの時期に，どのくらいの量できたかが，非常に重要な問題なのです．

### ◇宇宙の再電離の始まり

先ほどの初期構造形成のシミュレーション結果を使って，宇宙の再電離の研究も行いました．その結果を図2-2-6に示します．ファーストスターが生まれると，周りのガスを電離します．しばらくして周りにポツポツとほかの星ができてくると，電離領域が増え，やがて互いに重なり合っていきます．そして，たくさんの領域で星が生まれ，宇宙全体の電離率が急速に上がってきます．このシミュレーションが正しいかどうかは，観測データと比較して検証する必要があります．WMAP衛星の観測から，宇宙マイクロ波背景放射が私たちのところに届く間に電子とどのくらい相互作用したか，という割合を見積もりました．その割合はおよそ10%でした．シミュレーション結果は，観測にかかわるさまざまな不定性を含めて，何とか整合するものです．

一方で，ファーストスターはそんなに再電離に貢献しなかった，と考えている研究者もいます．もっと大きな星の集団，「銀河」が主な役割を果たしたのかもしれません．

最近の研究からは，宇宙の再電離はファーストスターによって始まるものの，やがて大きな「原始銀河」があちこちで生まれ，それが主な役割を担うようになり，宇宙誕生後7億年から8億年のころに終了する，と考えられるようになりました．今後の観測から，その理論予言が確かめられることでしょう．

◇次のターゲットは最初の10億年

ここまでファーストスターの形成について解説しましたが，私が本当に興味を持っているの

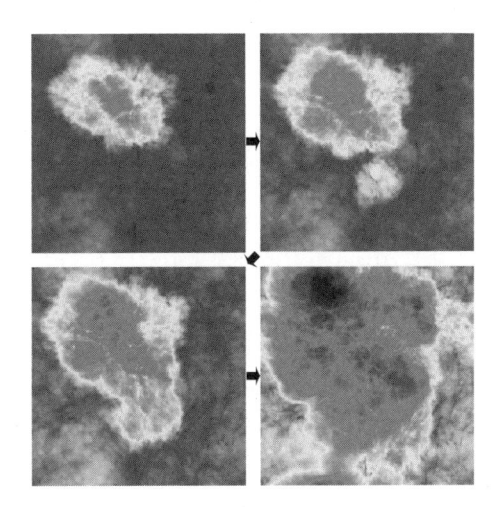

図 2-2-6 宇宙再電離のシミュレーション
星が生まれると，紫外線を放出して周りのガスを電離する．あちこちで星が生まれると，電離された領域（濃い部分）が重なり合って広がっていく．（出典：A. Sokasian, N. Yoshida, T. Abel et al., 2004, MNRAS, 350, 47）

は，その後です．ファーストスターがその次の世代の星の形成にどのような影響を与えたかを知りたい．そして，「銀河」と呼べるような星の集団はいつ生まれたのか．次は，暗黒時代の後にくる銀河形成期の謎を解明しようと考えています．そして，将来の望遠鏡を使った観測プロジェクトを提案することを目指しています．はじめの3億年や10億年などは遠い宇宙の話で，むしろ夢物語のように思えるかもしれません．しかし，次世代の宇宙観測では，まさにそのような早期の宇宙の姿が明らかになると期待されているのです．

宇宙誕生後数億年の時代に形成された星が放射する紫外線は，宇宙の膨張とともに波長が引き伸ばされ，現在では赤外線として観測されます．現在の宇宙を飛び交う赤外線の正確な観測ができれば，宇宙初期の星形成がどのくらい活発だったかも分かるようになってくるでしょう．ハッブル宇宙望遠鏡の後継機JWSTでは，原始銀河の姿を直接とらえられると期待されていま

す.打ち上げは 2014 年の予定です.

　また,66 台のアンテナを干渉計として使って観測するアタカマ大型ミリ波サブミリ波干渉計 ALMA は,2012 年の本格運用を目指して建設が進められ,初期科学運用も始まっています.ALMA はたくさんの遠方銀河を発見し,詳しく観測するでしょう.さらに,宇宙初期に存在した水素から出てくる波長 21 cm の電波は赤方偏移によって引き伸ばされて現在ではメートル波になります.それをとらえようというのが,2000〜3000 台のアンテナで構成される巨大な電波干渉計 SKA です.これらの観測装置によっていろいろな情報を集めると,宇宙がはじまって 3 億年,10 億年で何が起こったのか,宇宙の進化の様子が次々に分かってくることでしょう.

# *3*
# 星が生まれる

## 銀河系中心部の超巨大ループ状分子雲に迫る

福井康雄

銀河系の中心は，いろいろと面白いところです．X線の観測からは，巨大なブラックホールがあることや激しい爆発的な現象が起きていることが分かってきました．銀河系の中心は，理論的にも注目されています．私たちは電波，特に分子のスペクトルを使い，銀河系の中心を調べています．そして，銀河系の中心部に分子雲ループを発見しました．この成果は『Science』2006年10月6日号に掲載されています．この発見について詳しく紹介します．

### ◎銀河系の中心部で何が起きているのか

宇宙の歴史は137億年です．宇宙が誕生し，数億年後に銀河が生まれ始めました．それ以来，銀河は100億年以上にわたって進化を続けているのです．その元になっているものは何か．どういうプロセスによって銀河は現在の形になり，また，100億年後にはどのように姿を変えるのか．私たちは，その原理あるいは法則性を解明したいと考えています．

宇宙空間には，とても薄いガスが漂っています．そのガスが重力で集まり，「星の卵」になり，「星の赤ちゃん」が生まれます．太陽は，誕生して50億年くらいたっています．あと50億年もすると膨れ上がり，中心に白色矮星を残し，ガスは宇宙空間へ戻っていきます．また，太陽より8倍以上重

い星は，生まれてわずか1000万年ほどで膨れ上がり，超新星爆発を起こしてブラックホールあるいは中性子星になり，ガスはやはり宇宙空間に戻っていきます．このような物質循環，輪廻転生を通して，銀河は100億年をかけて現在の形になったのです．

現在の銀河では，星の誕生はもっぱら銀河の腕の部分で起きています．銀河の中心部には銀河全体の10分の1ほどの質量が集中していてガスもたくさんありますが，新しい星がほとんど生まれていません．これは，とても不思議なことです．銀河の中心部でいったい何が起きているのか．それが，1つの大きな謎でした．

ここ十数年の研究で，銀河系の中心に巨大なブラックホールがあることが，はっきり分かってきました．例えば，8 mクラスの大型の光学赤外線望遠鏡を使い，銀河系の中心方向にある星の運動を近赤外線で10年以上にわたって詳しく追跡した研究があります．その結果，星は楕円軌道を描いて秒速数千kmという猛スピードで運動していることが分かりました．その軌道と速度から，力の中心点の位置が分かり，中心点にどれだけの質量が必要かを計算することができます．その結果，中心点には太陽の400万倍近い質量が存在することが分かりました．しかし，そこには光を出すものはない．これはもう，ブラックホールがあると考えるしかありません．ブラックホールは，100億年以上をかけて銀河系の中心部で成長してきました．その仕組みを知りたいというのは，天文学者共通の問題意識です．

銀河系の中心は，天の川がひときわ厚くなっている，いて座の方向にあります．しかし，手前にあるちりが光を遮ってしまうため，可視光では銀河系中心を見通すことができません．銀河系の中心部は，可視光以外の波長の電磁波，つまり赤外線や電波，X線などを使わないと観測することができないのです．

### ◆銀河系中心部の分子雲，2つのミステリー

私たちは，水素分子ガスを主成分とし，星をつくる元となる分子雲に注目し，電波，特に分子のスペクトルを使って銀河系の中心部を研究してきまし

た．その結果，銀河系中心部の分子雲について，2つの大きなミステリーが浮かび上がってきました．

1つは，分子雲が異様に大きな速度幅を持っていることです．太陽の近くの分子雲は静かで，その運動速度は秒速 3 km ほどです．しかし，銀河系中心部の分子雲は，秒速 30 km という速さで暴れている．こういう分子雲の振る舞いは，ほかの領域では見られません．

もう1つは，分子雲の温度が異様に高いことです．太陽の近くにある普通の分子雲の温度は 10～20 K です．それに対して，銀河系中心部の分子雲は1桁くらい温度が高い．特に明るい星があるわけではないにもかかわらず，50～300 K もあります．

銀河系中心部の分子雲をコントロールする物理学は何か．結論を言ってしまうと，磁場が非常に大事な役割を果たしていることが，私たちの研究から明らかになってきました．「パーカー不安定性」という現象によって磁場が浮上し，分子雲を動かしていると考えることで，銀河系中心部の分子雲の問題が解決できます．この成果は，広い波及効果があり，大きな意義を持つと考えています．

磁場とは，いわばスプリングです．いすもスプリングが入っているだけで，クッションがとても良くなります．銀河系中心部では，分子雲が強力な磁場に支えられて重力に対抗して浮き上がり，大暴れをしているのです．分子はそれぞれ決まった周波数のスペクトルを出しますが，分子が運動していると，ドップラー効果によって観測される周波数が変わります．例えば，一酸化炭素分子のスペクトルを観測すると，太陽系の近くでは幅が狭くシャープですが，銀河系中心部では幅が広がっています．これは，銀河系中心部の分子雲が秒速 20～30 km で近付いたり遠ざかったりして，まさに暴れ回っていることを示しています．多くの天文学者が，この理由の解明に頭をひねってきました．

### ◐ 分子雲ループを発見

その謎を解く鍵は，名古屋大学の「なんてん」望遠鏡による観測から見つ

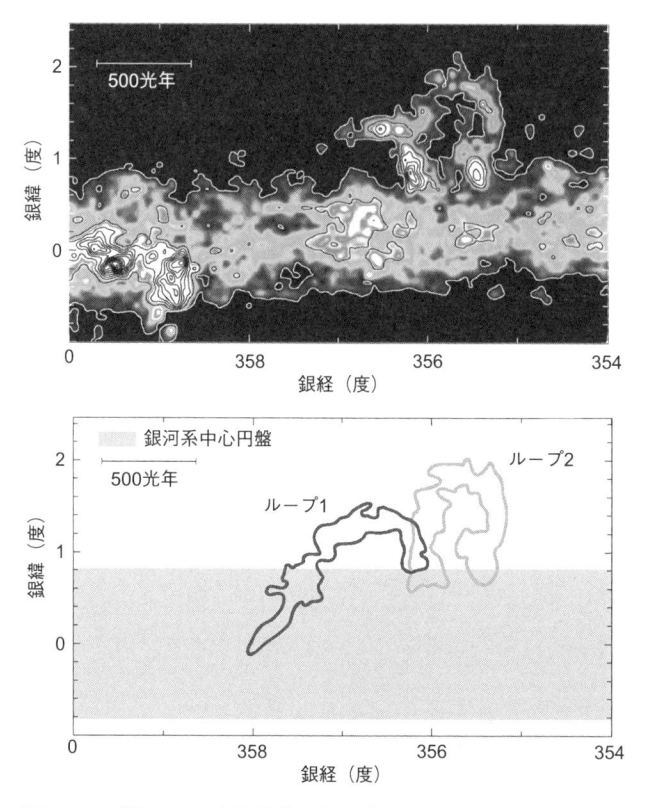

**図 2-3-1** 「なんてん」望遠鏡が銀河系の中心部で発見した分子雲ループ

ループは，銀河円盤から高さ約 600 光年も持ち上がっている．口絵 6 の分子雲ループを 1，こちらを 2 と呼んでいる．ループ 1 と 2 の関係を下図に示す．

かりました．「なんてん」は口径 4 m と小さいのですが，銀河系中心部の広い範囲を非常に高感度で調べることができる電波望遠鏡で，1996 年から約 8 年間にわたってチリのラス・カンパナス天文台で観測を行ってきました．口絵 5 は，「なんてん」望遠鏡によって観測された銀河系の電波地図です．銀河系を横から見た姿で，ガスの分布を示しています．ガスは，薄い範囲に集中しています．ガスが一番集中しているのは銀河系中心部で，そこにブラックホールがあります．私たちは，この複雑な画像を詳しく解析し，分子ガス

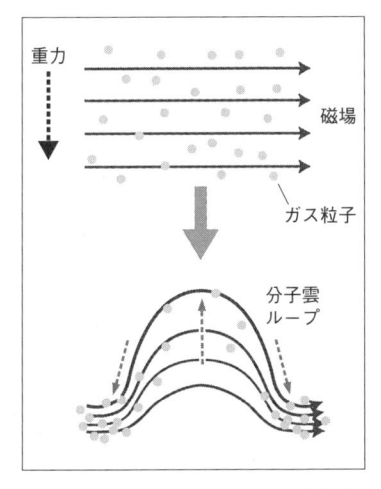

**図 2-3-2** パーカー不安定による分子雲ループの形成

銀河円盤のガス雲中に磁場が水平に走っているとき，磁場に対して重力が垂直に作用すると，磁力線が波打って持ち上がり分子雲ループができる．

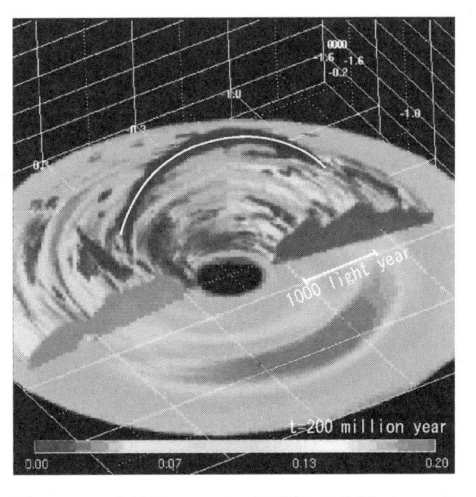

**図 2-3-3** 分子雲ループの電磁流体力学（MHD）シミュレーション

銀河系中心部の円盤から磁力線が浮き上がり，分子雲ループが形成される様子が再現された．

の運動と形状を読み解いたのです．

その結果，銀河面から盛り上がったループ状のガスが2個見えてきました（口絵6と図2-3-1）．これは，まったく予想していない結果でした．ループは一番高いところで銀河面から約600光年も持ち上がっています．そして，ループの根元で電波強度が非常に高く，分子雲の密度も非常に高くなっています．

私たちの解釈は，こうです．最初，銀河円盤のガスの中に水平に磁場が走っています．磁場と垂直に重力が作用すると，パーカー不安定という現象によって磁力線が波打って持ち上がり，分子雲ループができます（図2-3-2）．ループがいったんできると，今度はガスが銀河面に向かって流れ込んできます．すると，ループの根元にガスが集中し，激しいガスの圧縮と加熱が起きます．さらにループが浮き上がっていくと，その一番上ではガスがほとんどなくなり，またループに沿って速度の大きな差が出てきます．私た

ちは，まさにこういう過程をとらえたと考えています．ループの存在は，分子雲が異様に大きな速度幅を持ち，分子雲の温度が異様に高いという，銀河系中心部分子雲の2つのミステリーをとてもよく説明することができます．

図2-3-3は，銀河系中心部のブラックホールを取り巻く円盤全体を電磁流体力学（MHD）シミュレーションしたものです．時間が経過すると磁力線が浮き上がり分子雲ループができる様子が，数値計算によって見事に再現されています．銀河系中心部の磁場は0.1〜1ミリガウスで，太陽系の周りの平均1マイクロガウスと比べて桁違いに強くなっています．銀河系の中心は100億年をかけて，周りから磁力線と物質をかき集めています．すると磁力線が非常に強くなり，そのような効果の蓄積として，分子雲ループの形成が起きているのではないかと考えられるのです．

2つのループ以外にも，いろいろなところで同様の分子雲ループの痕跡があることが分かってきました．今までの観測でも，銀河系の中心部には針金状のおかしな形をした構造が見えていました．シンクロトロン放射が起きているので強い磁場があることは部分的には分かっていましたが，針金状の構造ができる原因はまったく説明されていませんでした．それらはループ状の構造が進化したものだと考えてよさそうです．

今回のループの発見によって，銀河系中心においてガスがどういう法則性に従って動いているのか，つまり磁場の重要さを統一的に理解するきっかけが得られました．

### ◘分子雲ループと星団の形成・ブラックホールの成長

銀河系中心部を電波で見ると，丸い構造が見えます．これは超新星爆発によって形成されたバブルで，10個くらいあります．しかし，銀河系の中心にはガスがたくさんあるので，もっと星ができても不思議ではありません．ところが，なぜかごく一部でしか星の活発な誕生は起きていない．私たちは，星が活発に生まれているのは，かつて分子雲ループの根元だったところではないかと考えています．持ち上がったループからは，秒速30〜50 kmという速度でガスが銀河面に落下してきます．すると，いろいろな分子やち

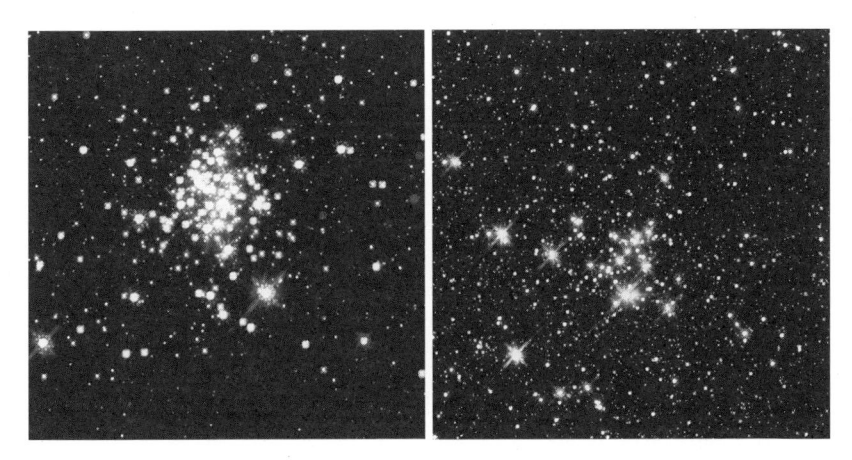

図 2-3-4　銀河系中心の巨大星団 Arches cluster（左）と Quintuplet cluster（右）
高速でガスが落下する分子雲ループの根元で形成されたと考えられている．（写真提供：D. Figer [STScI] and NASA）

りも破壊され，とても変わった化学反応が起きるはずです．実際，銀河系中心部のいて座 B2 では，銀河系内のほかの領域と比べ，いろいろな種類の星間分子が大量に見つかっています．新しい星間分子を見つけようと思ったら，銀河系中心部のいて座 B2 をまず探すべきだと，天文学者は経験的に学んでいます．しかし，その理由は分かっていませんでした．私たちは，ループの根元で非常に強力なガスの圧縮とちりの加熱が起き，複雑な分子の形成につながっているのではないかと考えています．

おそらく分子雲ループの根元で形成されたと思われる星団が，銀河系の中心部で 3 個見つかっています．Arches cluster, Quintuplet cluster, Central cluster と呼ばれ，いずれも，すばる星団の 10 倍から数十倍の規模の巨大な星団です（図 2-3-4）．ガスは，ループによって銀河面から高さ 100〜1000 光年まで浮上し，秒速 30〜50 km で銀河面に落下します．ガスが落下する強い衝撃によって加熱と圧縮が起きます．分子雲の総質量は $5 \times 10^7$ 太陽質量くらいで，超新星爆発 300〜400 個分に相当する $3 \times 10^{53}$ エルグという巨大なエネルギーを持っています．分子雲をどんどんかき回すことで，ループの根元に巨大な星団が形成されたと考えられるのです．磁気浮上は銀河系中

のブラックホールの成長と無縁ではありません．なぜならば，磁場のエネルギーの元を賄っているのは，星などの重力だからです．

また，パーカー不安定性というアイデアは，1966年に最初に提案されました．太陽表面で起きる磁場を伴う活発な現象が，パーカー不安定性で説明できることはよく知られていたのです．太陽表面の磁気ループは銀河系中心部の分子雲ループの1兆分の1とはるかに小さいものですが，私たちはそれを太陽フレアなどとして観測していました．しかし，まさか同じ物理が銀河系の中心部で起きていて，それが100億年のスケールで銀河の進化をコントロールしていることには，40年間，誰も気がつかなかったのです．

### ◇ NANTEN2 や ALMA に期待

2004年，「なんてん」はチリのラス・カンパナス天文台から標高5000mのアタカマ高地に移設され，高精度化されました．私たちは，この生まれ変わった「NANTEN2」を使って，サブミリ波によって銀河系の中心部も含めたさらに広範なガスの深い観測を進めていこうと考えています．また，チリのアタカマ高地にはALMAという大型ミリ波サブミリ波望遠鏡が建設中です．本格運用は2012年からの予定で，電波で宇宙を見る究極的な装置になると期待されています．星や惑星の誕生，あるいは銀河の誕生という，私たちの根源的な問いかけに対して，さらに一歩進めた答えと，さらに大きな謎をこの望遠鏡がもたらしてくれると期待しています．

# 大マゼラン銀河で巨大星団が生まれている

水野範和

## ◆観測ターゲットは大マゼラン銀河

　大マゼラン銀河は，私たちの銀河系のごく近傍に位置する伴銀河の一つです．銀河系の中には球状星団という巨大な星団があります．100億年以上も昔につくられた古い星団です．一方，球状星団に匹敵する巨大星団が，大マゼラン銀河では今も生まれていると考えられています．私たちは，巨大星団がどのようにしてできるのかを観測的に明らかにする研究を行っています．

　私たちの観測ターゲットである大マゼラン銀河は，南半球でしか見ることができません．大マゼラン銀河のすぐ近くには小マゼラン銀河があります（図2-3-5）．銀河系は渦巻銀河ですが，大マゼラン銀河は中心に明るい棒状の構造があり，不規則銀河に分類されています．大マゼラン銀河は約100億個の星から成り，見かけの大きさは6度角×6度角です．満月の視直径が30分角ですから，大マゼラン銀河は南天の夜空でとても大きく輝いている天体です．

　大マゼラン銀河は，銀河

**図 2-3-5**　大マゼラン銀河（左中央）と小マゼラン銀河（左上）と天の川
手前は，チリにあるセロ・トロロ・インターアメリカ天文台のブランコ望遠鏡（口径4m）のドーム．（写真提供：R. Smith/NOAO/AURA/NSF）

系から最も近い銀河の1つで，16万光年の距離にあります．最も近い渦巻銀河であるアンドロメダ銀河までは230万光年ですから，大マゼラン銀河がいかに近くにあるかお分かりいただけるでしょう．近いということは非常に重要です．とても詳しく観測することができるからです．しかし，近ければよいかというと，そうではありません．例えば，銀河系の中にある星形成領域はとても近いので詳しく観測できますが，自分自身が銀河系の内側にいるので全体像をとらえることは難しくなり，「木を見て森を見ず」です．一方，遠い銀河は，銀河を構成する1個1個の星は詳しく観測できませんが，銀河全体としていろいろな性質をとらえることができます．これは，「森を見て木を見ず」です．

大マゼラン銀河は，近いので銀河を構成する個々の星やガスを詳しく観測することもできるし，銀河系の外にあるので銀河の全体像をとらえることもできます．つまり，「木も森も見る」ことができるのです．大マゼラン銀河は，遠くの銀河や，私たちの銀河系を理解する上で，非常に重要なターゲットです．

**図 2-3-6　銀河系の球状星団 M 4**
球状星団は年齢100億年以上の年老いた星の集団．M 4は，約100万個の星から成る．（写真提供：東京大学天文学教育研究センター木曽観測所）

### ◉若い巨大星団「ポピュラス星団」

大マゼラン銀河には，私たちの銀河系には見られない特徴があります．その1つが，「ポピュラス星団」の存在です．ポピュラス星団は，非常に年齢が若く，1万個以上の星から成る巨大星団です．また，大マゼラン銀河では大質量星と呼ばれる太陽の8倍以上重い星が活発に生まれていることが知られています．

私たちの銀河系では，星団は大きく2種類に分けることができます．1種類は「すばる」のような散開星団です．星団を形成する星の数は数十～数千個程度

で，若い星々から成ります．散開星団は，現在も新たに生まれています．もう1種類は球状星団で，星の数が数万〜数十万個と散開星団と比べてとても多く，年齢が100億年以上の古いものばかりです（図2-3-6）．銀河系が形成されたときにできたと考えられ，現在はつくられていません．散開星団と球状星団は，銀河系の中で位置している場所も違っています．散開星団は，円盤部分に存在しています．それに対して球状星団は，円盤部分を取り巻いて球状に広がるハローに広く散らばって存在しています．

　ヨーロッパ南天天文台のVLT望遠鏡が撮影した写真を見ると，銀河系の球状星団とよく似た巨大星団が大マゼラン銀河に存在していることが分かります（図2-3-7左）．これが，ポピュラス星団です．銀河系の散開星団よりは重く，球状星団よりは少し軽く，年齢が1000万年くらいと非常に若い星団です．ハッブル宇宙望遠鏡で撮影した写真では，星団の母体となったガスが若い星から出る紫外線によって電離され，輝いている様子がきれいに見えています（図2-3-7右）．球状星団は，銀河系では100億年以上も前にできた古いものしかないため，形成の様子を直接観測することができません．しかし大マゼラン銀河では巨大な星団が今もなお生まれているので，形成の現場を直接観測することができます．それは，銀河系で100億年以上前に起き

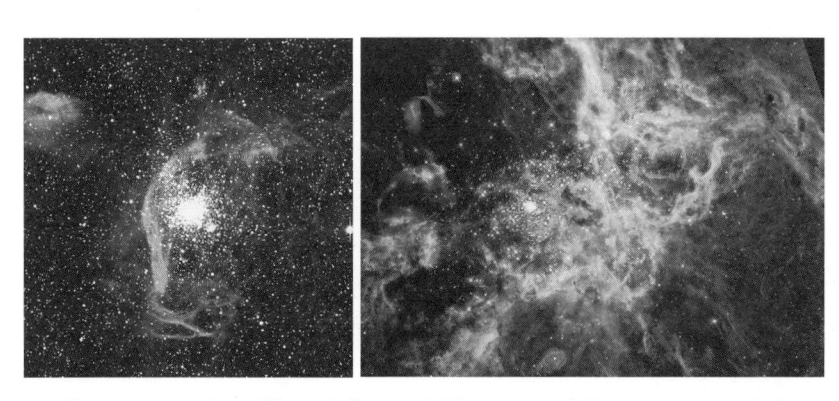

**図 2-3-7** 大マゼラン銀河のポピュラス星団 NGC 1850（左）と 30 Doradus（右）
年齢1000万年の若い星，約1万個から成る．（写真提供：〈左〉ESO．〈右〉NASA, N. Walborn and J. Maiz-Apellaniz［Space Telescope Science Institute, Baltimore, MD］, R. Barba［La Plata Observatory, La Plata, Argentina］）

た球状星団の形成を理解する重要な手掛かりとなります.

## ◯大マゼラン銀河から銀河系の若い時代を探る

マゼラン銀河にはもう1つ,重元素量が少ないという特徴があります.天文学では,炭素より重い元素を「重元素」と呼んでいます.宇宙の初期に存在した元素は,水素とヘリウムなど軽い元素だけでした.星が生まれ,星の中の核融合反応によって炭素や窒素,酸素,鉄など重元素がつくられました.それらの重元素は,超新星爆発などによって宇宙空間に放出されます.鉄までは星の内部でつくられますが,それより重い銀やプラチナといった元素は超新星爆発によってつくられます.星の生成と死が繰り返されることによって,宇宙空間に存在する重元素の量は増加してきました.

マゼラン銀河の重元素量は,私たちの銀河系と比べると,大マゼラン銀河で3分の1から4分の1程度,小マゼラン銀河では10分の1程度と少なくなっています.重元素量が少ないという特徴は,何を意味しているのでしょうか.それは,ぜひ明らかにしたい課題の1つです.

重元素量が少ない状態,さらには巨大星団が生まれている状態というのは,私たちの銀河系が若かったころの環境に似ています.マゼラン銀河を観測することで,原始銀河系とよく似た環境について理解を深めることができるのです.それは,銀河の進化の解明にもつながります.

## ◯光で見えない分子ガス雲を電波で見る

星の母体となるガスを,どのように観測するかを紹介しましょう.星は,絶対温度で数十度Kと非常に冷たいガスから生まれてきます.ガスは,水素や炭素,窒素,酸素など,さまざまな原子が結合した分子から成ります.この分子ガス雲が自分自身の重力で収縮して中に星が生まれてくるのですが,このような冷たい分子ガス雲は可視光では見ることができません.そこで,電波を使います.

原子は,原子核と電子から成ります.原子核は,プラスの電気を持つ陽子と,電気を帯びていない中性子から成り,全体としてプラスの電気を帯びて

います．電子はマイナスの電気を持っています．原子が結合した分子にも，プラスの電気を帯びた原子核とマイナスの電気を帯びた電子があります．しかも，分子内での電子の分布は一様ではないため，ある分子の一方がプラス，一方がマイナスというように，電気的に偏っていることがあります．このような分子が回転すると，電波を発生します．分子の種類ごとに発生する電波の波長が決まっているため，分子ガス雲が放つ電波をパラボラアンテナでとらえることで，分子ガス雲の様子を詳しく知ることができるのです．

　分子ガス雲の大部分は水素分子です．しかし，水素分子は電気的な偏りがないため，電波を出しません．そのため，分子ガス雲の観測では，水素分子に次いで存在量の多い一酸化炭素分子がよく使われます．私たちは，一酸化炭素分子が回転したときに出すミリ波やサブミリ波の波長域の電波を観測しています．

### ◉「なんてん」で大マゼラン銀河の分子ガス雲をとらえる

　私たちは「なんてん」望遠鏡を用いて，大マゼラン銀河の分子ガス雲の観測を7年あまり行ってきました．「なんてん」は，南米チリのラス・カンパナス天文台に設置された口径4mの電波望遠鏡です．1996年に名古屋から移設されました．分子が放つ電波は微弱で，地球の大気に含まれる水蒸気などに吸収されてしまうため，できるだけ乾燥しているところで観測しなければなりません．ラス・カンパナス天文台は標高2400mにあり，晴天率が70％以上で空気が乾燥しており，とても恵まれた環境です．さらに「なんてん」には，名古屋大学が開発した世界最高感度の超伝導受信器を搭載しており，短時間で広範囲の観測が可能です．

　「なんてん」によって，大マゼラン銀河を観測し，太陽質量の約10万倍以上の巨大分子ガス雲を約300個発見しました（口絵7）．可視光で撮影した大マゼラン銀河の写真に，一酸化炭素分子が放つ電波の強さを等高線で重ね合わせてあります．電波が強いほど一酸化炭素分子がたくさんあることを示しています．銀河全体にわたって分子ガス雲の分布の詳細をとらえたのは，世界で初めてです．大マゼラン銀河を光学望遠鏡で観測すると，黒いしみの

110　第2章　天体形成

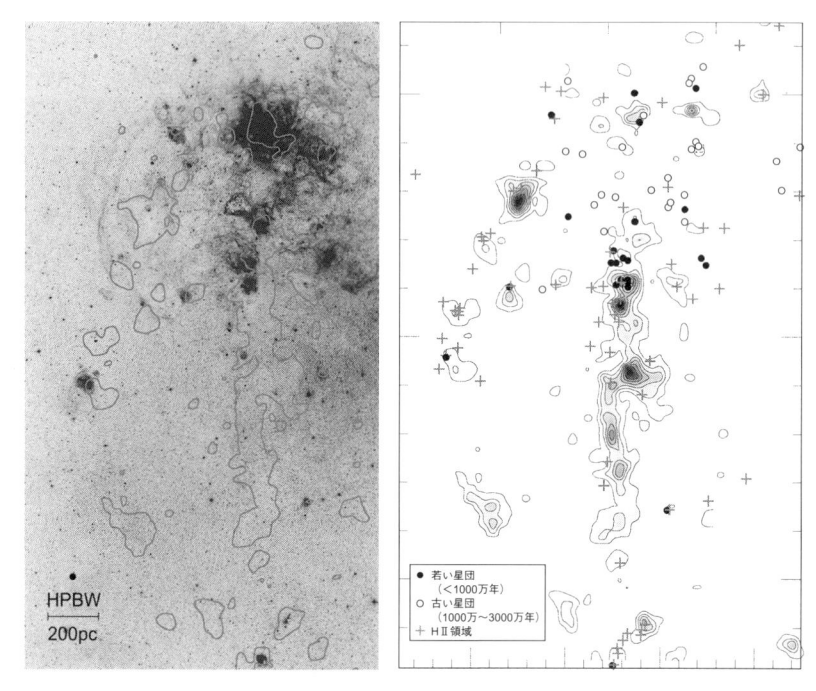

**図 2-3-8　大マゼラン銀河における分子ガス雲と星団の分布**
可視光で黒いしみのように見える領域は，分子ガス雲の分布（等高線）と一致している（左）．さらに，分子ガス雲は若い星団の分布とも一致する（右）．

ように見えるところがあります．電波で観測した分子ガス雲の分布を重ねてみると，黒いしみとぴったり重なります．そして，分子ガス雲を詳しく調べてみると，若い星団の分布ともよく一致していることも分かりました（図2-3-8）．

　私たちは，分子ガス雲から巨大星団がどのように形成されるかを解明することを目指しています．しかし，分子ガス雲から星団が生まれるまでには2000万年もかかります．1つの分子ガス雲について，星団が形成される様子を継続してずっと観測していくことはできません．ですから，できるだけ多くのサンプルを観測して，分子ガス雲から星が形成されていくさまざまな段階を統計的に考えて，シナリオをつくります．「なんてん」による観測から，

巨大分子ガス雲から星団ができるまでは600〜1000万年ごとのタイムスケールで進化していることが分かってきました．

分子ガス雲と若い星団の分布がよく一致していると言いましたが，太陽の100万倍近い重さがある巨大分子ガス雲であるにもかかわらず，星団が生まれていないものが多数発見されています．これまでの銀河系内の観測からは，巨大分子ガス雲の中では，必ず星団や大質量星が形成されていると考えられていました．「なんてん」による大マゼラン銀河の観測結果は，どのように巨大分子ガス雲が形成され，巨大分子ガス雲からどのようにして星団や大質量星が生まれるかについて，今までの説を考え直さなければならないことを示唆しています．

### ✦巨大星団形成の謎に迫る

巨大星団の形成機構は，現在まだ解明できていません．「なんてん」で観測されたデータを見る限りでは，銀河系と大マゼラン銀河の巨大分子ガス雲を比較しても，性質や質量，ガスの速度分散などに大きな違いが見えていません．しかし，できている星団が違うのですから，どこかに原因があるはずです．その原因を探るには，次のようなことをしなければなりません．

1つは「なんてん」のフォローアップ観測です．より分解能の高い，口径の大きい電波望遠鏡，あるいは南米チリのアタカマ高地に建設されているALMAのような電波干渉計を用いて，「なんてん」で検出された巨大分子ガス雲の細かい構造をさらに分解してとらえることが必要です．また，これまでは一酸化炭素分子からの電波をとらえてきましたが，一酸化炭素分子は存在量が多いために，濃くなってくると内側の情報が見えにくくなります．一酸化炭素分子以外で，星の形成に密接に関連した高温高密度のガスを調べることができる分子の観測を考えています．

分子ガス雲の中で生まれたばかりの星は，周りにある星間塵に遮られて可視光では観測できませんが，近赤外線や遠赤外線で観測すると見えてきます．ほかの波長の観測グループと協力し，赤外線天文衛星「あかり」や，南アフリカにある赤外線望遠鏡 IRSF などのデータとの詳細な比較を通して，

「なんてん」で観測された巨大分子ガス雲に誕生したばかりの原始星団がないか探索していきたいと思います．空間的にも波長的にも広い領域で研究を続け，巨大星団の形成機構の解明を目指します．それは，銀河系における球状星団と散開星団の形成機構の違いを明らかにすることにもつながります．

# *4* 銀河団の熱い世界

田原　譲

## ◎宇宙最大の天体，銀河団

　最初に，宇宙の大きさを実感していただきましょう．宇宙全体の大きさが1万kmだとすると，この話に登場する天体はどういうサイズになるでしょうか（以下，数字は簡単にするため一番近い"桁"だけで表します）．1万kmとは，地球の直径と同じくらいです．まず，星と星の距離をスタートラインにしましょう．太陽から一番近い恒星であるケンタウルス座アルファ星までの距離は4.3光年です．宇宙全体が1万kmだとすると，隣の星まで1mmになります．銀河系の直径は約10万光年だから100mです．

　この話の主役である「銀河団」は，読んで字のごとく銀河の集団で，大きさは約1000万光年です．宇宙全体が1万kmだとすると10kmになります．銀河団は，宇宙全体の大きさに比べると3桁小さい，つまり1000分の1の大きさです．

　図2-4-1左は，Abell 1060という銀河団を可視光で撮った写真です．銀河が密集していることがよく分かります．1個の銀河団には，多いものでは数千個の銀河が含まれています．ある領域に何個の銀河があるかという数密度を調べると，銀河団の数密度は，宇宙全体の平均に対して1000倍も高くなっています．銀河団に含まれているそれぞれの銀河は，大きな銀河団の場合，秒速1000kmで中心の周りをランダムに運動しています．しかし，銀河が飛び出ていってしまうことはありません．銀河団とは銀河が重力で束縛された天体，ということになります．銀河団は，宇宙最大の天体です．

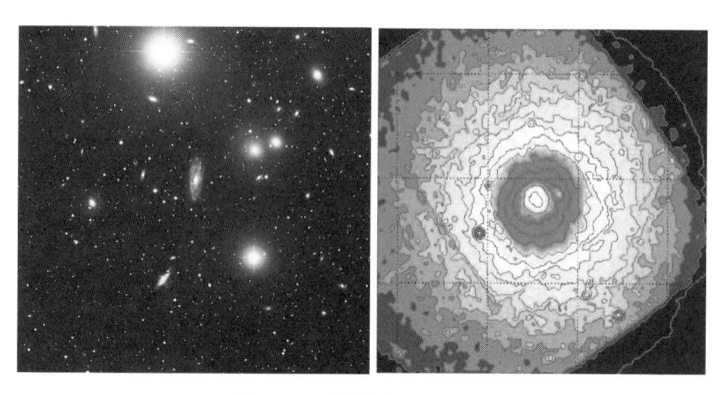

**図 2-4-1** 銀河団 Abell 1060
可視光で見ると,多数の銀河が集まっていることが分かる(左).右はX線の明るさを示し,銀河団の中心が最も明るくなっている.(写真提供:Anglo Australian Observatory)

## ◎ X線で見た銀河団

さて,銀河団をX線で見るとどうなるでしょうか.図 2-4-1 右は,Abell 1060 のX線の明るさを示したものです.可視光で見た銀河団は銀河がぱらぱらと見えるだけでしたが,X線で見ると銀河団の真ん中が一番明るくなっています.銀河団は,実は巨大な火の玉なのです.X線を出している正体は,希薄な高温ガスです.温度は,数千万度にもなっています.

ところで,X線の観測からどのようにして高温ガスの温度が分かるのでしょうか.図 2-4-2 は 2A 0335+096 という銀河団を XMM ニュートン衛星が観測したデータで,横軸がX線のエネルギー,縦軸がX線の強度,+印が実際に観測されたデータです.希薄な高温ガスが温度によってどのようなX線を出すかを予測した結果が,3本の実線で示されています.1キロ電子ボルト(keV)は 1000 万度,3 keV は 3000 万度,5 keV は 5000 万度と読みかえることができます.温度が上がるに従ってグラフの形が変わっていきます.予測データの中から,観測データと一番よく合うスペクトルを見つけることで,観測したガスの温度が分かります.図 2-4-2 の差し込み図は,さらに精密にX線を観測できたらどのようになるかを予想したものです.このように,X線を観測することで高温ガスの温度を正確に求めることができま

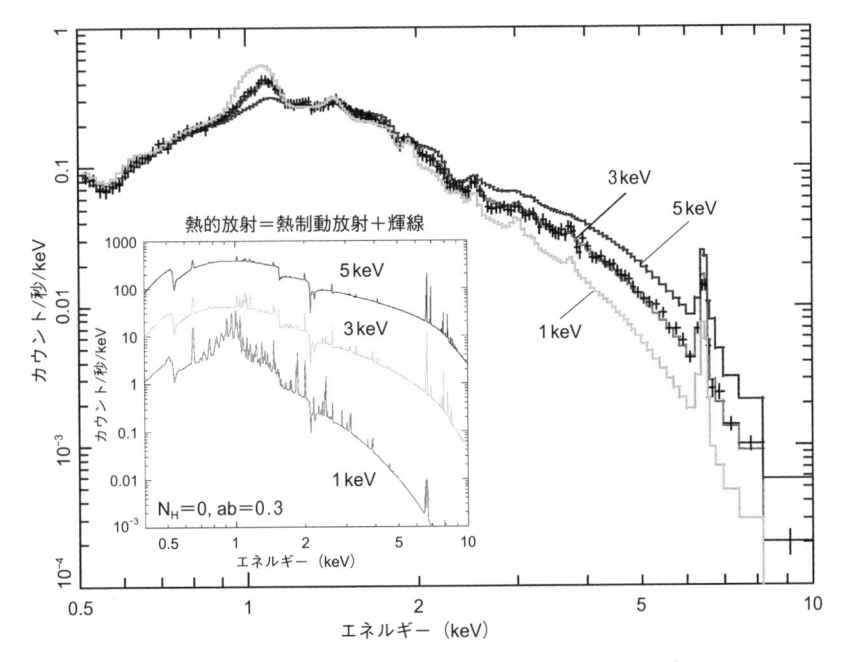

**図 2-4-2** 銀河団 2A 0335+096 の X 線スペクトルと温度
+印は XMM ニュートン衛星による観測値，実線は予測値．ガスの温度（エネルギー）によって X 線スペクトルの形が変わってくる．観測値と予測値を比較することで，銀河団は数千万度の高温ガスで満たされていることが分かる．横軸の 6〜7 keV には鉄が出す輝線が見えている．

す．その結果，銀河団を満たす高温ガスは数千万度であることが分かりました．

X 線の明るさは，エネルギーに換算すると 1 秒間に $10^{45}$ エルグとなります．これは，太陽の 1 兆倍くらいの明るさです．ガスは非常に高温ですが，中心の密度は非常に希薄です．中心の最も濃いところでさえ，密度は 1 cm³ 当たり $10^{-3}$ ですから，1 リットルに水素原子が 1 個しかないほどです．

## ◎なぜ銀河団を X 線で観測するのか

可視光で見ると，銀河団の明るさは周りと変わらないように見えます．ところが X 線で見ると，銀河団は周りに比べて非常に明るく見えます．これは，いったいどうしてなのでしょうか．そもそも，なぜ銀河団は X 線を出

すのでしょうか．

　ある大きさと質量を持った天体について考えてみます．この天体の表面に向かって十分離れたところから止まっていた水素原子が近付いてきたとすると，この水素原子は天体に引っ張られて次第に大きな運動エネルギーを持つようになります．この運動エネルギーが熱運動のエネルギーに等しいと仮定すると，温度を定義することができます．例えば，滝の上の水よりも下の水の方が，ほんの少し温度が高くなっています．水が落下するときに，重力のエネルギーをもらって温度が上がるのです．100 m の落差では，0.1 度くらい上がります．それと同じです．離れたところから天体の表面に到達した水素原子は，5000 万度くらいになります．

　温度を持った物体は，その温度に対応した電磁波を放射します．これを「黒体放射」といいます．私たちの体温は 36℃，絶対温度でいうと 300 K くらいです．私たちの体は，その温度に対応して，波長 10 μm くらいの赤外線を出しています．そして，5000 万度の高温の物体は X 線を出します．これが，銀河団が X 線で輝いている理由です．

　可視光で見た銀河団の明るさは，銀河の数で決まります．銀河団の銀河数密度は，宇宙の平均に比べて 1000 倍高い．しかし，銀河団の大きさは，宇宙の大きさの 1000 分の 1 です．つまり，周りより銀河が 1000 倍たくさんあって 1000 倍明るくても，そのように密集したところが 1000 分の 1 の領域にしかなければ，背景とのコントラストは 1 となり，周りの明るさとあまり変わらないことになります．一方，X 線の強さは，ガスの密度の 2 乗に比例します．ガスの密度は，銀河の数密度に比例すると考えられます．つまり，銀河の数密度が 1000 倍高い銀河団の X 線の強さは，周りに比べて 100 万倍になります．領域は 1000 分の 1 だから，背景とのコントラストは 1000 倍高くなるのです．このような理由から，銀河団の姿をはっきり見るには，X 線が有効なのです．

## ◘銀河団の主役はダークマター

　銀河団を X 線で見ることによって，もう 1 つ重要なことが分かりました．

X線で光っているガスは，数千万度あります．これらのガスは，その熱運動によってものすごい速さで飛び回っています．銀河も秒速1000 kmという速さで飛び回っています．にもかかわらず，ガスや銀河が飛び散ってしまわないためには，銀河団には重力の源になる物がとてもたくさんなければなりません．計算してみると，銀河団には太陽質量の100兆倍から1000兆倍という強力な重力源が必要です．しかし，観測されている星は必要な量の5～10%，ガスは必要な量の10～20%しかないことが分かりました．すると当然，ガスと星以外に重力を生み出すものが必要になります．そこで出てきたのが，ダークマターです．
　WMAP衛星による宇宙マイクロ波背景放射の観測から，宇宙の構成要素は，バリオンが4%，ダークマターが23%，そしてダークエネルギーが73%であることが分かってきました．バリオンとは，水素やヘリウムなど普通の原子を構成している粒子で，ガスや星も含まれます．ダークエネルギーを除いた宇宙全体の重力源を100とすると，星やガスが約15%，ダークマターが約85%です．銀河団の観測から分かった重力源の割合は，WMAPの結果とも合っています．銀河団の主役は，銀河でもガスでもなく，ダークマターなのです．

### ❖ 銀河団衝突の痕跡を探す

　次に，銀河団という巨大な天体は，いったいどのように形成されたかを考えてみます．明らかになった宇宙の構成要素の割合を元に，コンピュータの中で宇宙の歴史をたどることができます．コンピュータシミュレーションをどこまで信じてよいかという疑問はありますが，宇宙が進化していくイメージをとても明確につかむことができます．
　口絵8は，大規模構造の形成をシミュレーションし，銀河団の構成成分である銀河，高温ガス，ダークマターが，現在どのように分布しているかを表したものです．1辺は1億光年です．(1)は銀河の分布で，銀河の密集しているところが銀河団です．(2)はダークマター，(3)はすべてのガス，(4)は1000万度以上の高温ガス，(5)は10万度から1000万度の高温ガスの分布を

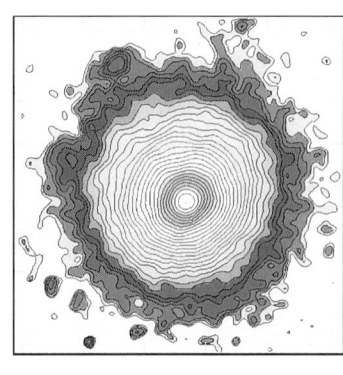

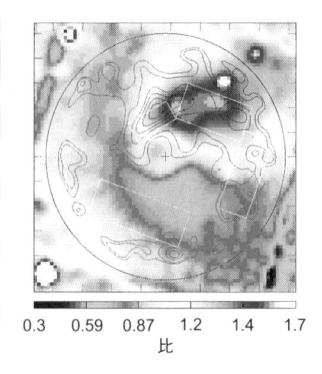

**図 2-4-3** 銀河団 2A 0335 + 096
左図は X 線の明るさを表している.「あすか」による観測.右図は温度指標の ソフトネス比（等高線）と輝度（濃淡）の軸対象成分からの残差の相関を表 す.XMM による観測.（出典：T. Tanaka et al., 2006, PASJ, 58, 703）

表しています.（1）と（4）を比べると，1000 万度以上の高温ガスが集まっている領域が銀河団に対応していることが分かります.コンピュータシミュレーションによれば，宇宙に最初の星が生まれ，やがて銀河が生まれました.銀河がだんだん集まって大きな銀河団となり，銀河団はさらに集まって超銀河団をつくり，それらは連なって宇宙の大規模構造が形成されたと考えられています.

小さな銀河団が集まって大きな銀河団が形成されたのならば，でき上がった銀河団の中に，銀河団同士が激しくぶつかった痕跡が見つかるかもしれません.かみのけ座銀河団を観測した例を見てみましょう（口絵 9）.等高線は X 線の明るさを，色は高温ガスの温度を表しています.銀河団の右上は 1 億 4000 万度と非常に高温ですが，左下は 5000 万度と低温です.1 つの銀河団の中で，温度が倍以上違っています.これは，小さな銀河団が右上の方向から飛び込んできた痕跡ではないかと考えられています.銀河団が高速で衝突したために衝撃波が生じて加熱され，高温の領域が広がっていったのでしょう.

もう 1 つ，銀河団 2A 0335 + 096 の例を見てみましょう.図 2-4-3 左で，等高線は X 線の輝度分布を，濃淡は高温ガスの温度分布を表しています.

輝度分布も温度分布もほとんど球対称で，別の銀河団が衝突した痕跡はないように思えます．しかし詳しく調べると，輝度・温度ともに，わずかですが非対称になっていることが分かってきました（図2-4-3 右）．中心の温度が低いことから，低温の銀河団が衝突してきた名残ではないかと考えています．

### ◎元素の起源を探る

　X線のスペクトルを調べると，ガスの温度だけでなく，ガスに含まれる元素の種類やその量が分かります．図2-4-2のグラフを見ると，ところどころ飛び出している線があります．差し込み図では，その様子がよく分かります．これは，ガス中にある元素が出す固有のX線で，「輝線」と呼びます．一番はっきりしているのが，6～7 keVに見えている鉄の輝線です．鉄が出すX線の強さを正確に調べることによって，そのガスに鉄がどのくらい含まれているかが分かります．

　図2-4-4 上は，銀河団 2A 0335 + 096 で観測されたX線スペクトルと，重元素がまったく含まれないとした場合に予想されるX線スペクトルを示しています．「重元素」とは，星の中や超新星爆発のときにつくられる，炭素より重い元素のことです．観測値からモデル値を引き算すると，図2-4-4 下のように残ります．こういうデータから，銀河団のどこに，どの元素がどのくらい含まれているかを知ることができるのです．2A 0335 + 096 は，重元素の分布が一様ではありません．銀河団が衝突した名残かもしれません．

　星の中で核反応によってつくられた元素は超新星爆発によって宇宙空間にばらまかれますが，超新星爆発のときにも元素がつくられます．超新星爆発にはIa型，II型などいくつか種類があり，超新星爆発によってつくられる元素の比率は，超新星爆発の種類によって大きく異なっています．観測されたデータを超新星ごとのパターンと合わせることによって，その銀河団内でどの種類の超新星爆発がどのくらいの割合で重元素をつくるのに寄与しているのかが分かります．銀河団 2A 0335 + 096 ではIa型超新星爆発が19%，II型超新星爆発が81%の割合で起きたことが，X線スペクトルから分かり

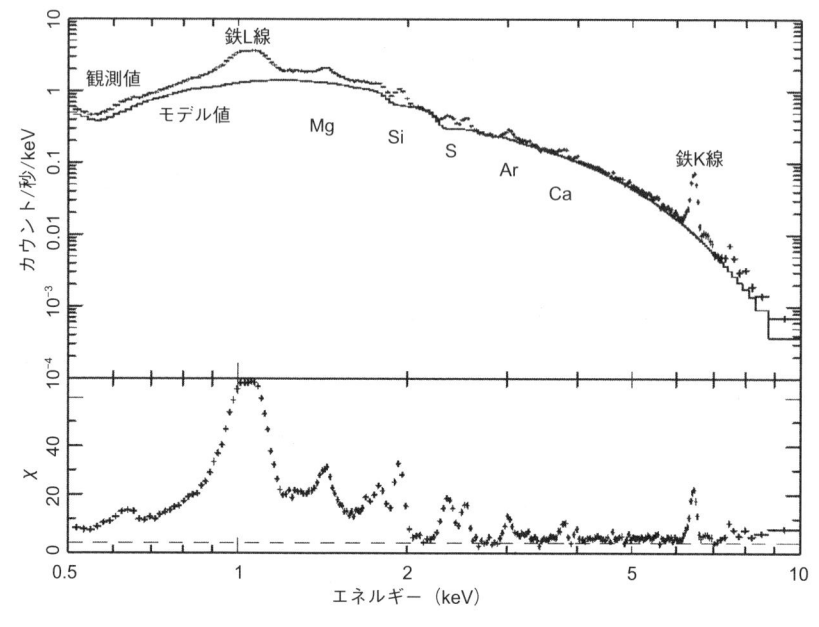

**図 2-4-4** 銀河団 2A 0335+096 の X 線スペクトルと元素量
上は，XMM ニュートン衛星による観測値と，重元素がまったく含まれない場合のモデル値．観測値からモデル値を引くことで，存在する元素の種類と量が分かる（下）．

ました．

このように X 線を観測することで，どういう歴史で星ができ，銀河ができて，重元素ができたかを知る手掛かりが得られるのです．

### ◎ X 線天文衛星「すざく」の活躍と今後の期待

ここからは観測する装置の話をします．「すざく」は，2005 年 7 月 10 日に打ち上げられた日本で 5 番目の X 線天文衛星です．直径 2.1 m，全長 6.5 m，重量 1.7 トンで，X 線望遠鏡が 5 台載っています（図 3-2-5）．X 線望遠鏡は，宇宙航空研究開発機構宇宙科学研究所と NASA ゴダード宇宙センター，名古屋大学，首都大学東京が担当して開発してきました．2005 年 8 月には最初の画像，いわゆるファーストライトを取得しました．

「すざく」の5台あるX線望遠鏡のうち1台は，X線マイクロカロリメーターという特殊な検出器用です．X線マイクロカロリメーターは，X線のエネルギーを精密に測ることのできる装置です．しかし非常に残念なことに，打ち上げ後の不具合で使用が不能になりました．X線マイクロカロリメーターは検出器を絶対温度60 mK（マイナス273.09℃）という極低温にして観測しますが，冷却する液体ヘリウムがすべて気化してしまったのです．X線マイクロカロリメーターの分解能は，CCDカメラの20倍以上です．CCDではひと山になってしまっていたスペクトルを，X線マイクロカロリメーターを使うことで分離して観測できるはずでした．銀河団内の銀河分布を調べると，必ずしも真ん丸ではなく，明るい部分とそうでない部分が非対称になっています．これは，銀河団の中で物体が高速でぶつかっている状態を反映していると考えられます．その速度は，秒速3000〜4000 kmになるという予想があります．高分解能のX線検出器を使うと，速度の違いをとらえることが可能です．X線マイクロカロリメーターによって運動を正確に観測し，銀河団の合体の様子をとらえる予定だったのですが，それができなくなってしまいました．

4台のX線望遠鏡にはX線CCDカメラが取り付けられています．1つは背面照射型CCDカメラです．背面照射型CCDカメラは，エネルギーの低いX線である軟X線に高い感度を持つため，酸素が出すX線の観測に威力を発揮すると期待しています．

もう1つ「すざく」で期待しているのが，高いエネルギーのX線である硬X線の観測です．これまでのX線望遠鏡では普通，10 keVくらいまでのX線しか観測できませんでした．「すざく」には，もっと高いエネルギーのX線を観測することができる硬X線検出器が搭載されています．銀河団同士がぶつかると，電子が加速されて非常に高速になり，非熱的放射と呼ばれるエネルギーの高いX線を出します．硬X線検出器によって，銀河団の非熱的放射を観測できるのではないかと期待されています．

しかし，硬X線検出器は像を撮影することができない非撮像型です．検出器に入ってきたX線を全部まとめて観測するので，銀河団のどこからX

線が出ているのかは分かりません．私たちは，硬X線は銀河団の広がった領域から出ているのか，銀河団に含まれる活動銀河核から出ているのかを知りたいのです．硬X線の像をぜひ見たい．そのためのプロジェクトが進んでいます．

## 硬X線の撮像を可能にする多層膜スーパーミラー

　私たちが目指しているのは，10〜50 keVの硬X線における撮像観測です．そのために，多層膜スーパーミラー硬X線望遠鏡を開発しました（図2-4-5）．単層膜の反射鏡では，反射率が低く，有効な望遠鏡をつくることができませんでした．私たちは，ミラーの表面にある特殊な加工をすることによって，硬X線を反射させて像を撮ることを可能にしました．具体的には，プラチナと炭素をごく薄く交互に重ねた多層膜を反射面にしています．しかも，多層膜の周期を変化させることで，広い範囲の硬X線の観測ができるようになっています．2004年には硬X線望遠鏡を気球に搭載したInFOCμSという観測実験を行い，20〜50 keVの硬X線でのパルサーの撮像観測に成功しました（図2-4-6）．InFOCμSは，日本とアメリカとの共同実験です．

　また，名古屋大学と大阪大学が共同で進めている気球観測実験SUMITを，2006年にブラジルで実施しました．望遠鏡は，焦点距離が8 m，重量が800 kgと巨大です（図3-2-9）．硬X線になると焦点距離が長くなるため，このような巨大望遠鏡が必要になるのです．

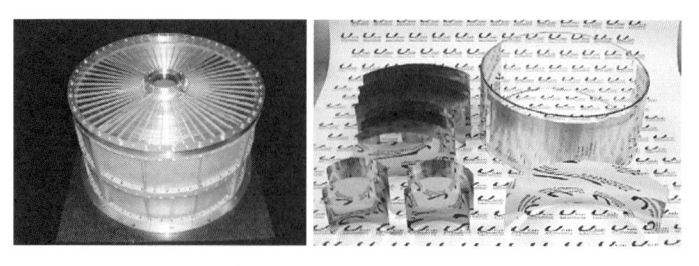

図2-4-5　多層膜スーパーミラー硬X線望遠鏡
ミラー表面をプラチナと炭素の多層膜とすることで硬X線の撮像を可能にした．

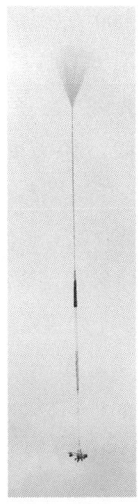

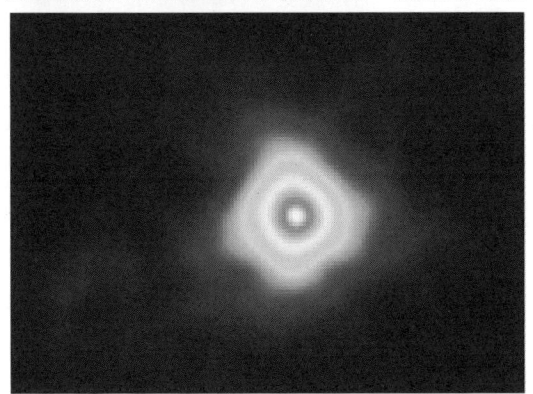

**図 2-4-6　硬 X 線撮像観測気球実験 InFOCμS**
多層膜スーパーミラー硬 X 線望遠鏡を気球に搭載し，20〜50 keV の硬 X 線でのパルサー 4U 0115 + 63 の撮像観測に成功．2004 年 9 月にアメリカ・テキサス州パレスティンで行われた．
（写真提供：NASA/Nagoya University）

### ◎ 2 つのダークマター探査計画

　最後に，ダークマターを積極的に観測しようという衛星計画について紹介します．DIOS と呼んでいますが，まだ構想の段階です．口絵 8 で，銀河団

の分布 (1) と 1000 万度以上の高温ガスの分布 (4) が一致しているという話をしました．高温ガスとダークマターの関係を見てみましょう．1000 万度以上の高温のガス (4) は，ダークマター (2) に比べるとぽつぽつとしか見えません．もう少し低い 10 万度から 1000 万度のガスの分布 (5) とダークマターの分布 (2) を比べると，ほとんど一致しています．つまり，100 万度くらいのガスを観測できれば，ダークマターの分布そのものが分かるのです．私たちは，そのための X 線望遠鏡の基礎開発をしています．

　これまでの多くの望遠鏡は，鏡で 2 回反射させるものが普通でした．私たちが開発中の望遠鏡では 4 回反射させます．4 回反射させることによって，焦点距離を短くできるのです．DIOS では酸素が出す X 線を主に観測する予定です．それは 100 万度程度の温度のガスが，酸素固有の 0.6〜0.7 keV の X 線（特性 X 線）を最も効率的に放射するからです．このような低いエネルギーの X 線に対しては，鏡の 1 回の反射率が高く，4 回反射させても明るい光学系をつくることが可能です．SUMIT の硬 X 線望遠鏡は焦点距離が 8 m でしたが，DIOS の X 線望遠鏡の焦点距離は 70 cm です．小さな望遠鏡が可能になると，小さな人工衛星に搭載することができ，コストも安くなります．

　まだアイデアだけの段階ですが，ダークマター探査計画がもう 1 つあります．ダークマターの有力候補の 1 つが「ニュートラリーノ」です．ニュートラリーノは，超対称性理論によって存在が予想されている素粒子です．ダークマターがニュートラリーノであることを観測で確かめようとしている研究者がたくさんいます．私たちもそれに加わりたい．私たちが持っている X 線望遠鏡をつくる技術を使うことで，ダークマターを地上で検出できるのではないかと考えているのです．

　銀河系の中では，星もガスも円盤状に分布しています．しかし，ダークマターは相互作用が非常に小さいので，円盤状にはならず，回転もしていないと考えられています．一方で，太陽系は，銀河系の中心の周りを秒速 220 km くらいで回転しています．地球は，周りにたくさんあるダークマターに対して秒速 220 km で相対的な運動をしているのです．ダークマターは，と

てもまれですが，普通の物質にコツンとぶつかることがあります．もしそれが原子核乾板の粒子の場合，現像することによってぶつかった痕跡，すなわち飛跡を見ることができます．地球が秒速 220 km で運動をしていると，その運動の方向に伸びた飛跡が相対的に多く見つかるはずです．ダークマターの検出で，その方向分布を高い効率で計ることのできる方法は，原子核乾板のほかにはほとんどありません．

ただし原子核乾板の飛跡の読み出しには問題があります．高エネルギーの素粒子実験などで記録される飛跡は長いので，光学顕微鏡で読み出すことができます．しかし，ニュートラリーノの衝突によってできる飛跡は，幅数十 nm，長さ数百 nm と予想されており，可視光の波長より短いため，光学顕微鏡で読み出すことはできません．

そこで登場するのが X 線顕微鏡です．硬 X 線望遠鏡で開発した多層膜を使った特殊な鏡を応用することで，幅数十 nm，長さ数百 nm という短い飛跡を効率的に読み出すことができるシステムをつくれるのではないかと考えています．もちろん X 線顕微鏡の実現にはいろいろな開発要素があり，10 年かかるかもしれません．しかし，硬 X 線望遠鏡の非常に有力な応用例であると考えています．

―― *Column* つくる ――――――――――――――――――――――――――

## 望遠鏡をつくる

栗田光樹夫

### ◘軽い望遠鏡をつくりたい

　普通の望遠鏡とは違う，とても軽い望遠鏡をつくりたい．そう考えてつくったのが，「超軽量望遠鏡架台」です．今までの望遠鏡とは形がちょっと違った，風変わりな望遠鏡です．

　軽い望遠鏡をつくると，何が良いのか．今，天文の観測地が世界各地にどんどん広がっていっています．それは，私たちが星のきれいな夜空を求めているからです．観測条件のよい夜空は，高い山の上であったり，非常に寒いところであったり，人が行くのがとても困難な場所にあります．そういう場所で観測をしようとすると，大きく重い望遠鏡は持って行きづらく，建設も困難になります．軽い望遠鏡をつくることで，理想的な場所で観測ができるようになるのです．

### ◘望遠鏡の材料とつくり方

　望遠鏡をつくるのに必要な材料を説明しましょう．まず強固な地盤です．鉄・鋼材が5トンと，望遠鏡を回転させる回転軸，それを動かす原動力であるモータ．そして非常に精度の高い分度器と，それを制御する計算機，正確な時間と自分の位置を知るためのGPS，鏡などが必要です．

　望遠鏡は振動を嫌います．自分たちでコンクリートをこね，大学の構内に，強固な地盤をつくりました．望遠鏡の部品にはさまざまな形の物がありますが，多くが鉄や鋼材でできています．そして，望遠鏡の心臓に当たるのが，回転軸です．水平方向に回転する中華テーブルのような回転軸と，鉛直方向に回転するゆりかごのような回転軸から成っています．水平に回転する軸受けは大きさが2 mありますが，表面の凹凸は10 μm程度です．その精度が悪いと望遠鏡がガタガタ動いてしまうため，金属の表面を砥石でこすって凹凸を抑えているのです．そういう細かな作業を一生懸命することで，1 μm単位で水平と形状を調整し，正確な軸受けをつくります．

鉛直方向の回転軸（左）と水平方向の回転軸（右）

　回転軸を動かすのは，非常に高い分解能と高トルクのモータです．普通は，歯車の組み合わせによって物を動かします．車や時計もそうです．しかし，それでは歯車の精度以上の高い分解能は出ません．そこで，摩擦によって動かすのです．つるつるの金属面同士を力強く押さえ付けて動かすと，回転は滑らなくなります．そうすれば，モータの精度とほぼ同じ精度で望遠鏡を動かすことができます．モータの精度は，角度にして0.2秒角です．これは，1km先の5円玉の穴のさらに数百分の1の角度に相当します．

　望遠鏡を動かすことができたら，次に望遠鏡が正確に星の方向を向いているかを知るための分度器が必要になってきます．分度器は，円弧状の高度軸とテーブル状の方位軸に，バーコードのような目盛りを貼り付けていきます．それによって，分解能が0.00数秒角，つまりモータのさらに10倍の角度分解能を達成させます．目盛りは自分たちで貼り付けたのですが，表面が凸凹だと精度に影響してしまいます．私たちは，目盛りを貼り付ける表面の凹凸が20μm以下になるよう，非常に高い精度で仕上げています．

### ◘超軽量望遠鏡架台の完成

　そうして完成した超軽量望遠鏡架台は，重さ4.5トンで，従来の架台の10分の1程度です．主鏡セルにトラス構造を採用したことで，効率よく

軽量化を図ることができました．軽くなったとはいえ，もちろん性能が重要です．屋外での駆動試験の結果，観測高度35度から85度の全天において指向精度は3.4秒角，追尾精度は10分間で0.4秒角となりました．この値は研究者の使用にも十分耐えられる性能です．

　この超軽量望遠鏡架台は口径3mまでの主鏡を搭載できます．現在，岐阜県の超精密加工の会社と共同で鏡の開発を進めています．ガラスを砥石で削り，私たちがつくった計測器を置いてダイレクトに機械の精度を図りながら，鏡をつくっています．

　屋外試験では，室内での解体，運搬，屋外での再組立をわずか半日で行いました．従来の望遠鏡では2週間以上かかります．軽いだけでなく，可搬性に優れていることも実証されました．超軽量望遠鏡架台は国内外の研究グループに注目され，南極などで使用する計画も進んでいます．また，超大型望遠鏡の開発では，架台の強度を守りながら，いかに軽量化するかが大きな課題になっています．この超軽量望遠鏡架台は，そうした超大型望遠鏡への応用も期待されています．

完成した超軽量望遠鏡架台．重さ4.5トンで，従来の架台の10分の1程度．口径3mまでの主鏡を搭載可能．

# 第3章

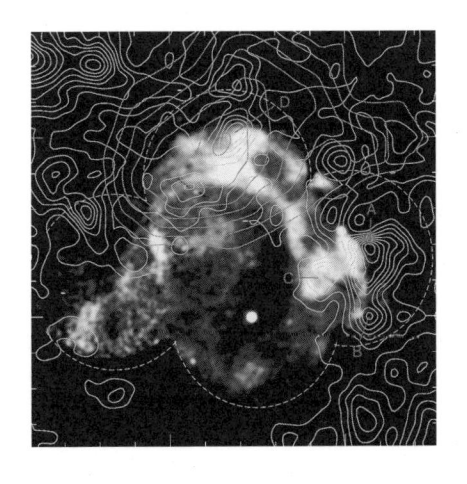

# 極限天体

# 1
# 宇宙と地上をつなぐ物理

冨松　彰

## ◎天体の終末の姿

　星は一生の最後に，ゆっくりと，あるいは激しく，自らをつくっていたガスを宇宙空間にまき散らします．ガスは宇宙空間を漂い，長い歳月をかけて再び集まり，新しい星の材料となります．星は，輪廻転生を繰り返しているのです．しかし，星のすべてが，宇宙空間にかえるわけではありません．

　太陽質量程度の星は，その中心部で水素がヘリウムになる核融合反応を起こしていますが，100億年ほどで燃料の水素を使い果たしてしまいます．星は，重力によって収縮しようとする内側に向かう力と，核融合反応のエネルギーによって膨張しようとする外側に向かう力のバランスが釣り合うことで，形を保って輝いています．しかし，核融合反応が起きなくなると，そのバランスが崩れます．燃えかすであるヘリウムがたまった中心核は，自分の重さによってつぶれていきます．すると温度が上がり，そのエネルギーによって星の外層は膨らんで赤色巨星となり，ガスはやがて宇宙空間に流れ出していきます．その様子は，惑星状星雲と呼ばれています（図3-1-1）．一方，ヘリウムの中心核は収縮を続け，白色矮星となります．白色矮星の大きさは地球くらいですが，その密度は1 cm$^3$当たり1トンもある高密度天体です．

　太陽質量の8倍以上の星は，中心部分の温度が高くなるため，ヘリウム，炭素，酸素，マグネシウム，ケイ素，鉄と，核融合反応が次々と進みます．しかし，鉄は安定している元素であるため，それ以上，核融合反応が起きません．すると，星は力のバランスを失い，すべての物質が中心核に向かって

落ちていきます．そのとき解放された重力エネルギーが，外層のガスを激しく吹き飛ばします．それが，超新星爆発です．そのとき，中心核はさらに収縮し中性子星に，あるいは非常に重い星の場合はブラックホールになります．中性子星とは，中性子だけでできている天体で，半径は約 10 km，密度は 1 cm$^3$ 当たり 10 億トンにもなります（図 3-1-2）．ブラックホールは，あらゆる物質を内部に閉じ込め，光さえも抜け出すことができないほど重力が強い天体です．地球をブラックホールにするには，直径 18 mm にまで押しつぶさなければいけません．

## ◘素粒子・物性物理の視点から読み解く極限天体の物理

星の進化の最後に残される白色矮星や中性子星，ブラックホールは，非常に高密度な天体です．中性子星やブラックホールの周辺は磁場が非常に強く，ジェットの噴出や，非常に強い X 線放射など，激しい現象が見られます．また，高密度天体の

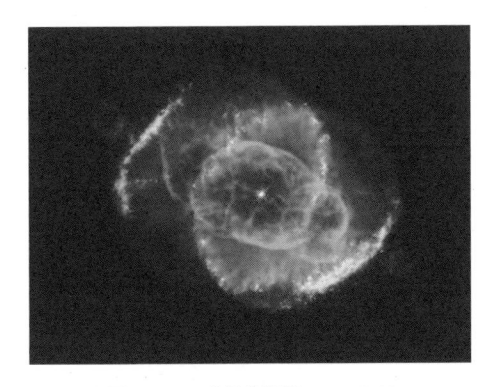

**図 3-1-1　惑星状星雲 NGC 6543**
太陽質量程度の星は年老いてくるとガスをゆっくり宇宙空間に放出し，惑星状星雲となる．中心には白色矮星が残されている．（写真提供：J. P. Harrington and K. J. Borkowski [University of Maryland], and NASA)

**図 3-1-2　かに星雲**
太陽質量の 8 倍以上の星は一生の最後に超新星爆発を起こし，ガスを激しく宇宙空間にまき散らす．かに星雲の中心には中性子星が残されている．かに星雲の中性子星は高速で回転しており，パルサーとして観測される（写真提供：X-ray Image：NASA/CXC/ASU/J. Hester et al.; Optical Image：NASA/HST/ASU/J. Hester et al.)

内部は，粒子が狭い空間に押し込められ，粒子同士が強く結び付いています．高密度の極限状態にある「極限天体」では，超伝導や超流動など，不思議な現象が起きていると考えられています．

中性子星やブラックホールは遠く宇宙にあり，直接調べることはできません．しかし，超伝導や超流動は地上の物質でも起きており，そのメカニズムの解明を目指した研究が進んでいます．地上の物質に対する物性物理の研究から明らかになった知見は，宇宙にある極限天体の理解につながります．もちろん，逆の場合もあります．極限天体の物理を解明するためには，天体物理，素粒子・核物理，物性物理の分野間の研究連携，そして地上実験，天体観測，理論という幅広い視点からのアプローチが不可欠なのです．

そうした分野間の連携は目新しいことではありません．1930年代に，原子核を構成する粒子として中性子が発見されました．この発見に刺激されて，一般相対性理論から中性子星やブラックホールの存在が予言され，それらの天体の研究が始まりました．ちょうどそのころ，液体ヘリウムの超流動現象が実験的に確認されています．その後，1960年代から1970年代にかけて，さまざまな天体観測によって中性子星やブラックホールの存在が実証されてきました．それと同時に，中性子星の内部で起きている超流動現象や素粒子の凝縮現象の研究が始まっています．天体物理と素粒子・核物理，物性物理の連携，そして宇宙の物理と地上の物理をつなぐ試みは，すでに歴史的に行われていることなのです．

### ◘ 凝縮系の特異な振る舞い──超伝導と超流動

極限状態の物質はどのような物理に支配され，どのような現象を引き起こすのか，という疑問は，地上の物質に対する研究によって少しずつ解き明かされてきました．重要なキーワードは「凝縮系の物理」です．

通常の状態にある物質では，それを構成する粒子は，ばらばらの状態にあります．ところが物質が低温あるいは高密度になると，粒子間の相互作用により，物質を構成している分子や原子，電子など多数の粒子が巨視的（マクロ）なスケールにわたって同一の状態，つまり1つの基底状態に凝縮する場

合があります．その状態を「凝縮系」と呼び，通常の状態からは想像できない特異な振る舞いが出現することが知られています．その代表的な現象が，「超伝導」と「超流動」です．

凝縮系は，エントロピーが非常に低い，秩序のある系と見なすことができます．そこでは多数の粒子が同一の状態にあるので，それらが巨視的スケールで運動を起こしても系に乱れは発生せず，系のエントロピーは増大しません．エントロピーが増大しないということは，熱が発生しないということです．熱が発生しないということは，電流の場合には抵抗がない，流体の場合には粘性がない状態になります．それが，超伝導現象，超流動現象です．

### ◉エキゾチックな超伝導現象

超伝導とは，物質の温度を下げていくと，ある温度以下で電気抵抗がゼロになる現象です．その温度を「転移温度」といいます．超伝導現象の発見は1911年にさかのぼります．そして1986年には，それまでよりはるかに高い転移温度で超伝導状態になる物質が発見され，注目を集めました．

現在，物性物理で精力的に研究されているのは，従来の「BCS理論」では説明できないエキゾチックな超伝導です．BCS理論は1957年に出された，いわば超伝導の古典理論です．原子やイオンがつくる結晶格子の中を自由に移動している2つの電子の間には，通常，電気的な斥力が働いています．しかし，物質内の電子はイオンとも相互作用しています．そのため，「格子振動」と呼ばれるイオンの振動を媒介として電子と電子の間には結果的に引力が働くようになり，「クーパー対」と呼ばれる電子のペアをつくることで超伝導状態が実現します．しかし，このようなBCS理論では，高温超伝導のメカニズムを説明できません．

高温超伝導は，電子間の相互作用がとても強い「強相関電子系」で起きることが知られています．強相関電子系は，最も興味深い凝縮系であり，多様な物性が現れます．その1つが，クーパー対の対称性，つまり2つの電子間の結合の仕方です．従来のBCS理論で説明される超伝導物質では，高い対称性を持つ，$s$波と呼ばれる等方的なクーパー対の結合状態が形成されてい

ます.ところが,強相関電子系の超伝導状態では,非等方的な,あるいは多自由度を持った結合状態が実現していると考えられています.新しく発見された超伝導物質である $Na_{0.3}CoO_2 \cdot 1.3H_2O$ でも,そのような可能性があると考えられます.

また,強相関電子系の超伝導において非常に面白い現象が報告されています.普通,物質が超伝導状態になると,外部からの磁場は,そこからはじき出されてしまいます.つまり,超伝導物質の内部に磁場は侵入できないというのが,私たちの常識でした.ところが,強相関電子系の超伝導では,強磁性や反強磁性という磁気的な秩序状態と共存する可能性があることが分かってきました.例えば $UPd_2Al_3$ においては,反強磁性と超伝導が共存しています.また,$UGe_2$ においては,強磁性と超伝導が共存していると考えられています.強磁性は,隣り合う電子スピンが同じ方向を向いて整列し,全体として大きな磁気モーメントを持ち磁石となります.反強磁性は,隣り合う電子スピンがそれぞれ反対方向を向いて整列し,全体として磁気モーメントを持ちません.

このような従来の超伝導物質ではとらえきれない,予想を越えたエキゾチックな超伝導現象が注目され,研究が進められています.もちろん,その多様性だけに目を奪われてはいけません.新しいエキゾチックな超伝導物質の中に共通するメカニズムと物理を発見しなければなりません.それによって,新しい超伝導メカニズム,新しい秩序状態を確立することを目指しています.その知見は,中性子星など高密度天体の内部構造の理解へとつながります.

### ◉量子色力学(QCD)におけるカラー超伝導

物性物理の研究によって明らかになった新しい超伝導のメカニズムや新しい秩序状態を,中性子星の問題に適用しようとすると,素粒子・核物理の知見が必要になります.

中性子星は,中性子から成る高密度天体です.原子は電子と原子核から成り,原子核はさらに陽子と中性子に分かれます.陽子と中性子は,素粒子で

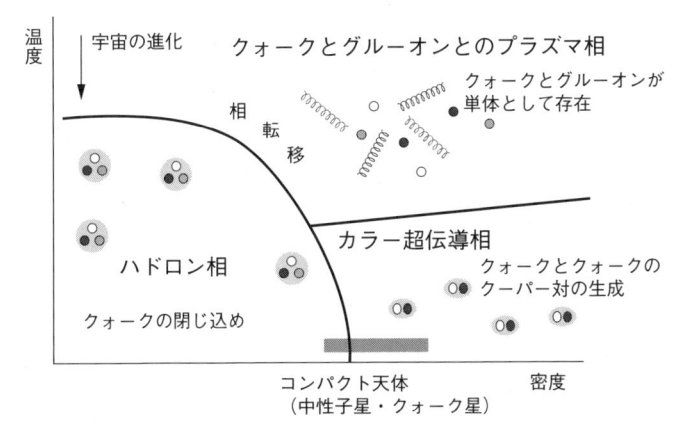

1 宇宙と地上をつなぐ物理　135

**図3-1-3　量子色力学（QCD）で予想される相図**
量子色力学では，物質の温度と密度が変化することで，クォークの結合状態が変化する．

あるクォーク3つから成ります．陽子や中性子のようにクォークから成る粒子を「ハドロン」といい，クォークとクォークはグルーオンという素粒子をやりとりして強い相互作用（強い力）によって結び付いています．このようなクォークの強い相互作用を扱うのが，「量子色力学（QCD）」です．重力相互作用の源が質量であり，電磁相互作用の源が電荷であるのに対し，強い相互作用の源は「カラー荷」と呼ばれ，3種類存在します．カラー荷は光の3原色である赤・緑・青にたとえられ，ハドロンはこのカラー荷が白色になる束縛状態として存在します．例えば，赤・緑・青の3種のクォークが結び付いたものが陽子などの「バリオン」で，赤のクォークと反赤の反クォークが結び付いたものが$\pi$中間子などの「中間子（メソン）」です．

　量子色力学では，物質の温度と密度が変化することでクォークの結合状態，つまり相構造が変化します（図3-1-3）．それを理解することは，極限天体の物理を明らかにするだけでなく，素粒子・核物理の進展に寄与します．温度と密度が低いと，クォークとクォークが強く結合し，クォークが閉じ込められている「ハドロン相」となります．温度が低く，密度が高いと，クォークとクォークが結合したクーパー対が生成されます．従来の超伝導で

は電子と電子がクーパー対をつくりますが，クォークとクォークがクーパー対をつくることで超伝導となっている状態が「カラー超伝導相」です．さらに密度も温度も高いと，クォークとグルーオンがばらばらに存在する「クォークとグルーオンのプラズマ相」となります．中性子星などの高密度なコンパクト天体は，温度が非常に低く，密度が高い状態です．その状態は，クォークが閉じ込められているハドロン相と，クォークとクォークがクーパー対をつくっているカラー超伝導相の境目に当たると考えられています．

**◉中性子星の内部でカラー超伝導が起きているのか**

これまでは，中性子星の外殻部において，中性子がどのように超流動状態になっているか，あるいはどのようにハドロンが凝縮しているかを研究するのが精一杯でした．しかし，近年になってようやく，中性子星のより内部の領域を研究対象にすることができるようになりました．特に興味深いのは，中性子星のコア（核）の部分で，クォークとクォークがクーパー対をつくるようなカラー超伝導状態が存在する可能性があるということです．まだ，現段階では，図 3-1-3 に示した相図は大まかな予想にすぎません．今後の量子色力学の研究の進展に基づいて，中性子星の内部構造をきちんと理解していくことがぜひ必要です．

一方，中性子星とは異なる高密度天体が存在する可能性も指摘されています．それはハドロンではなく，クォークだけでできている天体で，「クォーク星」と呼ばれています．クォーク星の存在の有無をはっきりさせることも，私たちの重要な課題です．

**◉X線によって高密度天体を見る**

中性子星やクォーク星は，太陽などと比較すると，非常に小さい天体です．それらからは高エネルギーの輻射がX線として多量に放出されています．中性子星などの高密度天体をX線によって観測し，その性質を検証しようという計画が進んでいます．その1つが，2014年ごろに打ち上げ予定

の日本の次期 X 線天文衛星 ASTRO-H です．ASTRO-H は非常に高感度で分解能が高く，しかも世界で初めて硬 X 線での撮像観測を行います．

　X 線観測は，クォーク星の存在や，高密度星の質量，半径，表面重力などを明らかにすることに，大いに貢献することでしょう．高速で回転する中性子星は，「パルサー」として観測されます．パルサーは一定の周期で回転していますが，突然，回転速度が変化することがあります．「グリッチ（星震）」と呼ばれる現象です．地震波の観測から地球の内部構造が分かるように，パルサーのグリッチを X 線で観測することで，中性子星の内部構造を明らかにすることも可能になります．宇宙における最大の爆発現象といわれるガンマ線バーストの起源は何か，という大問題にも挑戦できると期待されています．

### ◉ブラックホールの激しい活動を X 線で見る

　X 線による天体観測のもう 1 つの柱は，ブラックホールです．ブラックホールは，一般相対論が予言した非常にユニークな天体です．中性子星のような実際の物質から成るのではなく，非常に強い重力が物質を閉じ込めている領域のことをいいます．ブラックホールは，大質量がとても狭い領域に集中することで形成されます．例えば太陽の場合，その質量を半径 3 km 以内に集中させれば，ブラックホールができます．

　ブラックホールの観測は近年，非常に進んできました．その結果，大きく分けて 3 種類のブラックホールがあることが分かっています．星が一生の最後に起こす超新星爆発の後に残る太陽質量の 10 倍程度の恒星質量ブラックホール，星団の中にあるような太陽質量の 1000 倍程度の中間質量ブラックホール，そして銀河中心核にある太陽質量の 1 億倍程度の巨大質量ブラックホールです．

　ブラックホールについては，「ブラックホール物理学」と呼ばれる独立した研究分野が構築されています．どのように重力崩壊してブラックホールができるか，そのときに重力が無限に大きくなる「特異点」がどのように形成されるのか，といったブラックホールの基礎的なことはもちろん，いろいろ

な面白いテーマが研究されています．スティーヴン・ホーキングが提唱している「ホーキング輻射」の研究も盛んに行われています．これはブラックホールもエントロピーや温度を持ち，熱輻射の放出によって蒸発しているという考え方で，まさに物性研究とかかわってきます．素粒子とブラックホールの相互作用の研究も重要です．その相互作用によっていろいろな種類のブラックホールが実現可能になり，まとめて「エキゾチックブラックホール」と呼ばれています．

　ブラックホールというのは，天体現象として見た場合，エネルギー源として非常に重要です．ブラックホールは，物質をどんどん引き付け，周囲に高密度プラズマを形成します．プラズマ物質中には電流が流れており，大強度の磁場がつくられます．その磁力線はブラックホールや周りの物質と結合しているので，ブラックホールが回転すると，磁力線を引きずり，周りの物質も一緒に回転します．この過程により，ブラックホールは自らの回転エネルギーを，磁場を通じて周りの物質にどんどん解放していくことになります．その結果，ブラックホール周辺ではX線やガンマ線などの高エネルギーの電磁輻射が発生するとともに，周りから集められた物質やガスが光速に近い速さのジェットとして噴出しています．X線観測の進展によってブラックホールのさまざまな活発な現象を明らかにすることで，その性質を詳しく検証できるようになると期待されています．

### ◘極限天体の物理の解明に向けて

　以上のように，中性子星やクォーク星，ブラックホールなど極限天体の理論的・観測的研究は，天体物理，物性物理，素粒子・核物理，一般相対論といった異なった分野間の連携を必要とするとともに，それらの分野の進展に大きなインパクトを与えることができます．このような宇宙と地球をつなぐ物理の総合研究が，極限天体研究の特色であり，その面白さであるといえるでしょう．

# 2

# 天体進化の終わりに

## 超新星と宇宙線陽子の起源

福井康雄

　宇宙線がどこで，どうやってできているのか．これは，解明にとても長い時間がかかっている大きな問題です．宇宙線発見から100年ほどたちますが，ようやくこの数年で宇宙線の大部分を占める陽子の加速場所について，かなり良い見通しがたってきました．

### ◘宇宙線とは

　陽子，電子あるいは原子核が，非常に高いエネルギーで飛び回っている――それが，基本的な宇宙線の姿です．エネルギーが最も高い宇宙線は$10^{20}$電子ボルト（eV）もあります．$10^{20}$ eVは16ジュールで，室温の空気の粒1個が持っているエネルギーの$10^{22}$倍，つまり22桁も上のエネルギーに相当します．22桁というと，1億×1億×100万です．実感はわかないかもしれませんが，とても高いエネルギーを持った粒子であることは，お分かりいただけると思います．宇宙線の大部分は陽子です．次に多いのは電子ですが，陽子の1000分の1くらいしかありません．原子核もありますが，非常に少ないです．

　宇宙線は，地球にも降り注いでいます．どのレベルの宇宙線をカウントするかにもよりますが，1秒間に200個以上の宇宙線が私たちの体を貫通しています．また，宇宙から降り注ぐ宇宙線が地球大気中の粒子と相互作用する

ことによって，中間子，陽電子，ミュー粒子（ミューオン）など，さまざまな素粒子をつくり出します．宇宙線の粒子が大気中で起こすいろいろな反応を観察することによって，素粒子物理学の基礎的な部分が理解されてきました．

しかし，宇宙線が発見されて100年ほどたちますが，宇宙線の主要部分である陽子の起源，つまりどういう物理現象によって宇宙線陽子が生じるのかは，いまだに宇宙物理学の大きな謎として残されているのです．

### ◘なぜ宇宙線の起源が分からないか

まず，電磁波と宇宙線の違いについて考えましょう．電磁波は直進します（図3-2-1）．これは，宇宙を観測する上で，非常に大きなメリットです．電磁波が来る方向を観測すれば，その方向に必ず電磁波の発生源があります．ですから，電磁波を使うことで，宇宙のさまざまな観測が非常に効率的に進んできたのです．

ところが，宇宙線は直進しません．宇宙線陽子はプラス，宇宙線電子はマイナスの電荷を持っています．また，銀河あるいは星間空間にはいろいろな形で磁場が存在しています．磁場の中を荷電粒子が通ると，当然曲げられます．そのため，宇宙線を観測してどの方向から来ているかを調べても，宇宙線の発生源を直接突き止めることはできないのです．

ただし，宇宙線のマイナーな成分である電子についての理解は，少しずつ進んできています．電

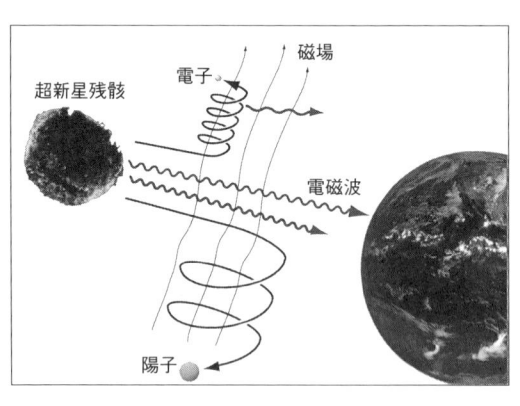

**図3-2-1　電磁波と宇宙線**
電磁波は直進するため，その発生源を突き止めることができる．宇宙線のうち電子は，磁場によって高速で回転するときに電磁波を出すため，その起源が分かる．陽子は重いため回転が遅く，電磁波を出さないので起源が分からない．

子は質量が軽いため磁場によって曲げられやすく，電子が高速で回転するときシンクロトロン放射によって電磁波を出します（図3-2-1）．電磁波は直進しますから，宇宙線電子が出す電磁波を観測することで，宇宙線電子の起源を突き止めることができるのです．ここ数年の観測によって，宇宙線電子については，超新星残骸が発生源，つまり加速の現場であることが，かなりはっきりしました．

それに対して宇宙線陽子は，なかなか手ごわい．陽子は重いため，磁場によって曲げられてもゆっくりしか回転せず，シンクロトロン放射を出しにくいからです（図3-2-1）．

### ◯ 2つの進歩——高エネルギーガンマ線と星間分子雲の観測

では，宇宙線陽子を観測する方法はないのでしょうか．宇宙線陽子が分子雲を通過するとき，分子雲にたくさん存在している陽子と相互作用します．宇宙線陽子と別の陽子が相互作用すると，中性π中間子（$π^0$中間子）ができます．中性π中間子はすぐにガンマ線2個に分裂します．この反応は「パイゼロ・ツーガンマ」と呼ばれています．このガンマ線をとらえることによって，反応を起こすもととなった宇宙線陽子についても，かなり直接的な情報を得られると期待できます．この反応の仕組みは，素過程としては以前から大変よく分かっていましたが，その観測は難しく，ほとんど行われていませんでした．ところが2つの進歩によって，パイゼロ・ツーガンマ反応を観測し宇宙線陽子の起源に迫っていくことができる可能性が，ここ数年で開かれてきました．

1つは，ガンマ線観測の進歩です．ガンマ線の中でもより高エネルギーのテラ電子ボルト領域（TeV，テラ $[T] = 10^{12}$）の観測が，可能になってきました．その先駆けといえるのが，東京大学を中心とした日本とオーストラリアとの共同で進めているCANGAROOというプロジェクトです．CANGAROOは，地球大気に入ってきたガンマ線が大気中の粒子と反応して発するチェレンコフ光を観測するものです．ガンマ線は，可視光や赤外線といった伝統的な宇宙の観測に使ってきた電磁波と比べると光子の数がかなり少ないため，

1つの領域を観測するだけで数ヶ月も必要です．ガンマ線の観測は，精度や感度の点ではまだ大いに改善の余地がありますが，TeV 領域のガンマ線について直接地図が描けるレベルの観測ができるようになったのは，大きな進歩です．2008 年にはガンマ線天文衛星フェルミが打ち上げられ，ガンマ線観測が本格化してきました．

　もう1つの大きな進歩が，分子雲の観測です．星間空間あるいは銀河系内で，陽子や中性子が集中して分布している領域を「星間分子雲」と呼んでいます．絶対温度で10～20 K という非常に冷たいガスです．そういう分子雲の中で太陽のような星とその惑星が形成されることから注目され，この20年ほどで星間分子雲の観測が急速に進んでいます．その結果，銀河系全体にわたって，星間分子雲の分布状況が詳しく見えてきました．

　私たちは，宇宙線陽子の加速現場はいったいどこにあるのかを明らかにしたいのです．そのため，パイゼロ・ツーガンマ反応によって出るガンマ線を観測し，分子雲の分布と比べることによって宇宙線陽子の起源を探る，そういう戦略を取っています．

### ◘ 宇宙線研究の歴史

　ここで宇宙線研究の歴史を少し紹介しましょう．

　ドイツ・ベルリンの近くで気球実験を行っていたヴィクトル・ヘスは，気球に金箔の検電器を持ち込んで高度4 km まで上昇し，上空に行くほど電離度が増加していくことを発見しました．ヘスは，地球の外から電離源となる粒子が飛んで来ているためだと主張しました．その粒子は地球大気によってシールドされているが，上空4～5 km の高度になるとシールドが弱くなるため，電離度が増えると考えたのです．それが1912 年，宇宙線研究の始まりです．しかし，宇宙線という存在は，物理学者の間で直ちに受け入れられたわけではありません．5 年かそれ以上の時間をかけながら，次第に宇宙線の存在が，研究者の間の共通認識になっていったのです．

　1930 年代には，チベットなどの高山で霧箱を用いて宇宙線の測定が行われました．霧箱にできる飛跡を観測すると，宇宙線のエネルギー量などが分

かるのです．1932 年には，カール・アンダーソンが霧箱を使って，宇宙線の中にプラスの電荷を帯びた陽電子を発見しました．さらに 1937 年には，宇宙線の中にミュー粒子が発見されました．さらに 1940 年には，宇宙から地球大気に入ってくる 1 次宇宙線の大部分が陽子であることが，気球実験によって明らかになりました．1940 年代には，原子核乾板による測定が始まりました．

そして，宇宙線研究の歴史の中で有名なものの 1 つが，$\pi$ 中間子の発見です．1937 年にアンダーソンによって発見された粒子は当初，質量などから中間子だと考えられ，「ミュー中間子」と呼ばれていました．中間子は，陽子と中性子を結び付ける核力を媒介する粒子として湯川秀樹先生が予言したものです．しかし，ミュー中間子には，そうした働きがありませんでした．そこで，坂田昌一先生は，もう 1 つ別の中間子が存在すると考えたのです．それが，「二中間子論」です．1947 年に核力を媒介する $\pi$ 中間子が発見され，二中間子論の正しさが証明されました．アンダーソンが発見した粒子は，レプトンの仲間のミュー粒子でした．素粒子論の入り口をつくり出すような成果が，宇宙線の発見から 50 年くらいの間に，観測を通して次々と挙げられました．

人工的に加速することで高いエネルギーを持つ粒子をつくろうという加速器実験も，物質の究極形態を探るアプローチの 1 つです．加速器の加速エネルギーは，次第に高くなってきました．現在では，$10^{16}$ eV の粒子をつくり出すことができます．ところが，宇宙線の最高エネルギーは，さらに上の $10^{20}$ eV 以上です．私たちが宇宙線から学び取るべき素粒子に関する情報は，まだ相当あるのではないかと思います．

### ◨粒子はいかに加速されるか

粒子の加速について，基本的な話をしておきましょう．宇宙線は，プラスあるいはマイナスの電荷を持った荷電粒子です．荷電粒子を加速するためには，プラスとマイナスの電場をつくっておけばいいのです．マイナスの荷電粒子はプラスに引かれ，プラスの荷電粒子はマイナスに引かれて移動し，こ

のとき粒子が加速されます．しかし，宇宙空間では粒子が素早く動き，あっという間に電場がなくなってしまいます．この加速モデルは，実験室の中では可能ですが，宇宙ではあまり意味がありません．

宇宙空間には，星間分子雲などの磁場を伴ったさまざまな雲があります．しかもそれらが，いろいろな速度で宇宙空間を飛び交っています．星間分子雲にぶつかった荷電粒子は，弾性衝突に近い形で跳ね返されます．星間分子雲の中は，磁場を含む乱流が局所的にあると想像されていますが，磁場と粒子が相互作用することによって，鏡あるいは壁のように機能するのです．星間分子雲は，太陽の数千倍から数万倍もの膨大な質量を持った大きなシステムです．星間分子雲を使えば，荷電粒子をうまく加速できるのではないか，と考えられます．

例えば，2つの星間分子雲が存在しているとしましょう．星間分子雲は毎秒5～10 km程度でランダムに動いていますから，必ず相対速度を持っています．荷電粒子が星間分子雲に衝突すると，相対速度の2倍の増加が期待できます．非常に多数回の弾性衝突を繰り返すことによって，効率的に荷電粒子を加速することができるのではないか．このような加速のモデルが，今から50数年前に提案された有名な「フェルミ加速」です．

### ◘宇宙線の起源は超新星爆発か

名古屋大学の早川幸男先生と，ロシアのビタリー・ギンツブルグが独立に，宇宙線は超新星が起源ではないかと主張しました．それが50年前です．「超新星の宇宙線起源説」はその後，ほとんど観測的な検証を受けずに今日まで来ています．

実は，フェルミ加速は普通の星間分子雲では粒子の加速効率があまり良くないといわれています．しかし，超新星爆発の残骸と相互作用している分子雲であれば，フェルミ加速の基本的なアイデアを粒子加速に十分生かせると考えられています．

超新星は，重い星が進化の最後に引き起こす大爆発です．星の内部では核融合反応によって，水素からヘリウム，炭素，酸素，ケイ素というように重

SN 1680/1667（カシオペアA）
ジョン・フラムスティードほか

SN 1604（ケプラーの超新星）
ヨハネス・ケプラー，『李朝実録』ほか

SN 1572（ティコの新星）
ティコ・ブラーエ，『明実録』

SN 1181
『明月記』『宋史』ほか

SN 1054（かに星雲）
『明月記』『宋史』ほか

SN 1006
『明月記』『宋史』ほか

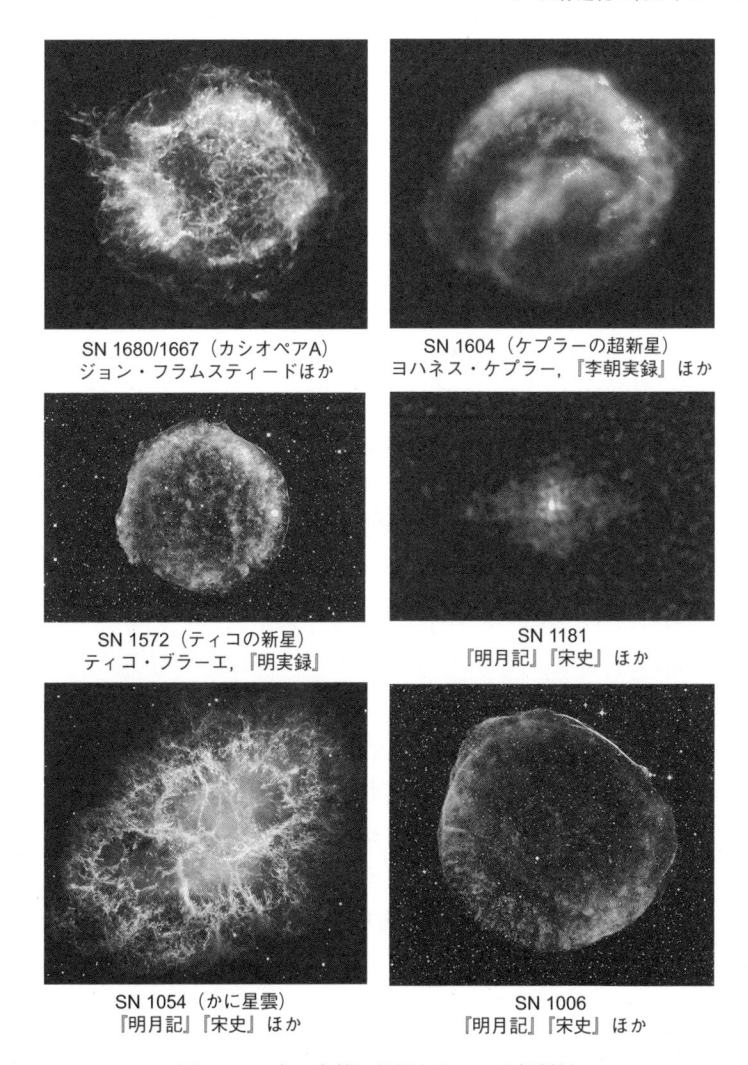

図 3-2-2 古い文献に記録されている超新星

超新星は，出現した西暦年の前に Super Nova を略した「SN」を付けて表す．1 年に複数出現した場合は，順番にアルファベットを付ける．記録されている史料や観測者も示した．（写真提供：⟨SN 1680/1667⟩ NASA/CXC/MIT/UMass Amherst ⟨SN 1604⟩ NASA/ESA/JHU ⟨SN 1572⟩ X-ray：NASA/CXC/SAO；Infrared：NASA/JPL-Caltech；Optical：MPIA, Calar Alto ⟨SN 1181⟩ NASA/CXC/SAO ⟨SN 1054⟩ NASA/ESA/Arizona State University ⟨SN 1006⟩ X-ray：NASA/CXC/Rutgers；Radio：NRAO/AUI/NSF/GBT/VLA；Optical：Middlebury College, NOAO/AURA/NSF/CTIO Schmidt & DSS）

元素が合成されていきます．そして，最後に鉄をつくります．鉄は，原子核の中で核子（陽子と中性子）1個当たりのエネルギーが最も大きいため，さらに核子を付け加えていくと不安定になります．そのため，鉄ができてしまうと核融合反応はそれ以上進まず，星の中心核が崩壊してしまうのです．星全体を支えている中心核の圧力が突然「取り払われる」ことによって，星を構成していたすべての物質が一気に中心に向かって落下します．これによって膨大な重力エネルギーが解放されます．そのエネルギーによって星全体が破壊的に，しかも瞬間的に爆発していく．これが超新星爆発です．超新星爆発を起こすと10億倍も明るくなるので，肉眼でも見えることがあります．

　中国や日本の古い文献には，超新星の記録が残されています．記録との対応が確認されている超新星残骸は，2003年の段階で6個ありました（図3-2-2）．最も有名なのは，1054年におうし座に出現した，かに星雲でしょう．藤原定家（1162～1241）の『明月記』にも，「後冷泉院天喜二年（1054年）四月中旬以降，丑の時，客星，觜と参の度に出ず」と記されています．当時，超新星は「客星」と呼ばれていました．定家自身が目撃したのではなく過去の記録を調べたもので，『明月記』には，1006年に出現した超新星についての記述もあります．

　これからお話しするのは，393年に出現した超新星についてです．ほかの超新星の出現が1000年代であることから比べると格段に古く，超新星についての最古の記録です．『宋書』という中国の文献に「さそり座の方向に見えた」と記されていますが，どの超新星残骸に対応するのか，よく分かっていませんでした．

### ◆超新星残骸と相互作用している分子雲の距離を求める

　1998年，CANGAROOは超新星残骸RXJ1713.7-3946を観測し，エネルギーが非常に高いTeV領域のガンマ線源を発見しました．このガンマ線源は，銀河系の中心より少し右側，つまり，さそり座の方向にあります．これが，393年に出現した超新星の残骸ではないか，という指摘が中国の研究者によってなされました．しかし，このガンマ線源がどの距離にあり，どうい

う天体なのかは分かっていませんでした．

　RXJ 1713.7-3946 の距離については，アメリカ・ハーバード大学のパトリック・スレインのグループが出した 1 万 8000 光年という数値が，かなり広く受け入れられていました．銀河系の直径が 10 万光年，太陽系から銀河系の中心までだいたい 3 万光年ですから，1 万 8000 光年というのは非常に大きな距離です．これほど離れたところで起きた超新星爆発は，とうてい肉眼では見えません．RXJ 1713.7-3946 は銀河面近くにありますから，星間ガスによる強い減光も受けます．もし 1 万 8000 光年という距離が正しいとすると，『宋書』に記録されている超新星は，この天体には絶対に対応しません．しかし，1 万 8000 光年という数字は何かおかしい，私たちはそう感じたのです．

　私たちは，南米チリに設置していた口径 4 m の「なんてん」望遠鏡を使って一酸化炭素分子が放つ波長 2.6 mm の電波を観測し，星間分子雲の地図をつくってきました（口絵 5）．110 万点を超える観測を行い，銀河面全体をつぶさに調べ尽くした，まさに世界最高の分子雲地図です．今までにも似たような地図はありましたが，私たちの次に良いものですら分解能は 5 分の 1，しかも銀河面から離れた部分はカバーされていません．「なんてん」の観測データを見ると，銀河面に穴が開いたような部分があります．X 線天文衛星 XMM ニュートンが観測した超新星残骸 RXJ 1713.7-3946 の X 線像を重ね合わせてみると，ちょうど重なります（図 3-2-3）．

　私たちは，この超新星残骸と相互作用している分子雲の距離を導きたいと考えました．分子雲が遠くにあると私たちに近づいてくる視線速度は大きく，近くにあると視線速度は小さくなります．分子雲の視線速度を測定することで，分子雲までの距離を求めることができます．視線速度とは，天体が持つ速度のうち観測者の視線方向に沿った速度成分のことです．分子雲の電波観測データをスペクトルに細かく分解し，スペクトルのドップラー効果から求めます．

　スレインのグループも，電波の観測データを元に分子雲の距離を求めました．そして，超新星残骸と相互作用している分子雲の視線速度は秒速マイナ

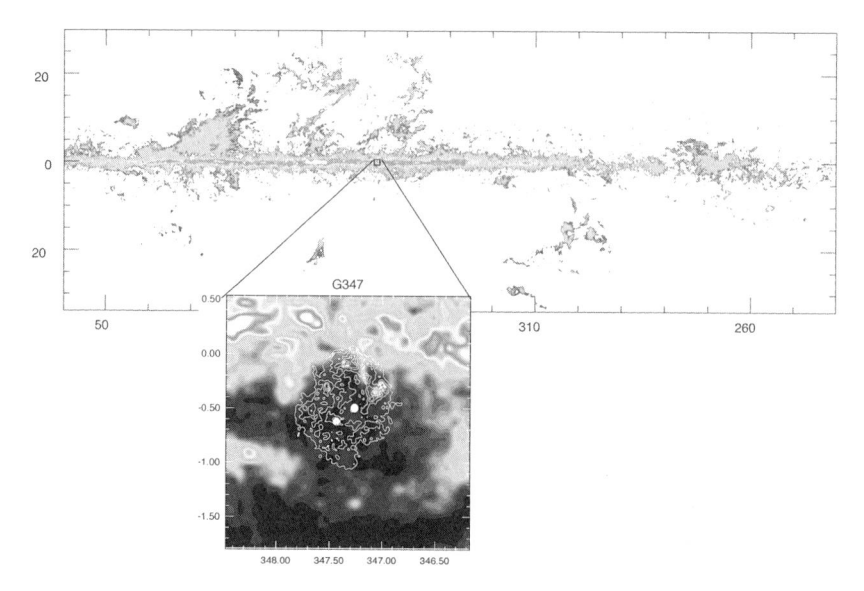

図 3-2-3 「なんてん」が観測した分子雲と超新星残骸 RXJ 1713.7-3946 の X 線像
XMM ニュートン衛星による超新星残骸の X 線像（等高線）は，星間分子雲の穴と重なる．

ス 95 km であり，分子雲までの距離は 1 万 8000 光年だという決定に至ったのです．これが 1999 年．しかし，スレインが使った観測データは空間分解能が非常に悪いものでした．

　私たちは銀河面全体の観測を行い，いろいろな X 線天体の位置や相関関係を調べています．そういう中で，1 万 8000 光年というのはおかしい，と感じたのです．そこで，名古屋大学の X 線天文学グループの力も借りて，2003 年 3 月に「なんてん」のデータを再解析し，追観測も行いました．この方向の分子雲の視線速度は，秒速マイナス 100 km から 0 km にわたっています．それに対して「なんてん」の測定精度は秒速 0.1 km ですから，非常に高い精度で分子雲の速度を求めることができます．

　そして，私たちが得た結論は，従来の 1 万 8000 光年という説を否定するものでした．超新星残骸を非常によく取り囲んでいる分子雲の視線速度は秒速マイナス 5 km，距離は 3000 光年であることが分かったのです（図 3-2-4

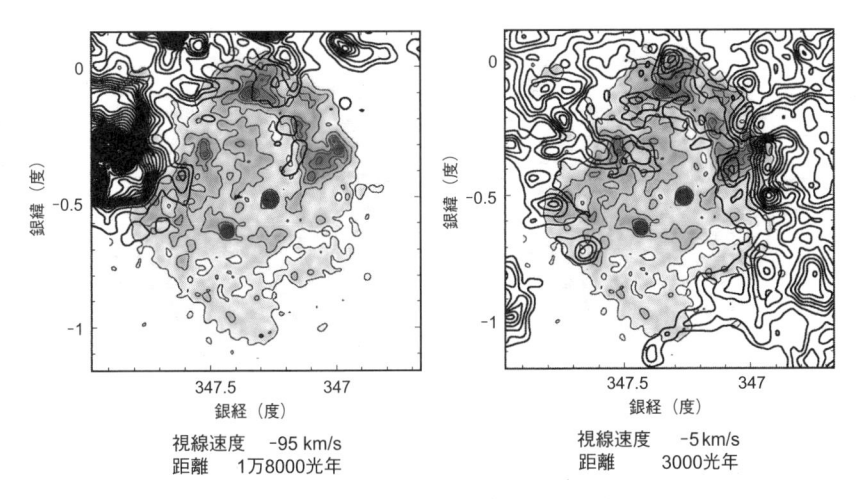

視線速度　−95 km/s　　　　　　　　　　　視線速度　−5 km/s
距離　1万8000光年　　　　　　　　　　　距離　3000光年

図 3-2-4　「なんてん」が観測した分子雲（等高線）と超新星残骸 RXJ 1713.7-3946 の X
　　　　　線像の関係
1万8000光年の距離にある分子雲と超新星残骸は，一部しか一致していない（左）．3000光年の距
離にある分子雲は，超新星残骸とよく一致している（右）．

右）．スレインらが主張している視線速度が秒速マイナス95 km，距離1万
8000光年にある分子雲は，超新星残骸の一部しかカバーせず，実は無関係
であることを示したのです（図3-2-4左）．

　超新星残骸のX線像に「なんてん」で観測した分子雲の分布（黄の等高
線）を重ねると，X線で明るいところに対応する濃い分子雲（A，B，C，D）
があることが分かります（口絵10）．さらに，CANGAROOで観測したTeV
領域ガンマ線の観測結果（青の等高線）も重ねてみると，分子雲Dの領域か
らガンマ線が出ていることが分かります．今後TeV領域ガンマ線を広範囲
で詳しく観測することによって，濃い分子雲A，B，Cに対応するガンマ線
源も見つかってくるのではないかと期待されます．

## 宇宙線陽子の加速現場をとらえた

　私たちの結論は，次の通りです．まず，「なんてん」の高い感度と分解能
により，超新星残骸 RXJ 1713.7-3946 と相互作用している分子雲は，これま

で考えられていたよりもはるかに近い3000光年にあり，超新星が光で見える可能性が高いという確証を得ました．また超新星の残骸の直径は60光年で，爆発後1600年と推定されています．つまりこの超新星残骸は，393年に出現した，歴史的に記録された最古の超新星に対応することが分かりました．

さらに，CANGAROOの観測で見つかったTeV領域ガンマ線源の方向に濃い分子雲があることが明らかになりました．つまり，宇宙線陽子はこの分子雲中の陽子と反応してパイゼロ・ツーガンマ反応を起こし，ガンマ線を放射していることが確実になったと考えています．また，TeV領域のガンマ線のデータから宇宙線陽子の総量を推定し，超新星爆発の爆発エネルギーの1％程度が陽子の加速に使われていることを，初めて定量的に導きました．

私たちはこの成果を2003年10月に発表し，新聞でも取り上げられました．一番のポイントは，宇宙線陽子の加速現場を世界で初めて特定したということです．しかし，新聞ではジャーナリスティックな興味から，記録に残された最古の超新星であることに力点を置いた取り上げ方になっています．

### ◨第2，第3の宇宙線陽子の加速現場を探す

「なんてん」を高精度化したサブミリ波望遠鏡「NANTEN2」によって，宇宙線陽子の起源にどこまで迫ることができるか．それが，これからの大きな課題です．宇宙線陽子の加速に関しては，分子雲の観測からまず距離をはっきりさせることが重要です．さらに今後重要なのは，宇宙線陽子の加速現場の観測例をいかに増やしていくかです．非常に有望な，第2，第3の天体が見つかりつつあります．そういう天体を調べることで，数年のうちに，宇宙線陽子加速の解明に迫っていきたいと考えています．

# 「すざく」が見たブラックホール近傍の時空

國枝秀世

## ◎日本で 5 番目の X 線天文衛星「すざく」

「すざく」は，日本の 5 番目の X 線天文衛星です．2005 年 7 月 10 日に打ち上げられました．軌道上での長さは 6.5 m，直径 2.1 m，太陽電池パドル翼幅 5.4 m，重量 1.7 トンと，比較的大きな衛星です．軌道は高度約 550 km です．地球の半径は 6400 km ですから，地球の表面をかすめるように飛んでいます．それでも大気の外に出ているので，地上では観測できない X 線を観測することができます．

「すざく」には X 線望遠鏡が 5 台搭載され，その焦点面には 2 種類の検出器が置かれています（図 3-2-5）．1 種類が X 線マイクロカロリメーターです．X 線マイクロカロリメーターは，初期運用中に検出器を冷却する液体ヘリウムが消失していることが判明し，観測が不可能になりました．もう 1 種類が X 線 CCD カメラで，4 台の X 線望遠鏡の焦点面に置かれています．最近のビデオカメラやデジタルカメラに使われている CCD と同じようなものです．エネルギーが高い X 線を検出する硬 X 線検出器も搭載しています．

ロケットに収容しなければならないので，打ち上げることができる衛星の大きさには制限があります．「すざく」は首を縮めた状態で打ち上げ，軌道に入ってから首を伸ばしました．そうすることで，4.75 m という長い焦点距離を確保しています．

## ◎「すざく」の 3 つの特徴

「すざく」には，3 つの大きな特徴があります．1 つ目は，CCD カメラが付いた X 線望遠鏡を 4 台搭載し，10 キロ電子ボルト（keV）まで大きな有効面積を持つことです．X 線望遠鏡は，口径 40 cm，焦点距離 4.75 m です．

152　第3章　極限天体

**図 3-2-5　X 線天文衛星「すざく」と搭載観測装置**
X 線望遠鏡が 5 台搭載され，1 台の焦点面には X 線マイクロカロリメーターが，4 台の焦点面には X 線 CCD カメラが置かれている．X 線望遠鏡より高いエネルギーの X 線を観測できる硬 X 線検出器も搭載．(写真提供：JAXA)

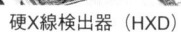

　この X 線望遠鏡を，NASA と名古屋大学が中心となって開発しました．さらに新しい試みとして，望遠鏡の上にプレコリメーターを付けています．板を同心円状に立てたもので，視野の外にある天体から検出器に入ってきて観測に害を及ぼす光，迷光を除くための装置です．
　2 つ目の特徴は，エネルギーがとても低い超軟 X 線の感度と分解能を高めるため，背面照射型 CCD カメラを取り付けてあることです．背面照射型 CCD カメラは 1 keV 以下での感度と分解能が非常に高く，酸素，窒素，炭素が出す輝線を分離して観測することができます．
　3 つ目の特徴は，硬 X 線検出器を搭載していることです．300 keV までの

高いエネルギーの硬X線を高感度で観測できます．

### ◉星の中で生成された元素を見る

　重い星は超新星爆発を起こし，それほど重くない星は惑星状星雲となり，ガスを外に噴き出してその一生を終えます．図3-2-6は，「すざく」が観測した惑星状星雲 BD+30°3639 のX線スペクトルです．元素は，それぞれ決まったエネルギーのX線，輝線を出しています．しかし，「すざく」の前の日本のX線天文衛星「あすか」がこの惑星状星雲を観測したX線スペクトルでは，1 keV辺りにネオン（Ne）の輝線が見えるだけでした．NASAのX線天文衛星チャンドラでは，炭素（C），窒素（N），酸素（O）の輝線が団子状になっています．一方，「すざく」の背面照射型CCDカメラは，炭素，窒素，酸素の輝線をきちんと分離できています．

　輝線を分離できると，どの元素がどのくらいの量あるかが分かります．特に炭素，窒素，酸素の輝線を分離してとらえることができると，星の中で核融合によってつくられた元素が放出されていく様子が見えてきます．例えば，惑星状星雲 BD+30°3639 では，宇宙の平均的な値よりはるかに強い炭

●：背面照射型CCDカメラによる観測データ．
○：背面照射型CCDカメラによる周辺空域の観測データ（バックグラウンド）．
―：太陽組成比のプラズマから期待されるX線スペクトル．

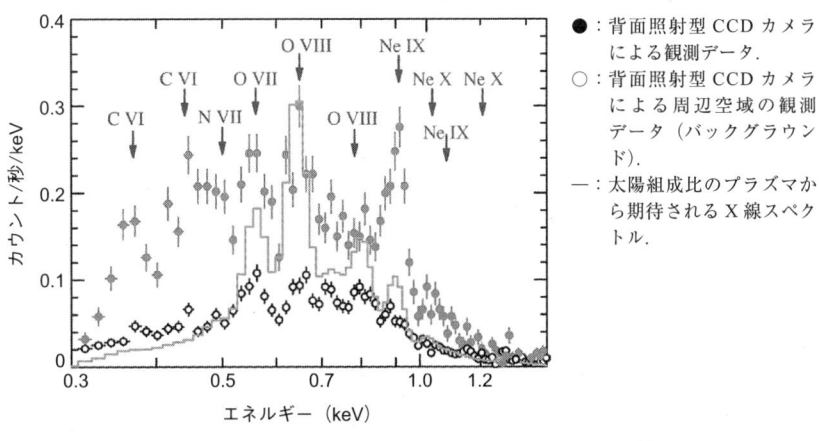

**図 3-2-6**　「すざく」が観測した惑星状星雲 BD+30°3639 のX線スペクトル
これまで検出が難しかった炭素（C），窒素（N），酸素（O）が出す輝線を分離してとらえている．
（出典：M. Murashima et al., 2006, ApJ, 6471, 131）

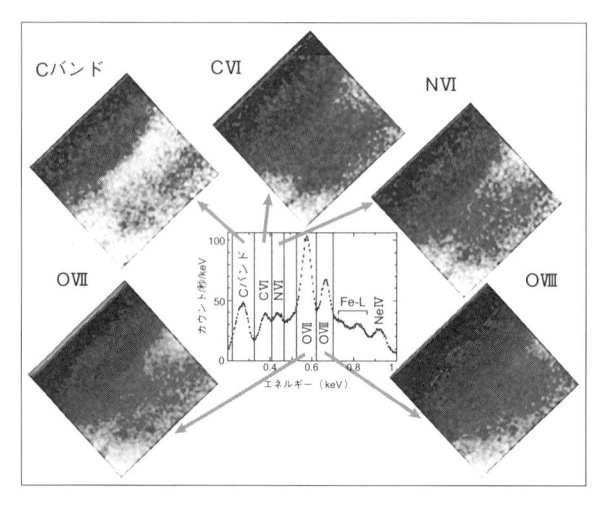

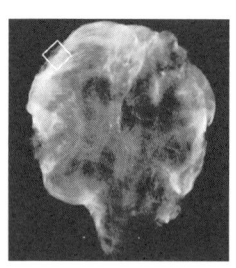

**図 3-2-7** 「すざく」が観測したはくちょう座ループの X 線スペクトル（中央）と X 線画像

超新星爆発によって放出された炭素（C），窒素（N），酸素（O）が出す輝線を分離してとらえている．右図の白枠の領域を観測．

素の輝線が観測されています．「すざく」は，星の中心でヘリウムから核融合によって炭素が生成され，それが宇宙空間へと放出された現場をとらえたのです．

図 3-2-7 の中央は，「すざく」がとらえた，はくちょう座ループと呼ばれる超新星残骸の X 線スペクトルです．炭素（C），酸素（O），窒素（N），の輝線が分離できています．エネルギーバンドごとに X 線で像を撮ってみると，それぞれ違う顔つきをしています．これは，星の内部で核融合によってつくられた元素が，超新星爆発によってばらまかれた様子をとらえたものです．超新星爆発によって炭素や酸素，窒素が殻状に放出されますが，必ずしも均一には出てきません．はくちょう座ループの場合，元素の比率を見ると，炭素が多く，窒素が少ないことが分かります．質量数が 4 ずつ跳ね上がっていることから，質量数 4 のヘリウム 3 個がほぼ同時に衝突して質量数 12 の炭素になる核融合反応が起きていると考えられます．これは $3\alpha$ 反応と呼ばれ，大質量星でよく起きる反応です．「すざく」は，星の中で核融合が

進んでいく様子をとらえたのです．

## ◘ブラックホールの降着円盤を見る

　活動銀河核から出てくる鉄の輝線を観測し，その領域の物理状態を見ようという研究も進めています．活動銀河核とは，非常に明るい銀河の中心核のことです．中心にブラックホールがあり，周りからガスが落ちていきます．落下していくガスからX線が放射され，ブラックホールの周りに形成された降着円盤を照らし，そこから鉄輝線が出ます．

　鉄は6.4 keVの輝線を出しますが，円盤が回っているとドップラー効果によって，近づく場合はエネルギーが高く，遠ざかる場合はエネルギーが低くなります．また，ブラックホールに近いところでは重力による赤方偏移を起こし，鉄輝線のエネルギーが低くなります．観測される鉄輝線には，ドップラー効果と重力赤方偏移の2つの効果が現れているのです．

　「あすか」が活動銀河核 MCG-6-30-15 からの鉄輝線を観測したところ，エネルギーの低い側に広がったすそらしきものがありました．この広がった輝線については，重力赤方偏移以外でも説明が可能だということで，そのときは議論が残りました．しかし，「すざく」で観測した結果，エネルギーの低い側に広がった鉄の輝線がはっきり見えてきました（図3-2-8左）．それは，間違いなく重力赤方偏移の効果です．

　さらに，鉄輝線がどのくらい広がっているか，つまりどのくらい赤方偏移しているかによって，降着円盤が内側にどこまで入り込んでいるかが分かります．普通，降着円盤はブラックホールの半径の3倍くらいまでしか入り込むことができません．しかし，もしブラックホールが回転をしていれば，降着円盤はさらに内側まで入ることができます（図3-2-8右）．「すざく」の観測は，ブラックホールが回転していることを示唆していますが，これはまだ可能性の議論であり，言い切るところまではきていません．しかし，「すざく」の登場により，降着円盤がどこまで入っているかを探査できる時代に入ったといえます．

　活動銀河核は中心が非常に明るいので，周りにある物質も強く影響を受け

156　第3章　極限天体

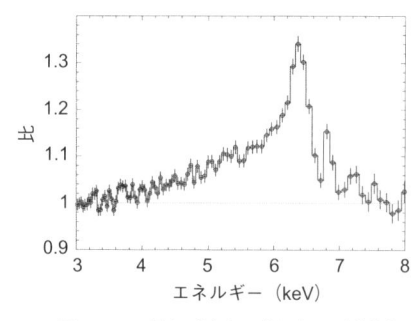

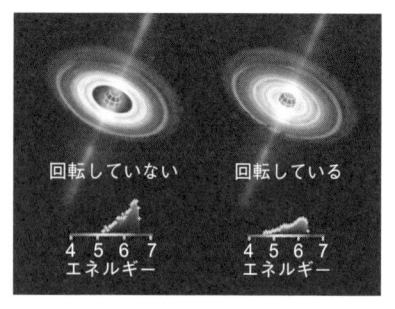

**図 3-2-8** 「すざく」が観測した活動銀河核 MCG-6-30-15 の X 線スペクトル
鉄の輝線がエネルギーの低い側に広がっている．ブラックホールによる重力赤方偏移によるもので，その大きさから降着円盤が内側にどこまで入り込んでいるかが分かる．ブラックホールが回転していると，降着円盤はさらに内側まで入ることができ，重力赤方偏移は大きくなる（右）．

ます．放射を受けて電離をしたり，プラズマ状態になったりするため，出てくる放射はそれらと相互作用した結果です．観測されたスペクトルの中にも，実は別々のスペクトルが入り交じっているのです．こういうものが時間によってどう変わるかを調べることで，活動銀河核で何が起きているか，どのような構造になっているかを，明らかにしていこうと考えています．

### ◎「すざく」の先

　分光の分解能が1桁高くなると，まったく違う世界が見えてきます．「すざく」で実現できなかった高分解能の分光を，次のX線天文衛星では何とか確立したいと思っています．また，新たに硬X線の撮像観測をしたいと考えています．硬X線は透過力が高く，ガスに隠された銀河の中心核の探査も進みます．高分解能の分光と硬X線の撮像観測という2つの手段は，ブラックホールの進化を探るためにも，とても役に立ちます．

　現在，次期X線天文衛星 ASTRO-H の開発が進められています．ASTRO-H には，私たちが開発した，エネルギーの高いX線を撮像できる世界初の硬X線望遠鏡を搭載します．焦点距離は 12 m で，「すざく」よりひと回り大きな衛星です．「すざく」でできなかった高分解能の分光やガンマ

**図 3-2-9** 気球搭載硬 X 線撮像観測実験 SUMIT
硬 X 線望遠鏡を 2 台搭載．焦点距離は 8 m．2006 年 11 月にブラジルで実施．

線も観測します．2014 年ごろの打ち上げを目指しています．

　私たちは，ASTRO-H の打ち上げまで手をこまねいて待っているわけではありません．気球を使った硬 X 線の撮像観測を始めています．日米共同の InFOCμS は，2001 年 7 月と 2004 年 5 月，9 月の 3 回飛行し，硬 X 線像を得ることに成功しています（図 2-4-6）．また，大阪大学と共同で気球実験 SUMIT を開始し，第 1 回の観測を 2006 年の 11 月にブラジルで行いました．SUMIT は，硬 X 線望遠鏡 2 台を搭載し，焦点距離は 8 m です（図 3-2-9）．私たちは，「すざく」で拓いた道を広げるために，さらに前進していきます．

# ブラックホールをつくり出す

吉野裕高

　私たちがいるこの世界は，空間 3 次元と時間 1 次元から成る 4 次元時空だと思われています．しかし，時空には見えない余剰次元があって実際は高次

元である，という理論があります．この「高次元理論」では，面白い現象が予測されています．加速器によってブラックホールができるのではないか，というのです．

### ◧高次元理論ブレーンワールドシナリオ

　余剰次元がなければならないという実験的な結果はありませんが，高次元理論はわりと古くからあります．最初に提案された高次元理論は，「カルツァ・クライン理論」です．アルバート・アインシュタインは，一般相対性理論をつくり終えた後，電磁気力，弱い力，強い力，そして重力を含めた4つの力すべてを統一的に記述できる理論をつくり上げたいと，晩年には考えていました．5次元目の空間があればうまくいくかもしれないと，アインシュタインに示唆を与えたのがカルツァ・クライン理論です．これは結局うまくいかなかったのですが，4つの力を統一する理論として代表的な候補に挙げられている「超ひも理論」は10次元，その拡張である「M理論」は11次元を考えます．

　実際に私たちが見ることができるのは，3次元空間だけですから，余剰次元は何かの仕組みによって見えないようになっていると考えなければいけません．余剰次元のスケールはプランク長程度に丸まっている，という「コンパクト化」と呼ばれるアイデアが従来は主流でした．プランク長とは物理的に考え得る最小の長さで，$10^{-20}$ フェムトメートル（fm，フェムト[f] は1000兆分の1）です．1 fmは，原子核1個の大きさに相当します．

　最近では，チャレンジングな勇気あるモデルが提案されています．余剰次元のスケー

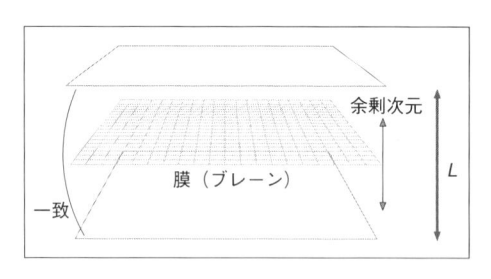

**図 3-2-10　ブレーンワールドシナリオ**
3次元空間は，高次元の空間の中にある膜（ブレーン）であると考える．余剰次元は丸まっている．その大きさ（$L$）はプランク長よりはるかに大きいが，電磁気力と強い力，弱い力を媒介するゲージ粒子は膜のみに存在するため，余剰次元を見ることはできない．

ルがプランク長よりはるかに大きくていい，というモデルです．これは1998年に提案された「ブレーンワールドシナリオ」です（図3-2-10）．ブレーンワールドシナリオでは，私たちの3次元空間は，高次元の空間の中にある膜（ブレーン）であると考えます．大きな余剰次元はくるっと丸まっているが，その大きさ（$L$）はプランク長よりはるかに大きい．重力以外の電磁気力，強い力，弱い力の相互作用を媒介する素粒子（ゲージ粒子）は，膜のみに存在し束縛されるため，私たちは3次元空間以外の余剰次元を見ることができない，というアイデアです．私たちがブレーンワールドシナリオに興味を持っているのは，このシナリオによって重力の性質が非常に豊かになるからです．その結果，とても面白いことが起きます．

### ◯加速器によってブラックホール形成が可能に？

ブレーンワールドにおいて$D$次元時空の重力は，次のような性質を持っています（図3-2-11）．まず，ブレーン上に粒子があり，粒子の遠方では重力は4次元的ですが，粒子の近傍では高次元的になります．そして，余剰次元（$D-4$）のスケールが大きくなるほど，高次元重力の重力定数（$G_D$）は

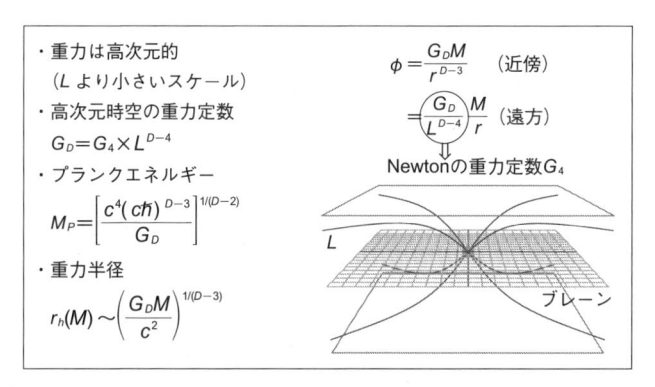

- 重力は高次元的
  （$L$より小さいスケール）
- 高次元時空の重力定数
  $G_D = G_4 \times L^{D-4}$
- プランクエネルギー
  $M_P = \left[\dfrac{c^4(c\hbar)^{D-3}}{G_D}\right]^{1/(D-2)}$
- 重力半径
  $r_h(M) \sim \left(\dfrac{G_D M}{c^2}\right)^{1/(D-3)}$

$\phi = \dfrac{G_D M}{r^{D-3}}$ （近傍）

$= \left(\dfrac{G_D}{L^{D-4}}\right)\dfrac{M}{r}$ （遠方）

Newtonの重力定数$G_4$

**図3-2-11** ブレーンワールド（$D$次元時空）の重力の性質
ブレーン上に置かれた粒子がつくる重力場を模式的に表している．粒子の遠方では重力は4次元的になるが，近傍では高次元的になる．余剰次元のスケール$L$が大きいほど，高次元重力定数$G_D$は大きく，プランクエネルギーは小さく，ある質量に対する重力半径は大きくなる．

大きく，プランクエネルギーは小さくなります．プランクエネルギーとは物理的に考え得る最大のエネルギーです．また，ある質量に対する重力半径は，余剰次元のスケールが大きくなるほど大きくなります．

　興味深いのは，余剰次元のスケールの大きさ次第で，プランクエネルギーがテラ電子ボルト（TeV，テラ [T] = $10^{12}$）程度になり得るということです．プランクエネルギーを TeV にするために必要な余剰次元のスケールは，6次元時空で 1 mm，10次元時空で 10 fm です．これを「TeV シナリオ」といいます．4次元重力のプランクエネルギーは $10^{19}$ ギガ電子ボルト（GeV，ギガ [G] = $10^9$）ですが，TeV シナリオでは $10^3$ GeV まで落ちます．世界トップクラスの加速器をもってしても $10^{19}$ GeV というエネルギーの実現は不可能ですが，$10^3$ GeV であれば実現できるレベルです．プランク長は，4次元重力の $10^{-20}$ fm から，TeV シナリオでは $10^{-4}$ fm とかなり大きくなります．そして，TeV の重力半径は，4次元重力では $10^{-36}$ fm ですが，TeV シナリオでは $10^{-4}$ fm になります．TeV の重力半径とは，TeV という質量を持つブラックホールの半径だと思ってください．

　ここで重要なのは，4次元重力では TeV という質量を持つブラックホールは存在しないということです．なぜかというと，4次元重力での TeV の重力半径は $10^{-36}$ fm で，プランク長 $10^{-20}$ fm よりはるかに小さい．プランク長より小さい構造というのは意味がないので，そういうブラックホールは存在しません．一方，TeV シナリオでの TeV の重力半径は $10^{-4}$ fm で，プランク長 $10^{-4}$ fm と等しい．したがって，TeV という質量を持つブラックホールが存在できます．

　つまり，加速器で TeV のエネルギーを持った粒子を衝突させ，インパクトパラメーター，つまり粒子間の最接近距離が重力半径の $10^{-4}$ fm より小さければ，そのままブラックホールになってしまう可能性があるのです．2009年末に実質的な稼動を始めた CERN（欧州原子核研究機構）の大型ハドロン衝突型加速器 LHC では，ブラックホールが 1 秒に 1 個できるのではないかと予測されています．

## ◎ブラックホールの蒸発を見る

では、ブラックホールが形成されたらどうなるのでしょうか（図 3-2-12）。ブラックホールは非常に速い速度を持った粒子が衝突して形成されるわけですから、形成時点では非常に動的です。重力波を激しく放射しながら、定常状態に近づいていきます。そして、定常状態になったらどうなるのか。ブラックホールは蒸発します。場の量子効果によって、ブラックホールは粒子を放射しているように見えるのです。ブラックホールから放射された粒子は加速器で観測できます。そして、ブラックホールはだんだん小さくなっていきます。プランク質量程度にまで小さくなると、量子重力効果が現れると考えられています。

加速器でのブラックホール形成が実現すれば、高次元一般相対論の検証、ホーキング輻射によるブラックホールの蒸発の観測、量子重力的な効果の観測が可能になります。それによって、重力の理論は飛躍的に進歩するでしょう。

## ◎次元が大きいほどブラックホールができやすい

私たちは現在、粒子衝突によるブラックホール形成に注目して研究を進めています。まず、高エネルギー2粒子系の解析を行い、粒子間がどれだけ接近すればブラックホールになるのか、各次元における最大インパクトパラメーターを計算によって求めました。2粒子系とは、2方向から粒子を入射して衝突させることです。図 3-2-13 上は、見かけの地平線と呼ばれるブ

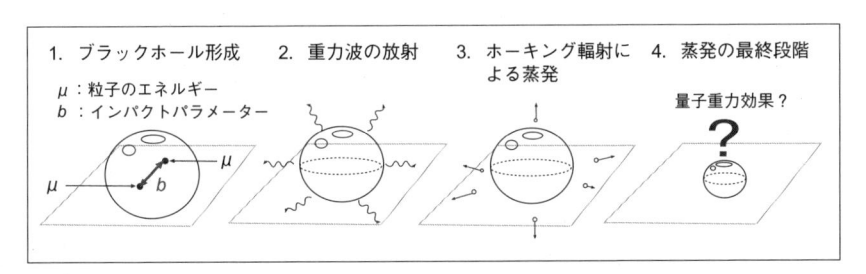

図 3-2-12　ブラックホールの時間的発展

ラックホールの表面を描いたものです.4次元と7次元の場合について,入射粒子の速度に直交する形状を描いています.7次元になると,ブラックホールの形状が変わり,扁平になっています.また,横軸に次元,縦軸にインパクトパラメーターの値を取ったグラフを見ると,次元が大きくなるとインパクトパラメーターが大きくなることが分かります(図3-2-13下).つまり,次元が大きいほどブラックホールができやすい,という結果が得られました.

これまで何人もの研究者がこの問題を解きたいと思っていたのですが,見かけの地平線を解く方程式系が複雑で,なかなか解けませんでした.私たちが初めて成功し,きちんとした結果を出すことができました.

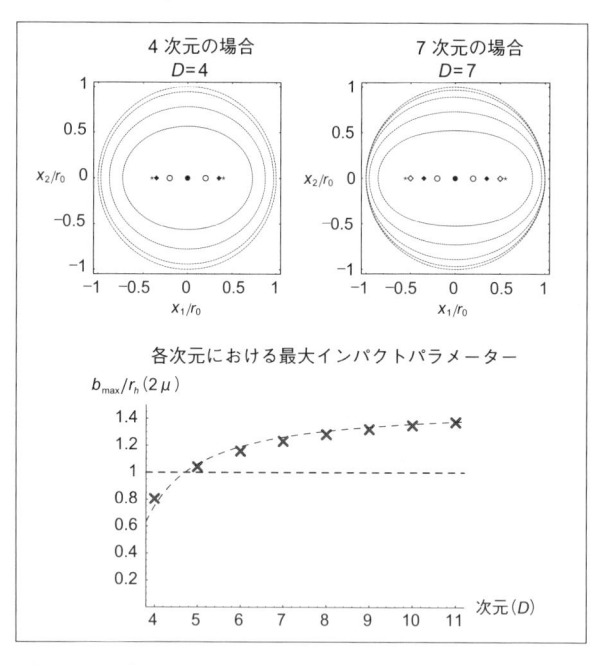

**図3-2-13** 各次元における見かけの地平線の形状と最大インパクトパラメーター

2つの粒子衝突によるブラックホール形成の場合,7次元では見かけの地平線が扁平になる.また,次元が大きくなるほどインパクトパラメーターが大きくなり,ブラックホールができやすくなる.

## ◉高次元特有のブラックホール「ブラックリング」をつくる

多粒子系におけるブラックリング形成についての研究も行っています．ブラックリングは高次元特有のブラックホールで，非常に面白い現象です（図3-2-14）．4次元重力では，ブラックホールに「唯一性定理」というものがあり，地平面トポロジーが球面（$S^2$）の球体ブラックホールだけしか存在できません．一方，5次元重力では唯一性定理はなく，例えば地平面トポロジーが3次元球面（$S^3$）のブラックホールも存在できます．いろいろなトポロジーのブラックホールがあるというのが，高次元重力の最大の特徴です．したがって，ブラックリングをつくることができれば，高次元重力特有の性質の検証となります．

私たちは，ブラックリングをつくる方法を考えました．たくさんの粒子を

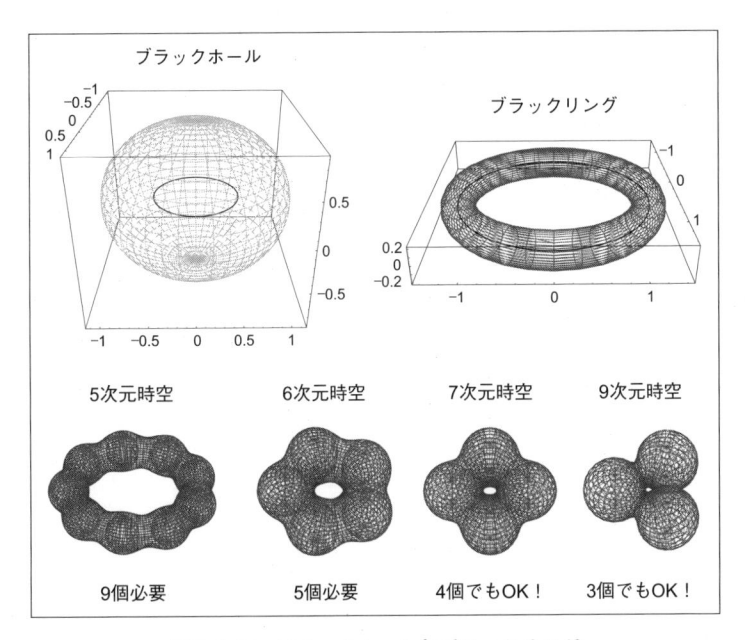

図 3-2-14　ブラックホールとブラックリング
4次元では球体ブラックホールしか存在できないが，高次元ではブラックリングも存在できる．また，高次元ほど少ない粒子数でブラックリングを形成することができる．

衝突させればできるだろうというアイデアで，各次元について必要な粒子の数を計算しました．そして，5次元時空の場合は9個，6次元の場合は5個，7次元の場合は4個，9次元は3個であると，導き出しました．この結果が意味していることは，高次元時空であるほど少ない粒子数でできる，つまり，高次元時空であるほど特殊なブラックホールであるブラックリングができやすくなるということです．7次元時空以上の場合，4方向から粒子を入射する加速器をつくれば，ブラックリングをつくって観測することができると期待されています．

### ◘加速器におけるブラックホール形成に向けて

　加速器におけるブラックホール形成実験を成功させるためには，ブラックホール形成，重力波放射，ホーキング輻射による蒸発，いずれの段階についても，まだやるべき課題が残されています．例えば，ブラックホールの形成では，高エネルギーの粒子モデルはかなり理想化されたものを用いていますが，もう少し現実的なモデルに近づける必要があります．また，重力波放射によって，定常状態へ移行したときのブラックホールの質量や角運動量が決まります．ホーキング輻射のスペクトルや角度依存性はこの質量と角運動量に依存するのですが，重力波の解析はまったく手が付けられていません．

　そして最も重要なのが，加速器で得られるブラックホール現象の信号を予測しておくことです．特に，一般相対論を用いた解析が重要です．量子重力効果は古典的な信号からのずれとして見えます．一般相対論を用いた解析を行い，ブラックホール現象によって現れる信号をできるだけ正確に予測しておく必要があります．そして，LHCでブラックホールがつくられることを期待して待つ，ということになります．

# 3

# 極限状態の多様な世界

## 超伝導の謎を追う

平島　大

　全宇宙に存在するエネルギーのうち物質が占める割合は，たかだか4％程度にすぎません．しかし，その物質の世界は多様であり，美しさと驚きに満ちています．その1つの例として，極限状態に現れる超伝導現象を取り上げ，その研究の歴史と最前線を紹介しましょう．

### ◻超伝導現象の発見

　金属において電流は，電子によって運ばれます．金属中で，電子は原子やイオンがつくる結晶格子中をほぼ自由に運動しますが，格子の振動や不純物などに散乱されることによって電気抵抗が生じます．20世紀初頭，「絶対零度」に迫る研究が，イギリスとオランダの間で競うように行われていました．1908年，最後まで液化を拒んでいたヘリウムの液化に成功したオランダの物理学者カマリン・オンネスが次に目指したのは，極低温における金属中の電子の振る舞いを明らかにすることでした．水銀を絶対零度近くまで冷却していったオンネスが見いだしたのは，まったく予想もしていなかった現象でした．絶対温度約4.2 K（マイナス269℃）まで冷却したとき，それまで連続的に減少していた水銀の電気抵抗が突然消失し，電気抵抗ゼロの状態が現れたのです．1911年，「超伝導」の発見です．

　超伝導の基本的な理解には，その後50年近い年月が必要でした．基本的

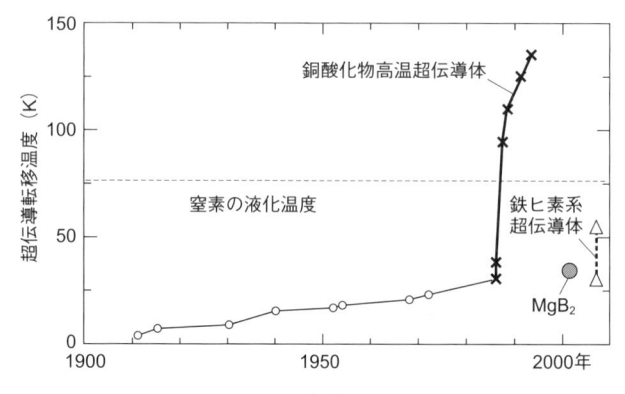

図 3-3-1　最高超伝導転移温度の推移

1911 年，水銀が絶対温度 4.2 K で超伝導状態になることが発見された．その後，転移温度に大きな変化はなかったが，1986 年に銅酸化物高温超伝導体が発見され，一気に上昇した．2008 年には鉄ヒ素系超伝導体という新しい系統の超伝導体が発見された．

な理解が得られたのちにも，より高い転移温度を目指してさまざまな超伝導物質の開発・探索が行われてきました．室温で超伝導現象が起きたら，つまり抵抗ゼロで電流を運ぶことができたならば，そのインパクトは計り知れないものでしょう．ところが期待に反して，超伝導転移温度の上昇は遅々たるものでした（図 3-3-1）．1980 年代初め，最も高い超伝導転移温度を示す物質でも，30 K（約マイナス 240℃）以下でなければ超伝導状態にはなりませんでした．この状況を一変させたのは，1986 年，ヨハネス・ベドノルツとカール・ミュラーによる銅酸化物高温超伝導体の発見です．超伝導転移温度は一挙に 100 K（約マイナス 170℃）を超えました．それは超伝導の応用上の可能性を一気に広げるだけでなく，「物質」に対する私たちの理解を格段に深化させてくれる大発見でした．

### ◎ボース粒子とフェルミ粒子

ミクロの世界の運動は「量子力学」に支配されています．超伝導は，量子力学によって解き明かされる現象です．量子力学に従う粒子は，2 種類に大別されます．「フェルミ粒子（フェルミオン）」と「ボース粒子（ボソン）」で

す．電子はフェルミ粒子の仲間，光子やヘリウム原子はボース粒子の仲間に属します．フェルミ粒子は，「1つの状態を占めることができる同一のフェルミ粒子は1個だけである（パウリの原理）」という性質を持ちます．ボース粒子は，「1つの状態にいくつでも入ることができる」という性質を持っています．

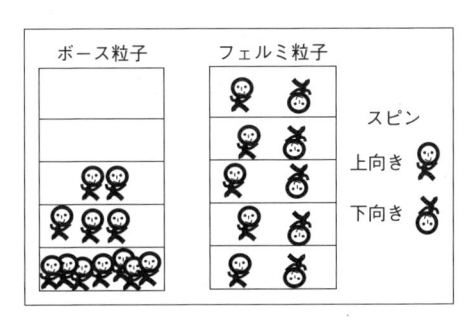

**図 3-3-2** ボース粒子とフェルミ粒子
ボース粒子は1つの状態にたくさん入ることができるが，フェルミ粒子は1個（スピンの向きを考慮しても2個）しか入ることができない．

図 3-3-2 では，ビルの各階がそれぞれ1つの「状態」に対応しています．高い階ほどエネルギーが高い．ボース粒子は1つの階にいくついてもよいのですが，フェルミ粒子は1つの階に1個しかいることができません．ただし，電子にはスピンという自由度があります．簡単に言えば，電子はそれぞれが小さな磁石である，ということです．それぞれの磁石の向きは「上向き」か「下向き」の2通り．このことを考えに入れると，1つの階には上向きスピンの電子1個と下向きスピンの電子1個，計2個の電子が入ることができます．

### ◉ボース・アインシュタイン凝縮と超流動

温度を下げていくとボース粒子系では面白いことが起きます．温度が高いときには，粒子はエネルギーの高い状態（図3-3-2の高い階）にも分布します．温度を下げていくと，徐々にエネルギーの低い，下の方の階にいる粒子数が増えてきます．そしてある温度を境にして，一番下の階にいるボース粒子の数が，上の階にいるボース粒子の数に比べて圧倒的に多くなります．この現象は，初めにアルバート・アインシュタインによって予想されていたことから，「ボース・アインシュタイン（BE）凝縮」と呼ばれます．

ボース粒子から成る系としては，液体ヘリウムが挙げられます．1908年

のオンネスによる液化以降，さらなる低温における液体ヘリウムの研究が進められました．その中で，液体ヘリウムが 2.2 K 付近より低温になると，異常な性質を示すことが明らかになりました．例えば，通常の液体は細い管の中を流れるときに抵抗を感じるのですが，低温での液体ヘリウムは抵抗なしにサラサラと流れます．粘性がゼロになるのです．1938 年，ソ連の低温物理学者ピョートル・カピッツァはこの性質を「超流動」と名付けました．

液体ヘリウムを粒子間に相互作用が働かない理想ボース気体と考えてボース・アインシュタイン凝縮が起きる温度を計算すると，超流動転移温度と同程度になります．このことから超流動とボース・アインシュタイン凝縮の間には密接な関係があると考えられました．

超流動と超伝導はともに「抵抗なく流れが生じる」という点で共通しています．だとすれば，超伝導もボース・アインシュタイン凝縮によって説明したくなりますが，そうはいきません．電子はフェルミ粒子なので，ボース・アインシュタイン凝縮を起こすことはないからです．

ボース・アインシュタイン凝縮が当初予想されたような形ではっきり実験的に確認されたのは，最近のことです．液体ヘリウムでは，ヘリウム原子は互いに強く相互作用しています．このことがボース・アインシュタイン凝縮を「見えにくく」しているのです．1990 年代になって，レーザー光を巧みに利用することによって，原子集団を超低温まで冷却する技術が発展してきました．この技術を用いてアメリカの実験グループが，弱く相互作用するボース気体であるアルカリ原子集団において，ボース・アインシュタイン凝縮実現の確認に成功しました．1995 年のことです．ボース・アインシュタイン凝縮した原子ガスにおいても，超流動状態に特徴的な振る舞いが観測されます．

### ◘ BCS 理論──超伝導の基礎理論

フェルミ粒子が偶数個集まって 1 個の粒子，複合粒子として振る舞うとき，ボース粒子として振る舞います．ヘリウム原子は，2 個の陽子，2 個の中性子，2 個の電子から成ります．それらは，いずれもフェルミ粒子です．

6個のフェルミ粒子が全体でヘリウム原子として振る舞うとき，これはボース粒子です．また，2個の電子が束縛状態を形成してあたかも1個の粒子のように振る舞うとすれば，それはボース粒子として振る舞うはずです．したがって，十分な低温においてボース・アインシュタイン凝縮を起こして，電荷を持つ粒子の超流動，すなわち超伝導現象を示す可能性があります．

1956年，レオン・クーパーは金属中の電子間に引力相互作用が働けば，その引力がどんなに弱くても必ず束縛状態を形成することを見いだしました．金属中のこの電子対は，「クーパー対」と呼ばれます．ここまで来れば超伝導理論の完成まで，あと一歩です．

1957年，ジョン・バーディーン，レオン・クーパー，ロバート・シュリーファーの3人は，ついに超伝導の基礎理論を打ち立て，超伝導状態におけるさまざまな実験結果の説明に成功しました．その理論は彼らの名前の頭文字を取って「BCS理論」と呼ばれます．BCS理論の要点は次の2つに集約されます．(1)金属中の電子間には，格子振動と電子間の相互作用を仲立ちとして，弱い引力相互作用が働く．(2)弱い引力相互作用を受けた電子はクーパー対を形成し，それが低温でボース・アインシュタイン凝縮と同様の状態をつくる．これが超伝導状態です．

今日BCS型超伝導体というとき，多くの場合は，(1)と(2)の両方を満たす超伝導体，すなわち「格子振動を媒介とする引力相互作用によって形成されたクーパー対の凝縮による超伝導」を指します．しかし，超伝導を引き起こすためには，(2)があればよいのです．つまり，「引力相互作用」があればよいのであって，その原因は必ずしも格子振動と電子の間の相互作用である必要はありません．これが銅酸化物高温超伝導体を理解する鍵の1つです．

ここまでの話の中で，なぜボース・アインシュタイン凝縮が起きると抵抗なく流れが生じるのかということについては，一言も触れていませんでした．量子力学に従う粒子は「粒子」としての性質と同時に「波」としての性質も示します．金属中の電子には「波」の描像がよく当てはまります．つまり，電子は波として金属中に広がっていると考えるのが適切です．「ブロッホ波」と呼ばれるこの波が，格子振動や不純物に散乱されて，有限な抵抗を

生じさせるのです．野球やサッカーの試合でスタジアムにウェーブが起きることがあります．ただ，観戦中にビールを飲んでいる人やアウェイチームのサポーター，つまり「不純分子」がいると，なかなかウェーブが続きません．そんなときでも，スタジアムの大多数のサポーターが「心を1つにして」ウェーブを起こせば，少々の不純分子の存在などに関係なくウェーブが続くでしょう．ボース・アインシュタイン凝縮状態はこの「心を1つにして」波が立っている状態です．無論，これはたとえ話であり，実際には，「波としての位相を1つにそろえた」波が立っています．そのようなコヒーレント状態では，少々の不純物などによって電流が阻害されることはありません．

### ◘対称性の自発的破れ

2008年のノーベル賞は小林誠先生，益川敏英先生とともに，南部陽一郎先生に授与されました．南部先生の受賞理由は「素粒子原子核物理学における自発的対称性の破れの発見 (the discovery of the mechanism of spontaneous broken symmetry in subatomic physics)」です．受賞対象となった論文のタイトルは「A Dynamical Model of Elementary Particles Based on an Analogy with Superconductivity」(1961年)．BCS理論の本質は，ゲージ対称性の自発的破れであり，そのことを見抜いて一般化し，素粒子物理学に応用して成功をおさめたのが南部先生です．

### ◘銅酸化物高温超伝導の登場

1986年，ベドノルツとミュラーは，$(La,Ba)Cu_2O_4$という物質が30Kという温度で超伝導を起こす兆候があることを報告しました．これが本当に超伝導であることを確認したのが，東京大学の田中昭二教授（当時）の研究グループです．これを契機に，銅酸化物高温超伝導の研究は一気に燃え上がり，同じように高い温度で超伝導となる物質の探索が進み，最高転移温度は，瞬く間に100Kを超えました（図3-3-1）．いずれの物質もその構造中に銅原子と酸素原子から成る平面（$CuO_2$面）を含み，これが超伝導の主舞台

発見当初から，果たしてこの超伝導がBCS理論で説明されるのかということが関心を集めましたが，(2)の意味，つまり電子がクーパー対をつくって超伝導になるという意味では，BCS理論の範疇にあります．銅酸化物高温超伝導体で問題になったのは，このような高い転移温度をもたらす引力の源は何かということです．さらには，BCS理論が前提としていた「良い金属」状態の存在自体が問題となりました．

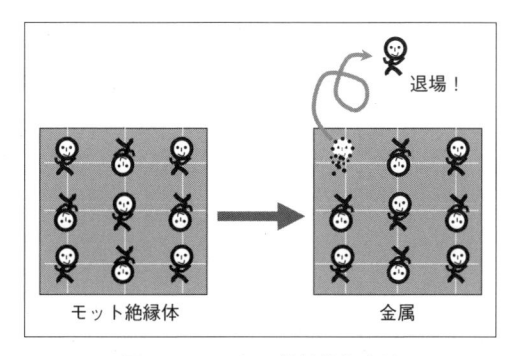

**図 3-3-3　モット絶縁体と金属**
左：モット絶縁体状態では各格子点上に電子が局在している．隣り合うスピンは逆向きに並んでいる（反強磁性状態）．右：電子を取り去ると「すきま」ができて，金属になる．

銅酸化物高温超伝導体の母物質$LaCu_2O_4$は絶縁体です．それも普通の絶縁体ではありません．結晶格子点当たり2個の電子がいると，パウリ原理によってそれ以上の電子は同じ格子点に来ることができなくなるため，電子は身動きがとれなくなります．これが普通の絶縁体の粗描です．$LaCu_2O_4$は，銅原子当たり1個の電子がいる状況に相当します．これならば良い金属になってよさそうですが，実際には電子が動けなくなってしまいます．それは，マイナスの電荷を持った電子と電子の間に働くクーロン相互作用のせいです．電子が波として結晶中を飛び回ると，必ず1つの格子点上に2個の電子が来る可能性があります．電子間のクーロン反発力が強い場合，1つの格子点に2個の電子が来ると，とてもエネルギーが高くなってしまいます．これを避けたいと思えば，図3-3-3左のように電子は格子点上でじっとしているしかありません．このような理由で絶縁体となっている物質は「モット絶縁体」と呼ばれます．$LaCu_2O_4$はモット絶縁体です．

ランタン（La）原子の一部を，バリウム（Ba）原子，あるいはストロンチウム（Sr）原子で置換すると，$CuO_2$面での電子数を減らすことができます．

これは，きっちり詰まっていた電子を減らして「すきま」をつくることに相当します．すると，そのすきまを使って電子は動き出します（図3-3-3右）．つまり，この物質は絶縁体から金属になり，そして超伝導状態になるのです．このように高温超伝導は絶縁相といういわば超伝導とは正反対の状態のすぐそばで出現します．しかも，超伝導になる状態というのは，BCS理論が暗黙のうちに仮定していた「良い金属」状態ではなく，かろうじて金属となっている状態です．このため，高温超伝導体は，単なる超伝導メカニズムの特定ということにとどまらず，そもそも「金属」状態というのはいったいどういう状態なのか，というより根本的な問いを私たちに突き付けることになりました．

発見から20年以上がたち，銅酸化物高温超伝導体の研究も落ち着いたものになっています．その理解について，すべての研究者の合意が得られているとは言えませんが，超伝導メカニズムに「磁性」が関与しているという点については，多くの研究者の合意が得られています．簡単に言えば，磁気的な相互作用の持つエネルギースケールが大きいことが，高い転移温度をもたらす原因です．また，銅酸化物高温超伝導体におけるクーパー対が $d$ 波対称性である（2電子の相対角運動量が2）ことも磁気的なメカニズムに基づいて自然に説明されます．しかし，かろうじて金属となっている状態をどのように記述し，理解するかということについては，まだまだ道半ばという状況です．

銅酸化物高温超伝導体から私たちが学んだことは，モット絶縁体のように電子間相互作用の効果が支配的な系である「強相関電子系」の豊かさ，意外さです．銅酸化物高温超伝導体を契機として，強相関電子系の研究は物理学研究の一大フロントに躍り出ました．

### ◘ さらなる新しい超伝導体

銅酸化物高温超伝導体以降もさまざまな新しい超伝導体が発見されています．フラーレン（$C_{60}$ サッカーボール）結晶における超伝導，青山学院大学の秋光純教授らによって発見された $MgB_2$（転移温度39 K）などの超伝導の主

因は電子格子相互作用であり，それぞれの物質の特徴によって高い転移温度が実現していると考えられています．その意味では，従来のBCS型超伝導体です．

2008年2月に東京工業大学の細野秀雄教授らのグループが，La(O,F)FeAsが30K程度で超伝導を示すことを見いだしました．鉄原子とヒ素原子から成る平面を含むことから，「鉄ヒ素系超伝導体」と呼ばれています．すぐさま各国の研究者が物質開発に取り組み，この系統の物質の最高転移温度は55Kに達しました（図3-3-1）．その電子状態，超伝導メカニズムの解明を目指し，現在活発な研究が展開されています．

### ◘ 物質の世界，「それぞれの宇宙」の旅

宇宙を対象とする研究者は，「1つの宇宙」を対象としています．その宇宙の137億年の旅を経て，私たちは今，物質の世界に住んでいます．幸いなことにその物質の世界は，これまで述べてきたように，美しさと多様性に満ちた世界です．構成原子や分子を少し変えるだけで電子はまったく異なる振る舞いをし，新たな性質を持つ物質が現れます．それは，あたかも1つ1つの物質がそれぞれ小宇宙を形づくっているかのようです．

ここで紹介した超伝導現象以外にも，さまざまな物質についてその性質や法則を理解するための研究が行われています．私たちは最近，有機導体の中で「質量のない粒子」を発見しました．$\alpha\text{-}(BEDT\text{-}TTF)_2I_3$という擬2次元有機導体は，通常の圧力下では低温

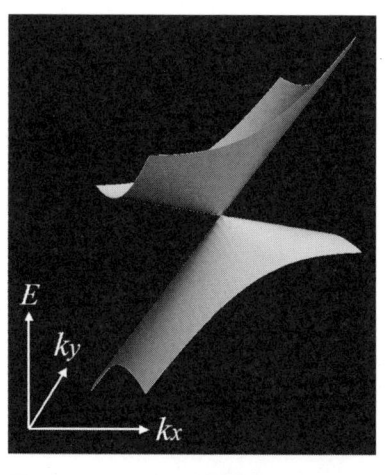

**図3-3-4** 擬2次元有機導体 $\alpha\text{-}(BEDT\text{-}TTF)_2I_3$ で発見された質量ゼロの粒子

$\alpha\text{-}(BEDT\text{-}TTF)_2I_3$ は5000気圧以上の高圧下で，温度が変化しても電気抵抗が変化しないゼロギャップ状態が出現する．図はゼロギャップ状態での電子のエネルギーと運動量の関係を表し，電子があたかも質量がない粒子として振る舞うことを示している．

において絶縁体です．ところが5000気圧（5 kbar）以上の高圧下では，温度が変化しても電気抵抗が上がりも下がりもしない「ゼロギャップ状態」が出現します．導体と絶縁体の中間のような状態です．ゼロギャップ状態での電子のエネルギーと運動量の関係を図に表すと，2個の円錐が向かい合わせでくっつきます（図3-3-4）．これは，この物質中では電子があたかも質量のない粒子として振る舞うことを示しています．質量のない粒子はグラファイトやビスマスでも見つかっており，巨大な反磁性など面白い現象が出現しています．有機導体の中の質量のない粒子でも興味深い現象が出現していると考え，研究を進めています．

　137億年の旅を経て，宇宙には物質が，さらには生命がつくられてきました．それぞれの小宇宙をのぞき，その多様な美しさに驚き，その背後にある真理を追い求める旅に終わりはありません．


# 磁性超伝導体の新現象をとらえる

佐藤憲昭

### ◆天空と地上をつなぐ物理

　私たちの宇宙は，137億年前に突如として誕生しました．そして137億年の歳月を経て，私たちが今こうして，ここに存在しているのです．宇宙の彼方にある天体と，私たちの周りにある物質は，一見まったく無関係に見えます．しかし，本当はそうではありません．

　それは，アイザック・ニュートンのことを考えると，よく理解できます．私たち凡人から見ると，リンゴが木から落ちることと，月が地球の周りを回っていることは，まったく無関係の現象です．ところが，ニュートンのような天才から見ると，そうではありません．彼は，「万有引力」を発見し，

その2つが同じ現象だということに気が付いたのです．万有引力の発見は1600年代後半のことですから，日本では徳川幕府の時代が始まったころでしょうか．

　万有引力は，天空と地上をつなぐ物理法則です．では，「現代的な」天空と地上をつなぐ物理は何でしょうか．私たちの太陽はいつまでも現在の姿をしているのではなく，あと50億年ほどたつと，膨張してガスをゆっくりと吹き出しながら死んでいきます．太陽よりずっと質量の大きな星は，超新星爆発を起こし，中性子星になることもあります．中性子星は，富士山1個分くらいの質量がとてつもない高圧で角砂糖1個くらいに圧縮された状態です．それほど高い圧力になると，私たちが普段見ているものとはまったく違った現象が出現していると考えられています．例えば，中性子が液体になって内部で動き回っている，しかも単なる液体ではなく，粘性がゼロの「超流動」という現象になっているのではないか，と推測されています．

　中性子星で超流動が起きていると最初に提示したのは，私たちと同じ物性物理学の研究者です．この超流動という新しい概念が認識されるようになったのは1938年ころで，液体ヘリウムの研究から生まれました．それより30年ほど前に，オランダのカマリン・オンネスはヘリウムの液化に成功し，その不思議な性質に気が付いていましたが，残念ながらその原因を解明する前にこの世を去りました．はるか彼方にある中性子星のような得体の知れないものと，地上で起きる現象が，物性物理学によってこうしてつながっているのです．

### ◨物性物理学が目指すのは多様性の追求

　物性物理学ではどういったことを研究しているか．一言で言えば，「多様性の追求」です．137億年の歴史の中で，いろいろな元素が合成されてきました．その結果，地球が生まれ，私たちが誕生したのです．生命の設計図であるDNAも，たった数種類の元素の組み合わせでできています．にもかかわらず，私たちは誰一人同じ顔をしていないし，肌の色も目の色も違います．DNAの塩基配列のほんのわずかな違いが，このような多様性を生み出

しているのです．

　同じように，地球上には無数といえるほどの物質がありますが，自然界に存在する元素は90数種類しかありません．元素の組み合わせの違いで，無数とも言えるほどの物質が存在する．わずかな種類の材料しかないのに，いろいろな料理をつくってしまうコックさんと同じようなものです．自然の神様は，それをやってのけた．

　わずかな種類の元素しかないのに，どうしてこれほど多様な物質が誕生したのでしょうか．物理学者は，そこに興味があります．そういった多様性を理解しようとすると，量子力学という学問が必要になってきます．量子力学というと，私たちの日常生活とは無縁のものだと思いがちですが，決してそんなことはありません．ダイヤモンドとグラファイトは，どちらも炭素という1種類の元素からできています．しかし，性質はまったく違います．ダイヤモンドは，透明で非常に硬い．電気も通しません．一方のグラファイトは，黒くて，もろく，電気を流します．炭素という同じ元素からできているのに，なぜまったく違った性質を示すかは，量子力学を使って初めて理解できるものです．

### ◘磁石と超伝導の理解には量子力学が必要

　この話の主題は，磁石と超伝導です．皆さんも子どものころ，磁石に興味を持って遊んだ記憶があるでしょう．接触していないのに互いに引き付け合ったり，斥け合ったり．いったい，どこからそういう力が生み出されるのだろう，と不思議に思ったのではないでしょうか．そうした不思議な性質を理解しようとすると，やはり量子力学が必要になってきます．

　「超伝導」は，電気抵抗がゼロになる不思議な現象の1つです．磁石はとても身近な存在ですが，90数種類の元素単体の中で室温において磁石になり得るのは，鉄，コバルト，ニッケル，ガドリニウムの4種類だけです．一方，超伝導というと新聞やテレビの科学番組などで見聞きする程度で遠い存在に思うかもしれませんが，超伝導になる元素は30種類近く知られています．磁石になる元素よりも超伝導を示す元素の方が，普通に存在しているの

です．この不思議な現象の理解にも量子力学が必要です．

### ◇磁石を分割していくと……

　磁石について，もう少し皆さんに考えていただきたいと思います．高校の物理の教科書には必ずといってよいほど，磁石を分割していくという絵が出てきます．磁石にはS極とN極があります．その磁石を2分割すると，分割されたそれぞれの中にS極とN極ができます．分割を何度繰り返しても，必ずS極とN極ができます．では，さらに分割を繰り返し，磁石1本が原子の大きさになったらどうなるでしょうか．ここまでは高校の教科書には書いてありませんが，ぜひ皆さん，考えてみてください．

　答えは，やはりS極とN極ができます．大きさが1Å（オングストローム，100億分の1m）の原子もS極とN極を持った磁石として扱うことができるのです．それを「原子磁石」と呼ぶことにします．

　では，どうして原子が磁石の性質を持つのでしょうか．実は，それほど不思議なことではありません．原子は，中央に大きな原子核，その周りに電子があります．電子は2つの「角運動量」を持っています．電子は原子核の周りを回っています．これが1つ目の「軌道角運動量」です．厳密には正しくはないのですが直感的なイメージでは，太陽の周りを地球が回っているようなものだと思ってください．電子はマイナスの電荷を帯びています．電荷を帯びた粒子が回っていることは，電流が流れていることと同じで，この電流によって磁場がつくり出されます．また，これも厳密には正しくないのですが，地球が自転しているように，電子自身も回転していると考えてください．これが2つ目の「スピン角運動量」です．電荷を帯びた粒子が回転すると，やはり周りに磁場をつくり出します．

　電子が原子核の周りを回り，それ自身も回転していることが原因で，電子は周りに磁場をつくり出しています．すると私たちは，たとえ原子1個であっても，これは磁石であると認識するのです．自然界には，こういう不思議な仕組みが存在しています．

## 磁石の物理と相転移

　もう1つ，面白い現象を紹介します．磁石は，温度を変えようが何をしようが，いつまでも磁石だと思っているでしょう．それは，本当は間違いです．テレビのクイズ番組でも「磁石を温めるとどうなりますか」という問題が出されますが，皆さん答えられません．実は，磁石を温めると，磁石の性質が消えます．磁石に対する先駆的な研究を行った人の名前にちなんで，磁石の性質がなくなる温度を「キュリー温度」と呼んでいます．キュリーというと，多くの方はマリー・キュリーを連想されると思いますが，これはマリーの夫，ピエール・キュリーにちなんでいます．

　磁石であったものがその性質をなくしたりすることを，一般に「相転移」といいます．水が水蒸気になったり，氷になったりするのも相転移です．相転移は温度を変えることによってのみ起きるのかというと，そうではありません．私たちが研究している SmS という物質は，大気圧のもとでは黒い色をした半導体ですが，圧力をかけていき数千気圧（数 kbar）になると突然，金色をした金属になります．つまり，圧力を変えることによっても，相転移は起きるのです．

## 極低温で酸素の磁性が現れる

　なぜ相転移が起きるのか，私たちはそれを知りたいのです．そもそも温度とは何か，温度を下げるとはどういうことでしょうか．箱の中に閉じこめられた気体で考えてみましょう．高温の状態では，気体の原子は速い速度で動き回っています．温度を下げていくと，原子の速度は遅くなってきます．そして，ある温度になると，勢いがなくなった原子同士が引力を感じて近くに集まり，液体になってしまいます．さらに温度を下げると，原子がほとんど動かない固体になります．そして，すべての原子が動きを止めてしまう世界，それが絶対零度の世界です．絶対零度は 0 K と書き，ゼロケーあるいはゼロケルビンと読みます．絶対零度はマイナス 273.15℃です．

　では，ここで問題を出します．空気の温度を下げるとどうなるでしょうか．まず，薄い銅でできた容器の中に液体窒素を入れます．液体窒素は絶対

温度 77 K（マイナス 196℃）です．しばらくすると，容器の先端から液体のようなものがしたたり落ちてくるのが見えます．線香を近づけると，燃えます．この液体は，空気中の酸素が液体窒素の入った容器で冷やされてできた液体酸素です．こういった実験は皆さん，絶対にやらないでください．液体酸素は有機物と爆発的な反応を起こし，非常に危険ですから．

　もう 1 つ，別な実験を紹介しましょう．風船の中に純度の高い酸素を入れ，試験管につなぎ，液体窒素の中で冷やします．気体の酸素が冷やされて液体になり，気圧が下がって風船がしぼんでいきます．最後には完全にしぼんで，液化が完了します．試験管には液体酸素がたまっています．液体ヘリウムも液体窒素も透明ですが，面白いことに液体酸素は薄い水色をしています．そして，液体酸素が入った試験管に磁石を近づけると，ほんのわずかですが，磁石の方に吸い付けられます．また，液体酸素の液滴をシャーレの中に入れ，シャーレの下側から磁石を近づけて動かしてみます．すると，磁石に引かれて液体酸素の滴が動きます．磁石をシャーレの上で持ち上げると，液体酸素の滴も上がってきます．これは，液体酸素が磁性を持っていることを示しています．

　液体酸素の温度をさらに下げていくと，固体になります．そして，固体の酸素に圧力をかけていくと超伝導になることを，日本の研究グループが発見しています．私たちは酸素に普段何気なく接していますが，温度を下げて液体にすると，磁性などの物性を簡単に観察できるようになります．もっと温度を下げると固体になって，さらに圧力を強くすると超伝導になる．このように，高圧や極低温では，とても不思議な性質や現象が見えてくるのです．

### ◉超伝導の発見

　さて，金属の中を電流が流れるというのは，どういうことでしょうか．金属の中に電子があって，電圧をかけると電子が動く．電流が流れるとは，電子が電荷を運んでいくことです．では，金属の温度を絶対零度近くまで下げたらどうなるでしょうか．先ほど，温度を下げると気体の速度はどんどん遅くなると言いました．同じように考えれば，電子もやはり動けなくなるよう

に思われます．電子が動けなくなれば，電流を運ぶことができません．つまり，電流は流れないと考えられます．

現代の物理学者は，銀や銅のような金属の温度を下げても，電流が流れることを知っています．むしろ，温度を下げた方が電流は流れやすくなります．しかし，20世紀初めの物理学者は，その答えを知りませんでした．電子が動かなくなるかどうかを確かめようと，金属をできるだけ低温にして実験を行おうとしました．極低温を実現するには，沸点の低い気体を液化する必要があります．そして1908年，オンネスはヘリウムの液化に初めて成功し，絶対温度 4.2 K（マイナス 269℃）まで温度を下げることができるようになりました．絶対零度に大きく近づいたのです．そして彼らは水銀の電気抵抗を測定中，ある温度以下で突然，電気抵抗が消失することを発見したのです．これは，誰も予想していなかったまったく新しい現象で，「スーパーな電気伝導」すなわち「超伝導」と名付けられました．

### ◘超伝導になる磁石

私たちが興味を持っているのは，超伝導になる磁石です（ここで言う「超伝導になる磁石」は，超伝導線をコイル状に巻いた「超伝導磁石」とは異なるものです）．磁石からは，磁力線が出ています．一方，超伝導は，磁力線を中に入れないという性質を持っています（図 3-3-5）．そのため，磁石，もっと正確に言えば強磁性体になる物質は超伝導にならないと言われていました．ところが 2000 年，イギリス

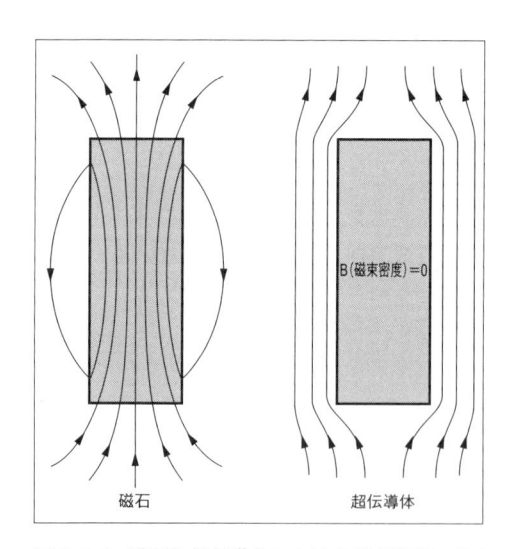

図 3-3-5　磁石と超伝導体における磁束密度の分布
超伝導は，磁力線を中に入れないという性質を持っている．しかし最近では，強磁性体でありながら圧力を高くしていくと超伝導になる物質が発見されている．

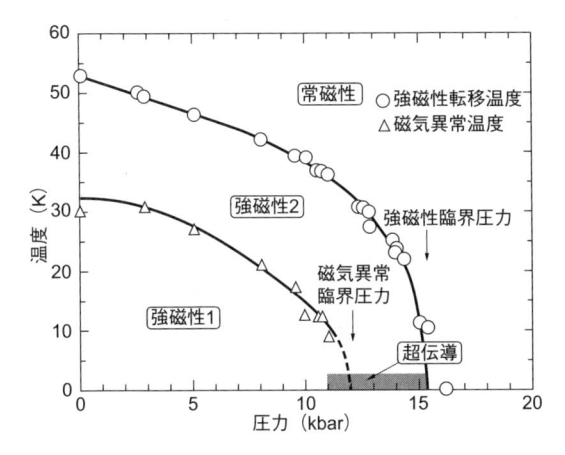

**図 3-3-6** 磁性超伝導体 $UGe_2$ の圧力-温度相図
$UGe_2$ は強磁性体でありながら圧力を高くしていくと超伝導になる.

とフランスの研究者が共同で，強磁性体でありながら圧力を高くしていくと超伝導になる $UGe_2$ という物質を発見したのです（図 3-3-6）．私たち物理学者の認識が間違っていたことを，この物質は示しています.

2000 年の発見以降，世界中のトップクラスの研究室がしのぎを削って，この超伝導になる磁石，$UGe_2$ の研究をしています．そうした中で私たちは，強磁性相内に臨界点（水と水蒸気の相境界上に存在する臨界点と同種のもの）が存在すること，そしてそれが簡単な理論モデルで理解可能であることを指摘しました．これは，$UGe_2$ に内在する「量子相転移」の正体を解明するヒントになるのではないかと期待されています．ここで量子相転移とは，絶対零度で起きる相転移のことで，量子ゆらぎによって誘起されます．これに対し，有限温度で起きる普通の相転移は，熱ゆらぎによって引き起こされます．$UGe_2$ では，この量子効果の効いた相転移が超伝導の発現に大事な役目を果たしているかもしれないと，私たちは考えています.

また，圧力を変えると磁性体と超伝導体がスイッチする（入れ替わる）物質が存在することが分かってきました．反強磁性体（磁石ではありませんが磁石の親戚のようなもの）である $CeRhIn_5$ を 0.09 K という極めて低い温度ま

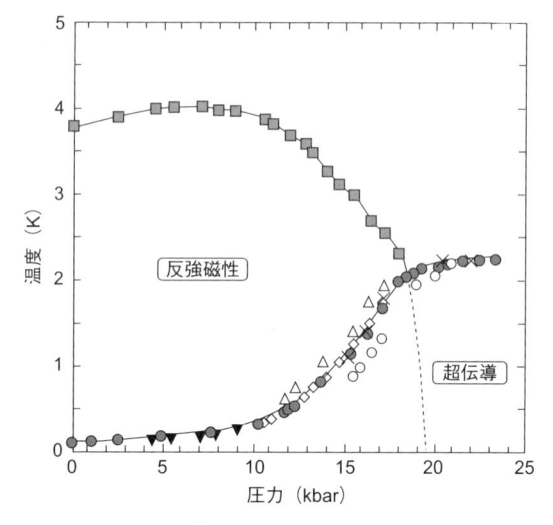

**図 3-3-7** 磁性超伝導体 CeRhIn$_5$ の圧力-温度相図
反強磁性体である CeRhIn$_5$ を 0.09 K まで冷却すると，超伝導が出現する．さらに圧力をかけると，磁性体の性質が消え超伝導体としての性質だけが残る．

で冷却すると，突然，超伝導が出現します．さらに圧力をかけると，磁性体の性質が消え超伝導体としての性質だけが生き残ります．図 3-3-7 に示した圧力と温度の関係（相図と呼ばれる）を見ると，外部から加える圧力を強くしていくと，磁性体の性質を失うネール温度（強磁性体におけるキュリー温度に対応）はわずかに上昇した後，8 kbar 以上の高圧下では徐々に下がっていきます．一方，超伝導転移温度は加圧とともに単調に上がっていきます．そして，18 kbar 付近で両者は一致します．これらの圧力依存を詳しく解析した結果，私たちは，反強磁性と超伝導が「フェルミ面上の状態を取り合う」という競合関係にあることを見出しました．この発見は，CeRhIn$_5$ という不思議な物質の謎を解く鍵になるのではないかと期待されています．

　CeRhIn$_5$ の極低温・常圧下における超伝導の発見は私たちの研究の成果ですが，試料によっては超伝導を示しません．同様のことは UGe$_2$ でも見られ，試料の質が低下すると，超伝導は消失してしまいます．このように，高

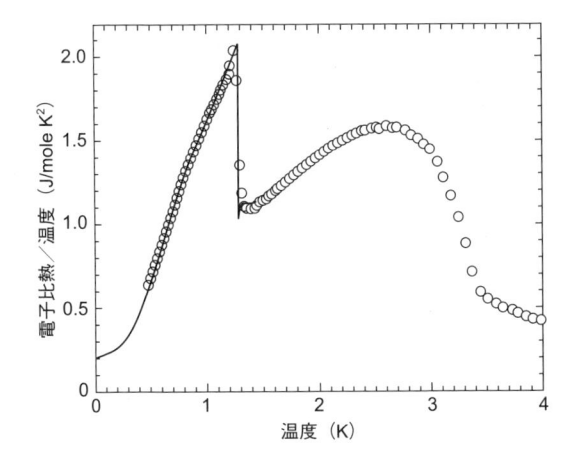

**図 3-3-8** 超伝導理論によって説明される磁性体の比熱
絶対零度に近づく途中のある温度で,磁気的な相転移が起きることを示している.実線は超伝導の理論曲線を示す.

品質の単結晶の育成は,磁性と超伝導の関係を研究する上で極めて重要であり,私たちの研究課題の1つとなっています.

図3-3-8は,ある種の磁性体(スピン密度波と呼ばれる)の比熱を表しています.縦軸が比熱/温度,横軸が温度です.このグラフの意味を理解することは専門家でないと難しいですが,絶対零度に近づく途中のある温度で,磁気的な相転移が起きることを示しています.実線は,超伝導の理論で予言される温度変化で,実験をよく再現しています.これは,磁性体の物理が超伝導の理論で記述される典型例です.磁性体と超伝導は無関係ではなく,非常に大きな土台の上あるいは深いところで見れば,つながった現象なのです.

### ◪新しい現象に潜む物理の概念をつくり出す

私たち物性物理学の研究者は,磁性超伝導体などいろいろな新しい物質をつくり,高圧や極低温にすることによって,今まで見えなかった現象を次々と発見しています(コラム「新物質,高圧・極低温環境をつくる」参照).私たちは,そこに潜む物理の概念をつくり出したいのです.例えば,ニュートン

が万有引力を発見した当時，多くの人はそれを理解できなかったでしょう．でも，今では中学生でも習っています．それと同じように，私たちがつくり出した物理の概念が50年後，100年後の教科書に掲載されることを期待して，私たちは研究を続けています．

# 強相関電子系のエキゾチックな軌道を見る

伊藤正行

## ◘ 強相関電子系とは

まず，強相関電子系とは何かをお話しします．原子は，中央に原子核があって，その周りに電子が回っています．結晶の中では原子が周期配列をとっており，金属では「自由電子」と呼ばれる電子が結晶の端から端まで動き，絶縁体では電子は格子点位置の原子の中にとどまっています．電子はマイナスの電荷を持っていますから，電子と電子の間に反発力が働きます．電子と電子の相互作用が特に強い電子系を総称して「強相関電子系」と呼びます．電子間の相互作用が非常に強くなると，物理的に興味のある現象が出てきます．

強相関電子系は主に，$p$電子系，$d$電子系，$f$電子系の3つのグループに分けることができます．$p$や$d$などの意味については，後でお話しします．$p$電子系は分子性結晶や有機導体などで存在する電子系であり，$d$電子系は遷移金属酸化物，$f$電子系は希土類化合物やアクチニド化合物で現れます．

電子は，一般に3つの自由度を持っています．マイナスの電荷を持つことによる「電荷の自由度」，上向きと下向きの「スピンの自由度」，そして，原子核の周りを回っていることによる「軌道の自由度」です．電荷は物質の電気的な性質を，スピンは磁気的な性質を決めます．これまで，物性を支配し

ているのは主に電荷自由度とスピン自由度だと考えられ，軌道の自由度は「隠された自由度」として，物性の前面に出てくることはありませんでした．ところが，最近の研究で，軌道自由度が重要な働きをしている物性が見つかってきたのです．軌道秩序，軌道液体，軌道ゆらぎ，軌道波などが，そのような物性の例です．私たちは，新しいキーワードである軌道自由度を切り口に，今まで見つかっていないエキゾチックな量子状態を探求しています．

### ◉電子軌道とは

私たちは，$d$電子系，その中でも「$3d$電子系」と呼ばれる$3d$遷移金属酸化物を中心に研究しています．$3d$電子系の物質では，高温超伝導や巨大磁気抵抗効果といった特異な現象が見られます．磁場によって抵抗が大きく変化する巨大磁気抵抗効果は，磁気ヘッドに利用するとハードディスクの記憶容量が飛躍的に増大します．強相関電子系，特に$3d$電子系の物質は，半導体を超える次世代の電子材料として，とても注目されています．

ここで，電子の軌道について少し説明しましょう．電子は原子核の周りを回っているのですが，勝手に回ることはできません．電子は，「電子軌道」と呼ばれる限られたところを回っているのです．$s$, $p$, $d$軌道といった離散的なエネルギーを持つ軌道があり，1つの軌道に入ることができる電子の数は決まっています（図3-3-9）．一番エネルギーが低い$1s$軌道には，電子が2個しか入ることができません．2個の電子は一方が上向きのスピン，もう一方が下向きのスピンを持ち，その結果，スピンは互いに打ち消し合って磁気的な性質がなくなります．$2p$と$3p$のような$p$軌道では，3

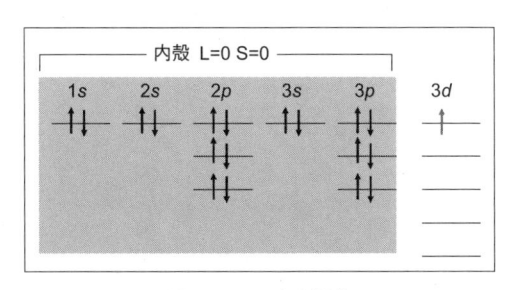

**図 3-3-9　電子軌道**
$s$, $p$, $d$軌道といった離散的なエネルギーを持つ軌道があり，1つの軌道に入ることができる電子の数は決まっている．$3d$軌道は5個の軌道を持ち，10個の電子を収納できる．最外殻の電子軌道が完全に埋められていないと，スピンが打ち消されずに磁性を持つ．

個の軌道を持ちます．各軌道に電子が2個ずつ入るので，2p 軌道と 3p 軌道はそれぞれ 6 個ずつの電子を収容できます．

　3d 遷移金属酸化物とは，遷移金属元素を含む物質で，最外殻の電子軌道が 3d のものをいいます．3d 遷移金属元素は，スカンジウム，チタン，バナジウム，クロム，マンガン，鉄，コバルト，ニッケル，銅，亜鉛の 10 種類です．3d には 5 個の軌道が存在し，合計 10 個の電子を収容できます．しかし，軌道が電子で完全に埋められていないと，スピンが打ち消されずに磁性を持ちます．このような遷移金属イオンが固体の中に入ると，エキゾチックな軌道状態が現れます．高温超伝導なども，銅の 3d 軌道が重要な役目を果たす物性です．こういう現象がどうして現れるのか，それが最近の物性物理学のメイントピックスになっています．

### ◘電子軌道を支配する効果——結晶場，ヤーンテラー効果，交換相互作用

　3d 遷移金属酸化物では，主に 3 つの効果によって電子軌道が支配されていると考えられています．1 つ目は「結晶場」です．結晶中では原子が周期配列をつくっています．遷移金属酸化物の結晶構造の代表例は，ペロブスカイト構造です（図 3-3-10）．ペロブスカイト構造では，遷移金属イオンが，

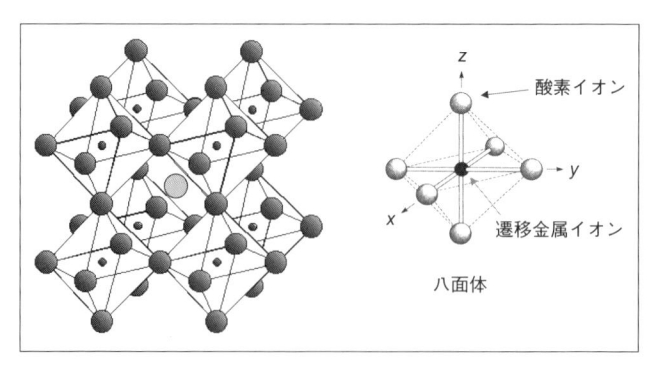

**図 3-3-10**　3d 遷移金属酸化物 $AMO_3$ の結晶構造（ペロブスカイト構造）
ペロブスカイト構造では，遷移金属イオンが，酸素がつくる八面体に取り囲まれている．

酸素がつくる八面体に取り囲まれています．酸素は 2 価の陰イオンになっているため，電気的なポテンシャルが生じます．すると，遷移金属イオン中の電子がその電気的なポテンシャルを感じて運動します．その結果，電子が存在する軌道にバラエティが出てきます．

　3$d$ 軌道は，5 個の電子軌道があります．遷移金属イオンが結晶中になく自由な状態で存在すると，電子は 5 個のうちどの軌道にも入ることができます．しかし，八面体のような立方対称の結晶の中にあると，3$d$ 軌道は酸素イオンの電気的なポテンシャルによって，$t_{2g}$ 軌道と呼ばれる 3 個の軌道と，$e_g$ 軌道と呼ばれる 2 個の軌道に分裂します（図 3-3-11）．電子は，エネルギーが低くより安定な $t_{2g}$ 軌道に入ります．軸対称にひずんだ正方対称の結晶場の中では軌道はさらに分裂し，斜め方向にひずんだ斜方対称の結晶場の中では 5 個の軌道がすべて分裂します．

　ある種の物質では，結晶が自発的にひずみ，電子軌道を分裂させます．それを「ヤーンテラー効果」といい，電子軌道を支配する 2 つ目の効果です．ヤーンテラー効果があると，構造とは異なった磁気的な性質を持つようになります．例えば，3$d$ 遷移金属フッ化物の 1 つである KCuF$_3$ では，隣り合った銅サイトの電子軌道は異なり，異なった電子軌道が周期的に整列した「軌道秩序」を示します．その結果，3 次元構造でありながら，1 次元的な性質を持った磁性体になることが知られています．これもエキゾチックな軌道状態の 1 つです．

　電子軌道を支配する 3 つ目の効果は，「交換相互作用」です．電子と電子の間には量子力学的な相互作用があります．例えば，強磁性体の場合にはスピンを同じ方向にそろえようとする相互作用が働きます．その結果，強磁性のスピン秩序が生じます．棒磁石などは，室温でスピンが強磁性秩序状態をとり，釘などの金属を引きつける磁石としての性質を示します．また基底状態では，スピンとスピンの相互作用以外に，軌道と軌道の相互作用が出てきます．その結果，軌道が長距離にわたって配列した状態が出現することが期待されます．これも軌道秩序の一種です．軌道が配列するとき，ある種の物質では電子軌道がゆらぐ「軌道ゆらぎ」という，エキゾチックな状態が現れ

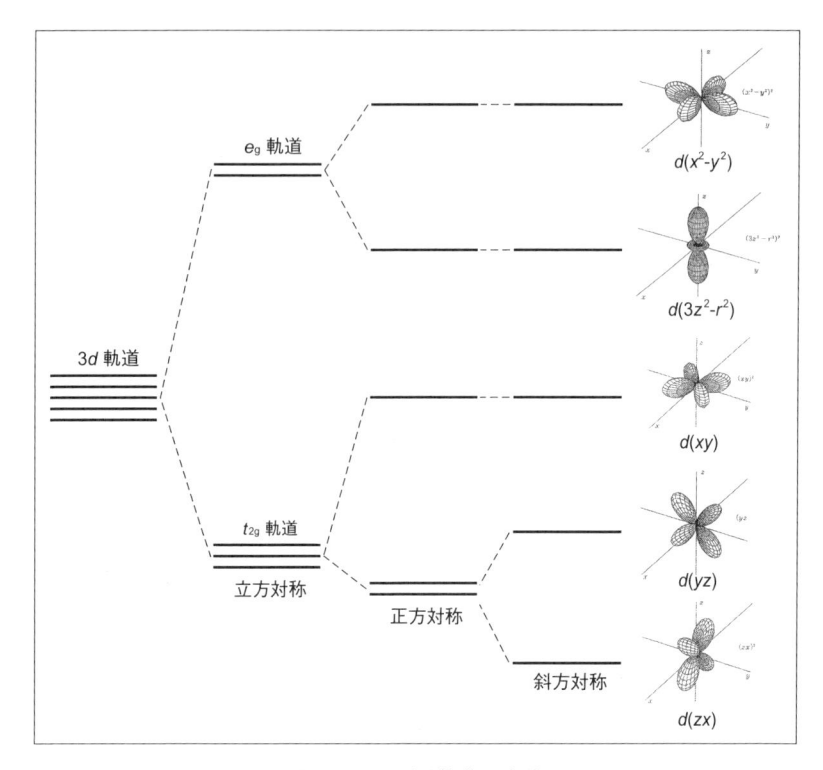

**図 3-3-11　電子軌道の分裂**
3d 軌道は 5 個の軌道から成るが，遷移金属イオンが立方対称の結晶の中にあると，$t_{2g}$ 軌道という 3 個の軌道と $e_g$ 軌道という 2 個の軌道に分裂する．斜方対称の結晶の中では 5 個の軌道がすべて分裂する．電子軌道は，電子の存在確率を示す電子雲として表す．

ます．

　ペロブスカイト構造をとる $LaMnO_3$ という化合物は，室温に置くとスピンの向きがそろいます．しかし，全体としては磁性が打ち消されるため，外に対しては強い磁石にはなりません．スピンの励起状態は，波として伝播します．これを「スピン波」といいます．軌道も基底状態から励起状態になると，スピンの励起が波として伝わるのと同じように，軌道の励起が波として伝わります（図 3-3-12）．「軌道波」が起きていることが分かったのは，ここ数年のことです．

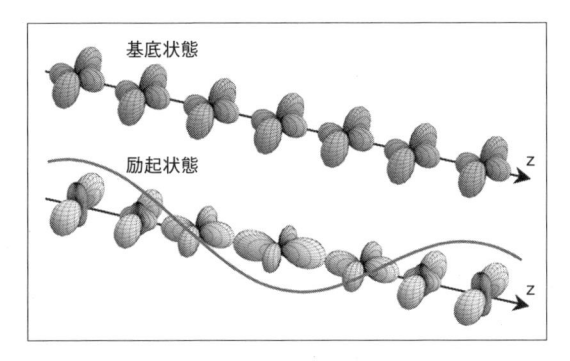

**図 3-3-12** LaMnO$_3$における軌道波のモデル
電子軌道が基底状態から励起状態になるとき，軌道の励起が波として伝わる．（出典：E. Saitoh et al., 2001, Nature, 410, 180）

　スピン自由度と軌道自由度の物性を対比してみましょう．まずスピン自由度の世界では，低温でスピンの向きがそろうスピン秩序と，その励起状態であるスピン波が存在します．さらに，液体のように振る舞うスピン液体があることが分かっています．軌道自由度の世界では，軌道がそろう軌道秩序，励起状態の軌道波，さらに，電子軌道が液体のように振る舞う軌道液体や，電子が入る軌道がダイナミックにゆらぐ軌道ゆらぎがあります．私たちは，このような軌道自由度の世界で起きる現象を探求しています．軌道液体については，これまでに候補として挙げられたものはありますが，決定的なものはまだ見つかっていません．

### ◉核磁気共鳴（NMR）で電子軌道の形を見る

　私たちは軌道自由度を測定しようとしているのですが，それは大変難しく，測定手法の開発も重要なテーマになっています．軌道自由度を測定する手段としては現在，偏極中性子散乱，共鳴 X 線散乱，核磁気共鳴（NMR）などが開発されています．私たちは，その中で特に NMR を使って軌道自由度の研究を行っています．
　NMR は現在，物理，化学，生命科学，医療などのさまざまな分野で使わ

れています.物性物理においても,NMRは重要な測定装置になっています.NMRを用いて,どのように電子の軌道を調べることができるのか,簡単に説明しましょう.

まず,超伝導マグネットを液体ヘリウムによって低温にして,非常に強い磁場を発生させます.調べる試料も冷やします.温度を下げると,いろいろな磁気的な性質が出てくるのです.電子は小さな磁石であるという話をしましたが,原子核も電子の2000分の1くらい小さな磁石になっています.その小さな磁石を磁場の中に入れると,磁石のエネルギーの状態がいくつかに分裂します.そのエネルギー差に対応した電磁波を外から入れると,共鳴現象を起こし,ある特定の周波数を持ったNMR信号が観測されます.原子核のスピンと,その周りにある電子のスピンとは,「超微細相互作用」と呼ばれるミクロな相互作用によって結び付いています.そのため,NMRを使って原子核をモニターとして利用することで,電子が持っているスピンの自由度や軌道の自由度に関する情報を得ることができるのです.

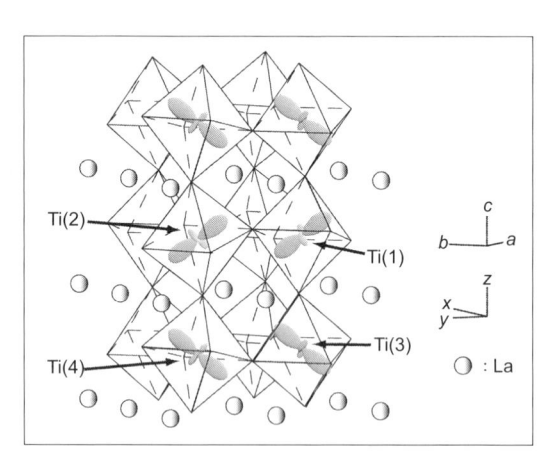

**図 3-3-13** $LaTiO_3$ における軌道秩序
隣り合ったチタンサイトの電子軌道は異なり,異なった電子軌道が周期的に整列している.核磁気共鳴(NMR)による軌道自由度の測定から明らかになった.(出典:T. Kiyama and M. Itoh, 2003, Phys. Rev. Lett., 91, 167202)

## ◎軌道ゆらぎを観測

私たちは，NMR を用いて，チタン酸化物とバナジウム酸化物における軌道状態と，それに起因する特異な物性について研究しています．最近の私たちの成果をいくつか紹介しましょう．

ペロブスカイト構造を持つチタン酸化物 $LaTiO_3$ については，その軌道状態について軌道液体なのか軌道秩序なのかという議論が続いており，軌道を研究する固体物性物理学の重要なテーマになっています．軌道液体であれば大きな発見だったのですが，私たちの研究も含め，そうではないらしいことが分かってきました．先ほどは酸素イオンの電気的なポテンシャルによって電子軌道が変わることを紹介しましたが，この場合は，ランタンのごくわずかなポテンシャルが結果として軌道液体を壊し，図 3-3-13 に示すような軌道秩序が起きていることが分かってきました．

$YTiO_3$ もペロブスカイト構造を持つ物質で，ヤーンテラー効果によって軌道秩序になると言われていました．実際，4つのチタンサイトで異なった電子軌道を持ち，軌道秩序になっていることが確かめられています．さらに最近の私たちの研究から，軌道秩序であるだけでなく，大きな軌道ゆらぎが起きていることが分かってきました．$t_{2g}$ 電子系で軌道ゆらぎを観測したのは，これが初めてです（図 3-3-14）．また，$\beta$-$Na_{0.33}V_2O_3$ は，バナジウム酸化物として初めて超伝導が見つかった物質です．この物質のさまざまな物性を決めているのが $3d$ 電子の軌道秩序である

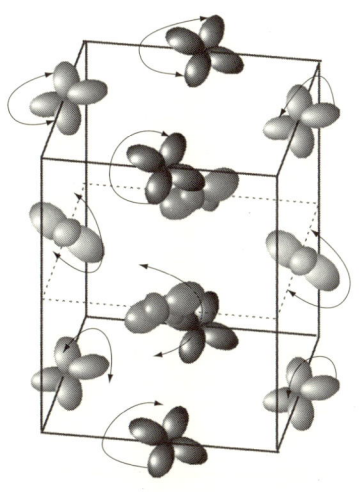

**図 3-3-14** $YTiO_3$ における軌道秩序と軌道ゆらぎ

ヤーンテラー効果によって，4つのチタンサイトで異なった電子軌道を持ち，異なった電子軌道が周期的に整列する軌道秩序になっている．さらに，大きな軌道ゆらぎが起きている．$t_{2g}$ 電子系で軌道ゆらぎを観測したのは世界初．

ことも最近明らかにしました．

　このように，固体の中では，電子軌道がエキゾチックな世界を構築しており，私たちは最近，その姿を見ることができるようになって来たのです．

── Column　つくる ──────────────────

## 新物質，高圧・極低温環境をつくる

　　　　　　　　　　　　　　　　　　　　　佐藤憲昭

### ◇新物質の高品質単結晶をつくる

　人類は，望遠鏡で遠くの天体を見て，そこで何が起きているか調べてきました．天体観測はあくまでも受動的です．時代を経てくると，物理学者はそれだけでは物足らなくなってきます．能動的に，積極的に働きかけ，実験をしたいと思い始めます．例えば，天然に存在する物質だけではつまらない，自分たちの手で新しい物質をつくり出したいと思うわけです．

　私たちは，テトラアーク炉という装置を使って新しい物質の単結晶をつくり出しています．「テトラ」とは，ギリシャ語で 4 を意味します．電極が 4 本あることから，その名前が付けられました．4 本の電極からのアーク放電によって金属を溶解させ，合金あるいは化合物を作製します．このテトラアーク炉には単結晶を上に引き上げながら成長させるための装置が備え付けられており，質の良い単結晶を育成することが可能です．

　右の写真は，磁性超伝導体 $UPd_2Al_3$ の単結晶を引き上げ法によって育成中のテトラアーク炉内の様子です．これまで，磁性（より正確には反強磁性秩序）と超伝導が共存することはないと考えられていました．しかし，私たちが育成した $UPd_2Al_3$ の単結晶を用いた実験から，「反強磁性状態にあるからこそ超伝導が生じる」という新しい超伝導のメカニズムが発見されました．それは，自分たちの手で新しい物質，しかも高品質の単結晶をつくったからこそ得られた成果です．

テトラアーク炉によるウラン系磁性超伝導体の単結晶育成．単結晶が上方に引き上げられ，成長している．

## ◉ 1万気圧以上の高圧を生み出す

　グラファイトもダイヤモンドも炭素からできていますが，グラファイトが私たちの暮らす条件下でつくられるのに対して，ダイヤモンドは地球内部の高温・高圧の条件下でつくられます．地球の内部や中性子星の内部のように圧力が非常に高いところでは，私たちが日常目にできないような物質が存在したり，現象が起きています．それを見るために，極めて高い圧力をつくり出すことも，私たちの課題です．

　下の写真は，ピストンシリンダー型圧力セルと呼ばれる，高圧環境をつくり出す装置です．原理は簡単で，試料の入った小さな容器をねじで締め付けていくだけです．締め付ける力はそれほど大きくなくても，試料との接触面積が小さければ，そこにかかる圧力は非常に大きくなります．このような比較的簡単な装置でも，その中に1万気圧，さらには10万気圧もの非常に高い圧力を発生させることができるのです．

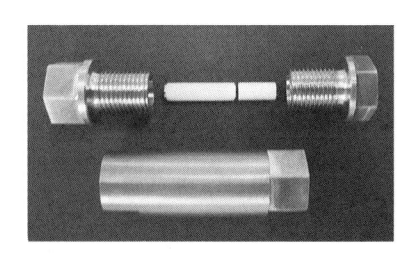

高圧装置．白いカプセル（内径は約3 mm）の中に試料を入れ，ねじを締め付けることで加圧する．

## ◉ 0.05 K 以下の極低温を実現する

　もう1つの私たちの課題は，もっと温度を下げるということです．超伝導や超流動は「量子効果」と呼ばれる現象で，絶対零度に近い，極低温で出現します．何とかして絶対零度に近づきたいと，冷凍機をつくって実験をしています（次ページの写真）．これまでに，絶対温度0.05 K（マイナス273℃）という極低温を実現しています．

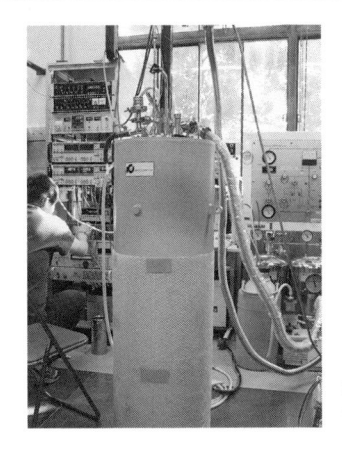

希釈冷凍機．中央の大きな冷凍機の中に高圧装置が入っている．

　私たちはこのように，新物質，1万気圧以上の高圧，0.05 K 以下の極低温という3つの仕掛けを組み合わせて実験をすることで，新しい現象を観測しています．

# 第4章

# 宇宙と生命

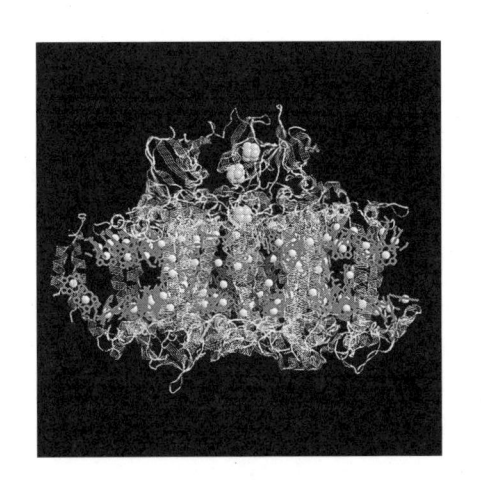

# 1
# 宇宙の中で生まれ出た生命

伊藤　繁

**◎宇宙の環境と地球の環境**

　地球はとても不思議な星です．こんなに不思議な星は珍しい．宇宙の星や星間物質の話を聞いてよくよく考えると，なおさら，そう感じます．宇宙の研究者はみんな遠い星ばかり見て，地球をよく見ない．私には，それも不思議です．

　地球表層の環境は，宇宙空間とは大きく異なり，そこには電離している物質はほとんどありません．地球表層で起きているのは，太陽光のエネルギーが入って来て吸収され，しばらくそのエネルギーが滞在し，周波数を変えて出て行く．この繰り返しだけです．そういうことが46億年もの間，延々と続いてきたのです（図4-1-1）．

　惑星地球の表層環境を考えてみましょう．まず，物質の出入りがほとんどありません．外から入ってくるのは，太陽光以外は，少量の宇宙線や流星くらいです．温度は絶対温度で300 K（約30℃），圧力は1気圧，そして固体の表層上に液体や気体が存在しています．もっと高温の恒星，例えば6000 Kといわれる太陽表面では原子自体も変化し，素粒子現象も起きます．惑星地球の表層では，そういうことはほとんど起こらず，原子は安定です．互いに集まって分子をつくったり離れたりするだけで，少量の放射性元素以外，原子そのものが変わることは少ないのです．もし温度がずっと高かったなら，原子がくっついてもすぐに切れてしまい，集まったり分子になったりはできないでしょう．

　300 Kの地球表面では，原子は分子をつくり，分子はさらに集まり私たち

の体を構成しているタンパク質や脂質，糖などの高分子をつくったり，相互にくっつき合って超分子がつくられています．超分子がさらに集まり，膜や遺伝子をつくり，最初の細胞（生命）が生まれ，これがまたくっついたり離れたりして，より複雑な生命へと変化し，進化します．そして，より複雑な分子や生命が生まれ，環境に合わせて生き残ったものがさらに変わり続けます．私たちの体も，100万分の1 mm（1ナノメートル）単位の小さな分子が単にくっつき合ってできています．したがって，少し温度を上げたり（例えば煮たり）したら分子や超分子は簡単に変形し，ばらばらになって壊れていきます．

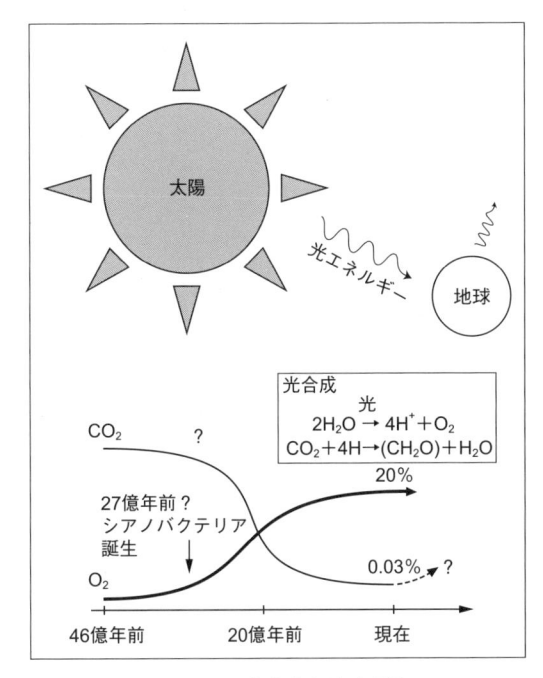

**図4-1-1　光合成と地球環境**
約27億年前，太陽のエネルギーを使って酸素を出す光合成を行うシアノバクテリアが出現し，地球大気に酸素が増えていった．

光合成
$$光\\ 2H_2O \rightarrow 4H^+ + O_2 \\ CO_2 + 4H \rightarrow (CH_2O) + H_2O$$

では，どのようにして分子がつくられるのでしょうか？　原子と原子をくっつけるには温度を上げたり，局部的に活性化したりしなければなりません．エネルギーがいるのです．現在の地球表層では，植物が太陽光のエネルギーを使って水から電子を抜いて酸素をつくり，取り出した電子の還元力を光エネルギーで高めて二酸化炭素にわたし，有機物（糖）をつくっています（図4-1-2）．動物は，有機物を食べ，呼吸によって酸素に電子をわたして二酸化炭素と水を吐き出し，エネルギーを得ています．物質は，地球上で美しく循環しています．しかし，図4-1-1からも分かるように，太古の地球には

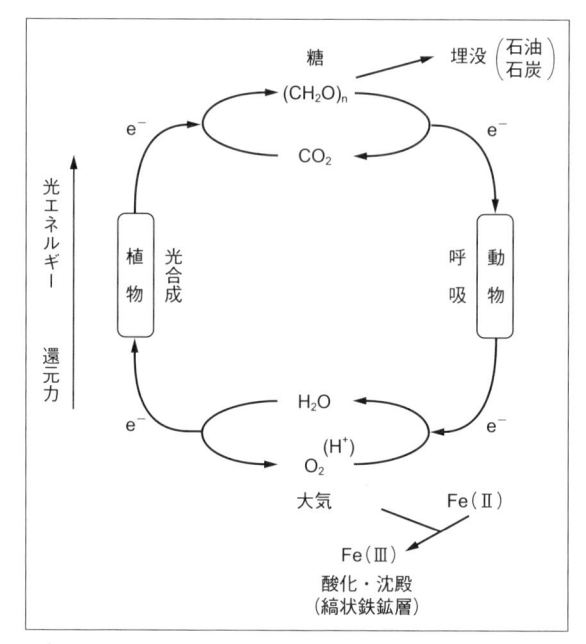

**図 4-1-2** 生命と地球のキャッチボール
現在の地球上での光合成と呼吸による物質の循環を示す．

こんな循環はありませんでした．

面白いのは，この環境では固体と液体と気体が，うまく共存しているということです．同じ炭素原子や酸素原子ですが，液体，固体，気体でうまく入れ替わり循環する．このような定常状態が地球環境の特徴です．

### ◪生命は現在とは異なる環境で生まれた

地球の歴史を振り返ってみましょう．生命が生まれたのは 38 億年前より前だと考えられています．グリーンランドにある 38 億年前の地層から，バクテリアの化石が発見されているのです．化石といっても生命に由来すると思われる炭素が残されているだけですから，そのバクテリアがどんな形をしていたのか，何を食べていたのかは分かりません．しかし，38 億年前に生物のようなものはいた．地球の誕生後，最初の数億年で生命ができたので

す．その生命がDNAを持っていたとしたら，それは私たちのDNAと分子のレベルでは大きな違いはないでしょう．ただし，その時代の地球大気は，現在と大きく異なっています．

　最初のころの地球大気には酸素はほとんどなく，二酸化炭素と窒素が多かったようです（図4-1-1）．やがて，光合成を行う生物が酸素分子をつくり出しました．それ以外の原因もあるのですが，生物が酸素分子をつくり，地球大気に酸素が増えていったのです．現在，酸素は大気の20％を占めています．つまり生物は，今私たちが暮らしているこの環境と同じ環境で生まれたわけでもないし，この環境に合わせてつくられたわけでもありません．生命は，現在とは異なる環境で生まれ，変わってきたのです．

　酸素がなかった太古代の地球を思い起こさせてくれるのが，温泉です．日本の温泉やアメリカのイエローストーン火山の火口湖では，赤や黄，緑といった色鮮やかな泉があちこちに見られます．硫黄や鉄などの鉱物を含む熱水が噴き出しているのですが，そんなところにも生物がいます．赤や緑は酸素を出さない光合成を行うバクテリア，黒っぽいところは酸素を出す光合成を行うシアノバクテリアです．

　遺伝子解析からも明らかになった進化の系統樹を見ると，未知の始源的な生物がいて，バクテリアが現れ，その後に核を持った「真核生物」が現れました（図4-1-3）．バクテリアには，「真正細菌」と「古細菌（アーキア）」という2つのグループがあります．真正細菌には光合成を行うものがたくさんいます．初めは酸素を出さない光合成を行っていましたが，27億年前ごろからシアノバクテリアが酸素を出す光合成を始めました．シアノバクテリアが真核生物の大きな細胞の中に潜り込み，細胞内共生することで生まれたのが，植物です．地球ができてから20億年くらいまでは，バクテリアしかいませんでした．地球環境というのは本来，酸素を好まない嫌気性のバクテリアにとって都合のよい環境だったのですが，大気に酸素が増えて変わったのです．

202　第4章　宇宙と生命

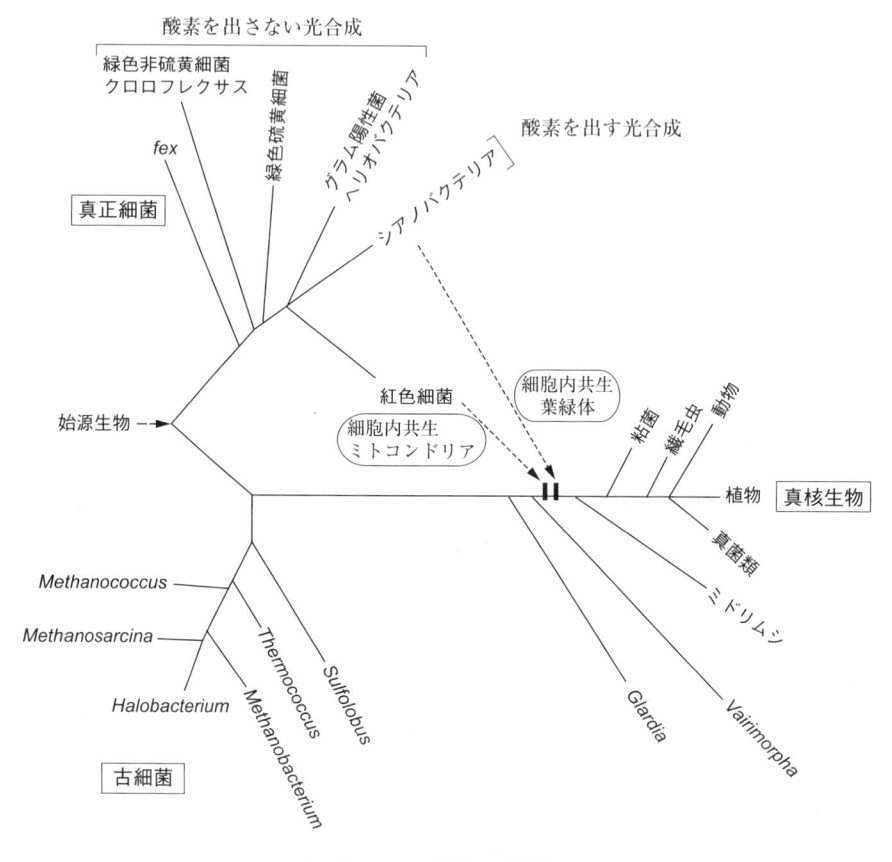

図 4-1-3　生物の系統樹

## ◎生物たちの共存共栄

　植物の光合成系は，細胞内にある袋状の小器官である葉緑体の中にぎっしりつまった緑色のチラコイド膜の上で行われています（図4-2-1）．緑はその膜の上にあるクロロフィル（葉緑素ともいう）の色です．後に出てくるように，クロロフィルが正確に並べられた色素タンパク質の中で光合成の光反応は進みます．20億〜15億年前の海でシアノバクテリアがより大きな真核生物の細胞の中に取り込まれ，植物（紅藻や緑藻）が生まれました（第1次細胞内共生）．そのような共生型真核細胞がさらに別の真核細胞内へ共生して，

黄色植物（ワカメやコンブなどの褐藻類，珪藻，赤潮の元になる渦鞭毛藻類）などが生み出されました（第2次細胞内共生）．その後，緑藻が5億年くらい前にやっと地上に上がり，高等植物へと進化したと考えられています．

これらの共生では，DNAの一部を宿主の核に移動してしまったため，どちらも単独では生きられなくなり後戻りができません．DNAを渡さない共生は，菌類と藻類の共生体＝地衣類，動物と渦鞭毛藻類の共生体＝サンゴなど，現在でもいろいろあります．生命はほかの生命と，内部，外部で共存することで，多様な進化を遂げたようです．私たちヒトも例外ではありません．細胞内で呼吸を司るミトコンドリアは，光合成細菌の一種が細胞内に共生してできたと考えられています（図4-1-3）．そして，現在でも図4-1-2のように，生物間の共生共存があります．

面白いことに，シアノバクテリアも多様に進化しています．私が秋田県の玉川温泉で採取したシアノバクテリアは，酸性（pH 1.5），45℃の湯の中でも楽々と生きています．もちろん，普通の川や池，海や庭先など，ほとんどあらゆるところに1000種類以上のシアノバクテリアが今も繁栄しています．光合成生物は，光を使うという物理的制約下で多様に進化しました．この進化が，ほぼ全生命が生き，進化するエネルギーを与えたわけで，興味深いものがあります．私たちは光を食べているともいえます．

### 私たちは軽い原子でできている

では，生命とはどんなもので，どのような原子でつくられているのでしょうか．生命をつくる主な原子は，水素，炭素，窒素，酸素が大部分を占めます．それからナトリウム，塩素，カリウム，カルシウム，リンなどがあります．マグネシウムは，光合成に必要な色素であるクロロフィルの中でも使われます．

生命をつくる元素の大部分は，周期律表の初めの方に位置する軽い原子で，宇宙には大量にある元素です．軽い原子の中でも共有結合をつくりやすいものから生命がつくられています．これは，別の惑星では違うかもしれません．例えば，炭素と同じような結合をつくることができるケイ素からなる

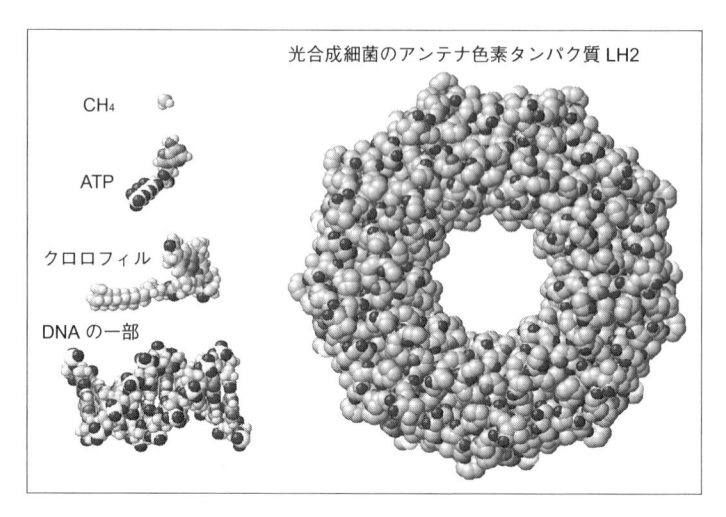

**図 4-1-4** いろいろな分子の立体構造
球が原子一個一個に対応する．

　生命は，地球上にはいません．その理由は，はっきりしています．現在の地球上で私たちが，ケイ素の共有結合を付けたり切ったりするためには焼かなければなりません．温度が 300 K の地球では，ケイ素は使いづらいのです．地球の温度が 700 K だったら，ケイ素が生命材料になったかもしれません．その点，炭素，酸素，窒素，水素間の結合エネルギーは小さく，300 K でも扱いやすいようです．貝や珪藻などケイ素の結合をつくることができる生物もたくさんいますが，やはりケイ素は固い殻にのみ利用しています．

　地球上では，これらの軽い原子が結合し，分子をつくります．図 4-1-4 にはメタン（$CH_4$），エネルギー源となる ATP（アデノシン三リン酸），光合成に必要なクロロフィル，遺伝子本体である DNA の一部，そして光合成で働くアンテナ色素タンパク質 LH2 を示しています．炭素を主体に窒素と酸素を結合させてできるアミノ酸を次々とつなぎ合わせると，タンパク質ができます．アンテナ色素タンパク質 LH2 は，33 分子のバクテリオクロロフィル，11 分子のカロテノイド（ミカンの黄色い色素の仲間）をタンパク質中に取り込んで並べて光を集めます（平易にするために以下，細菌が持つバクテリ

オクロロフィルと，植物やシアノバクテリアが持つクロロフィルを共に「クロロフィル」と表記します）．こんな大きな分子もつくることができます．アミノ酸の数珠つなぎでつくられるタンパクの正しい位置にうまく色素を付けています．タンパク質が正しい構造をとり，うまく色素を付けられるかは，DNA 上に書かれているアミノ酸の配列順序に秘密（生命の工夫）があります．

　私たちは 40℃（310 K）の風呂は気持ちいいですよね．これは図 4-1-4 のような分子が小さな部分ではほどよく動き，なおかつ全体としては安定した構造を保っているからです．でも 60℃（330 K）になると，分子が変形して壊れてしまいます．しかし，この温度では結合はまだ切れるわけでなく，分子の立体構造が崩れ，ひもがほどけるように単なるアミノ酸の数珠つなぎになってしまっただけです．タンパク質によっては，冷やせば元の形に戻ります．もっと温度が高くなって 100℃ になると，さらに変形して，例えばアンテナ色素タンパク質 LH2 では中に入っていたクロロフィルが外に出てしまいます．料理された状態がこれです．ホウレンソウをゆでると，少し緑色が失われます．そして 200℃，300℃ になると燃え出し，共有結合自体が切れてしまい，炭素（こげ）や二酸化炭素（酸化物），水などに分解してしまいます．一方，温度が下がるとタンパク質は動けなくなり，酵素などの機能も止まってしまいます．生命は，そのように弱いエネルギーで相互にくっつき合うことでつくられていて，柔らかい，不安定な定常状態にあるのです．これは，惑星地球の表層環境のような条件でのみ達成されるようにも思えます．高温の恒星上では分子は原子へ分解し，逆に原子も少なく寒い星間などでは結合はめったにつくれないでしょう．しかし，光は不思議なもので，いろいろなところに届き，局所的に熱い原子や分子をつくり出します．

　紫外線は日焼けを起こします．日焼けとは，紫外線によって皮膚をつくっている分子中の原子間の結合が切れてしまう現象です．私たちの皮膚は，紫外線が持つ数電子ボルト（eV）のエネルギーで壊れてしまいます．生物は，紫外線が届かない地表で，紫外線よりエネルギーが低い，2〜4 eV の可視光（青から赤，近赤外光）をうまく使って生きているのです．可視光の 1 個の光

子では共有結合は切れませんが，分子を変形させたり，電子を動かすことはできます．2個，3個分のエネルギーを合わせれば結合を付けたり切ったりもできます．そういう可視光のエネルギーをうまく使っているのが，光合成や私たちが持つ視覚です．酸素がなく，紫外線が強かった時代には，紫外線を使う光合成もあったかもしれません．しかし，それは不安定だったと思います．今では，そのようなシステムは残っていないようです．

では，生物は弱いかというと，そんなことはありません．例えば，4 K の低温でも光反応は起こるし，400 K 近い熱水環境でも生物は生きています．生物はいつも起きている必要はなく，条件が悪いときには寝ていればいい．低温のときは寝ていて，暖かくなれば起きる．そういうやり方をしている生物もいます．これは宇宙空間でも可能かもしれません．どこかにそんな生命がいるかもしれませんね．

今私たちが気持ちいいと感じている 300 K の環境が，生物にとって当たり前の環境かどうかは，考え方次第です．ご存知のように地球の環境は多様で，いろいろな極限環境にも生物はいます．そして，いろいろな場所で光エネルギーによって水と二酸化炭素を原料に原子をつなげ，分子をつくることができます．分子は反応して，さらに多様な分子をつくり出し，分子や原子の組み合わせがどんどん増えてくる．それが，地球という惑星環境の特徴です．

### ◘生命が生まれたころの地球へ

こんなすごい分子がどうやってできたのでしょう？　不思議ですね．私も分子の進化に興味を持ち，いろいろな細菌や植物が行っている多様な光合成を相手に研究を進めてきました．ある時，「生命が生まれたころの地球環境を見に行きませんか？」と，当時名古屋大学理学部地球惑星学科教授だった熊沢峰夫さんから声が掛かりました．迷ったのですが，20 億年前の世界を実際に見てみたいと思いました．

1997 年の夏，オーロラの見える北極圏の町として有名なカナダのイエローナイフに入りました．そこから飛行艇に乗り，巨大なフレートスレーブ

**図 4-1-5** 北極圏の島に残された 20 億年前のシアノバクテリアの化石
足元に広がる波の跡のような模様が，すべてシアノバクテリアの化石である．

淡水湖の中の無人島へ．そして10日間の化石探索をしました．初めは分からなかったのですが，何とキャンプを張ったその足元に，波の跡のような模様がある化石が広がっていました（図4-1-5）．それは，酸素を出す光合成を始めたシアノバクテリアの化石で，20億年前のものです．そのころの地球には，私たちのような大きな生き物はいなかったし，大気の酸素も多くありませんでした．そのため，最大かつ最も進化した酸素発生型光合成をするシアノバクテリアは，ほかの生物に食べられることもなく，まだ小さかった陸の渚を覆い尽くすように大量に蓄積していたのです．細菌界の王者ともいえるシアノバクテリアは，実際に種類も多く，遺伝子量もほかの細菌の約10倍あります．

それまでの光合成は，光で酸化された（電子を出した）クロロフィルにもう一度電子を供給するために，硫化水素（$H_2S$）などの硫黄化合物を使っていました．シアノバクテリアは，無尽蔵にある水から電子を取り出して二酸化炭素を還元できる光合成系をつくり上げました（図4-1-2）．それによって生命全体の量を飛躍的に増大させ，27億年前ころから，海中や地表に大量にあった還元鉄を酸化沈殿させると同時に，大気に分子状酸素を大量に供給し始めました．しかし，大気に酸素が増えると，自分ではエネルギーをつくり出さずに，シアノバクテリアを食べて電子を酸素に流して（呼吸して）エネルギーを得る生物（動物）も多様に進化しました．

そして，地球表層にさらなる大変化が起こりました．それは，酸素増大がもたらしたオゾン層の形成です．おそらく6億〜5億年前に起きたこの現象

によって有害な紫外線が来なくなった地表に，生命は一気に進出しました．まずは緑藻類が地上に上がり，原始的な緑色植物をつくり出します．それと共に，植物を食べる動物も海中から地上に上がり，すぐに肺呼吸が始まりました．植物も，光や二酸化炭素が楽に獲得できる一方，水の獲得が重要となる地表の環境に合わせて多様な変化，進化を遂げました．地上進出後わずか1億年程度で地表は森林に満ち，やがて現在の石炭や石油の元となるたくさんの光合成産物がつくられて地下にも埋没し，大気の二酸化炭素濃度は減少しました．

### ◉生命はどこから来て，どこに行くのか

では，生命はどこから来たのでしょうか．彗星が運んできたという説もあります．地球表層で生まれたのかもしれません．最初の生命から私たちにつながる分子の中に，生命の起源とその進化が記録されているはずです．そして最近では，火星やさまざまな衛星，さらには太陽系の惑星にも生命がいるかもしれないという話になってきました．生命はどこから来て，どこへ行くのでしょうか．でも，おそらくほかの惑星でも，原子や分子の性質に依存し，外部エネルギー（光や化学物質）に依存して進むでしょう．この地球表層での生命進化の仕組みは，変化しつつも本質は変わらずに進むとも思えます．

生命科学は，最近やっと昔の生命のことを真剣に考えるようになりました．私たち物理側の研究者も，物質でできた生命の中に量子力学をはじめとした多くの物理法則が精密に満たされていることを明らかにしつつあります．生物や物理といった枠組みを超えて宇宙や生命，物質を考える時代が来たようです．生物学の研究者だけでなく物理や化学，工学などいろいろな分野の研究者が生命のことを考えると，より深い理解が得られるし，生物学の研究者も宇宙のことを考えると楽しいでしょう．だって私たちの体や植物，細菌の中の1個1個の分子が30億年以上の進化の歴史を記録し，それはまさに原子と分子そして宇宙との相互作用の歴史でもあるのですから．「美しい生体分子」の形は，物理や化学の法則からの要請でもあります．そして，

私は「生命のつくらなかったような美しく機能的な分子とその環境をつくってみたい」と思い立ちました．

# 2

# 地球に生きる

## 地球を変えた光と生命

伊藤　繁

　現在，地球の大気は，酸素が20%を占めています．しかし，最初のころの地球大気に酸素はほとんどなく，二酸化炭素と窒素ばかりでした（図4-1-1）．生物が光のエネルギーを使って光合成で酸素分子をつくり出したのです．地球環境を変えた原因である光合成を理解したい．そして，光合成を利用して物理として面白いことをやりたい．そのために私たちは，光合成の進化，光合成の分子メカニズムを研究しています．

### ◆フェムト秒レーザーで10兆分の1秒の反応をとらえる

　植物の葉が緑色をしているのは，クロロフィル（葉緑素）という色素のためです（図4-2-1）．クロロフィルは炭素と水素，酸素，窒素，そしてマグネシウム原子から構成され，葉緑体の中のチラコイド膜にあります．クロロフィルは光エネルギーを集め，電子を運び，電子のエネルギーを使って二酸化炭素と水から糖と酸素をつくり出します．電子を運ぶ駆動力として光のエネルギーを使っています．それが光合成です．

　植物の葉の厚さは0.3 mmほどです．光の速度は秒速 $3 \times 10^{10}$ cm ですから，1ピコ秒（ps，ピコ [p] $= 10^{-12}$）で葉を通り抜けてしまいます．その間に光のエネルギーを集めて反応しなければなりません．私たちは，この光合成の分子メカニズムを知りたいのです．では，これほど短時間の反応をどの

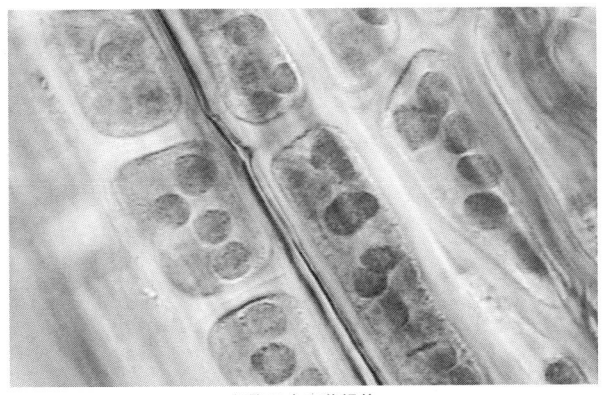

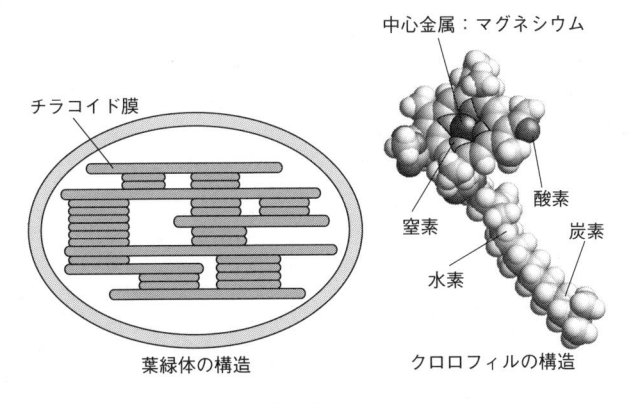

**図 4-2-1　葉緑体とクロロフィル**
植物細胞には葉緑体という小器官があり，その中にはチラコイドと呼ばれる薄い袋状の構造が並んでいる．クロロフィル（葉緑素）はチラコイド膜にあり，ここで光合成が行われる．

ように測るのでしょうか．フェムト秒レーザーを使います．100フェムト秒 (fs, フェムト [f] = $10^{-15}$)，つまり10兆分の1秒の間だけ光るレーザーです．さらに，アップコンバージョンという2色の強い光が重なったとき違う色の光が出る現象を利用した方法で，10兆分の1秒単位の反応を測ることができるのです．

## ◎クロロフィルの構造と 2 つの働き

　光エネルギーの入り口は,「光合成反応中心」と呼ばれるタンパク質と色素の複合体です.最初に光エネルギーを受け取るのは,光合成反応中心の外側部分に位置する「アンテナ色素タンパク質」です.図 4-2-2 は,酸素を出さない光合成を行うバクテリアが持つ,アンテナ色素タンパク質 LH2 の構造です.左は,膜の真上から見たクロロフィルの頭部だけを表示しています.右は,膜の斜め上から見たもので,クロロフィルが 2 段のリング状に並んでいることが分かります.下のリングではクロロフィル同士が離れて並び,上のリングでは接近して並んでいます.タンパク質が正しい構造を取っているおかげで,クロロフィルをうまく並べることができます.

　光が入ってくると,アンテナ色素タンパク質のクロロフィルが光エネルギーを吸収して励起状態になります.下段のクロロフィルから上段のクロロフィルへは 3 ピコ秒でエネルギー移動が起こります.上段のクロロフィルに渡ったエネルギーは 0.1 ピコ秒で隣のクロロフィルに移動し,リングをぐる

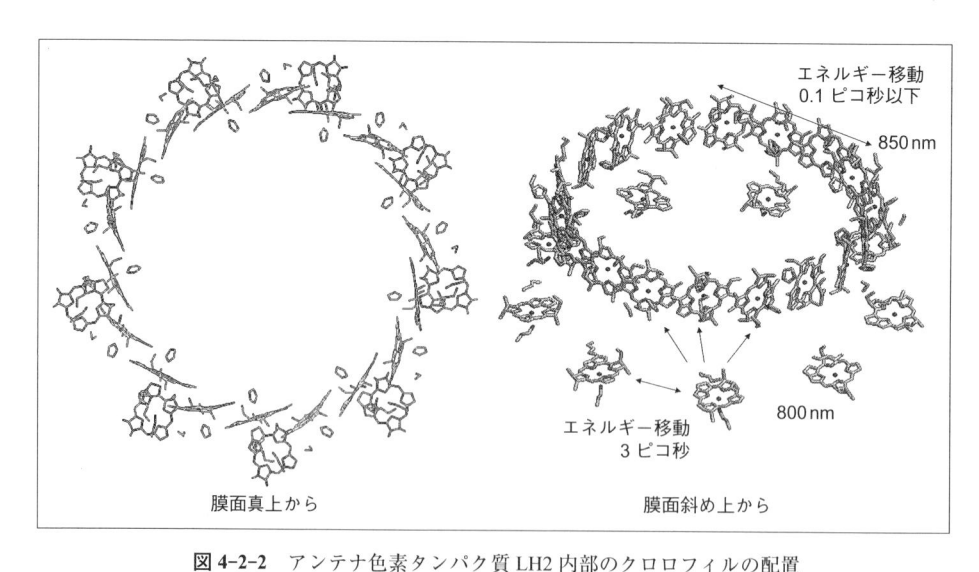

**図 4-2-2　アンテナ色素タンパク質 LH2 内部のクロロフィルの配置**
クロロフィルが 2 段のリング状に並んでいる.クロロフィルが光エネルギーを吸収すると,そのエネルギーを隣のクロロフィルに渡して,全体が励起される.

ぐる回ります．そうして集められた光エネルギーは，アンテナ色素タンパク質から出てそばにある光合成反応中心へと移動します．

口絵11は，植物の光合成光化学系Ⅰ反応中心の構造です．植物やシアノバクテリアの光合成反応中心には2種類があります．二酸化炭素の固定に必要な強い還元力をつくり出す「光化学系Ⅰ」と，水分子から電子を取り出していらない酸素分子を外に出す「光化学系Ⅱ」です．光化学系Ⅰの反応中心は，とても大きい超分子です．クロロフィル（緑色の色素）96個，カロテノイド（ミカンにもある黄色の色素）21個，クロロフィルから電子を受け取る

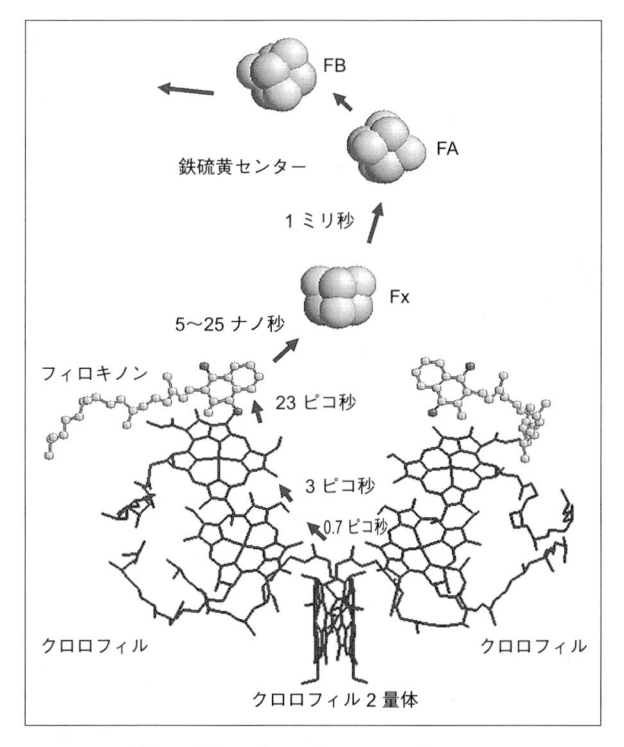

**図4-2-3 植物の光化学系Ⅰ反応中心の中央部分での電子移動**
光化学系Ⅰ反応中心の外側にあるアンテナ色素タンパク質が集めた光エネルギーは，中央部分にあるクロロフィル2量体に移動する．クロロフィル2量体が励起状態になると電子が出て，クロロフィル，フィロキノンを経て鉄硫黄センターへと移動する．

フィロキノン（ビタミン K1 とも呼ばれ，私たちが必要とする血液凝固因子でもある）2 個，鉄硫黄センター 3 個，タンパク質 12 個，脂質 4 個から成ります．光合成光化学系 I 反応中心の構造が明らかになったのは，2001 年です．構造が分かると，新しい段階の研究に進むことができます．

　光合成光化学系 I 反応中心の中央部分には，クロロフィルが 2 個まとまった 2 量体があります．LH2 の場合と同様，光エネルギーはまずアンテナ色素タンパク質のクロロフィルに吸収されます．そのエネルギーはアンテナ色素タンパク質のリングをぐるぐる回り，リング全体が励起平衡状態になると，中央部分にあるクロロフィル 2 量体へ移動します．クロロフィル 2 量体が励起状態になると電子が出て，鉄硫黄センターへ向かって移動します（図 4-2-3）．この電子のエネルギー還元力を使って，水を分解したり，有機物をつくり出すのです．

　光合成光化学系 I 反応中心の外側でリング状に並ぶクロロフィルと，中央で 2 量体をつくるクロロフィルは，同じ分子です．外側のクロロフィルは 90 分子あり，光を受け取ってエネルギーを移動させる働きだけをします．一方，中央にあるクロロフィルは 6 分子で，これは光化学反応をして電子の移動に働きます．同じ分子でも，置いた場所，条件で働きを変えるというのが生物タンパク質の面白さです．

### 電子は片側だけを好んで移動する

　光合成の分子メカニズムを明らかにするためには，光合成反応中心の中央部分での電子移動速度を詳しく測定する必要があります．しかし，たくさんのクロロフィルとタンパク質から成るアンテナ色素タンパク質に覆われたままでは難しい．そこで，外側のアンテナ色素タンパク質を取り除き，電子を移動する働きを持つ中心部分のクロロフィル 6 分子くらいだけにして，電子移動速度を測定しました．よく乾燥させた後に冷やしたまますばやくエーテルで抽出することで，そういう試料をつくることができます．

　フェムト秒レーザーによる分光測定の結果，クロロフィル 2 量体から隣のクロロフィルへの電子の移動にかかる時間は 0.7 ピコ秒，その隣へは 3 ピコ

秒，さらにその隣には23ピコ秒で移動し，フィロキノンを経由して鉄硫黄センターへと電子が移動して行くことが分かってきました（図4-2-3）．

クロロフィル2量体から鉄硫黄センターへの移動経路は，左と右の2通りあります．しかし，90％の電子が片方の経路を使い，もう一方の経路はほとんど使われません．この実験には，植物の光化学系I反応中心を使っています．光合成細菌の光化学系II反応中心でも同じ実験を行ったところ，電子が流れるのはやはり片側だけでした．生物によって多少変わりますが，70～90％の電子が同じ経路を流れることが分かってきました．

植物の光化学系II反応中心では，キノンという分子を経由して鉄硫黄センターへと電子が移動していきますが，使われるのはやはり片側だけです．6個のクロロフィルとキノンの配列は左右非対称になっています．そのために，片側しか電子が移動しないのです．しかし，植物の光化学系I反応中心では6個のクロロフィルとフィロキノンはほぼ左右対称に配置していることから，位置を決めてうまく並べただけで電子移動の機能を持つようになるわけではないようです．電子の移動には，クロロフィルやフィロキノンを取り巻くタンパク質も重要らしいと考えられます．そもそも，なぜ左右対称に配置しているのかは，まだよく分かっていません．しかし，自然は多様です．私たちが研究している田んぼの土から採取したヘリオバクテリアの光化学系I反応中心など，酸素を出さない絶対嫌気性の原始的な光合成細菌の反応中心の配列は，完全に左右対称であることも分かりました．長い進化の中で変わってきたようです．

### 人工的に光合成反応中心を変える

私たちは，光化学系I反応中心において，クロロフィルから電子を受け取り鉄硫黄センターに渡すフィロキノンを2個とも取り去り，一方を人工キノンと入れ替えてみました．分子の形が似ていると，きちんと入ります．正しい位置に入っているかは，電子スピンエコー法で電子の相互作用を利用して距離を測ることで確認できます．そして，フェムト秒レーザーで電子移動速度を測定しました．すると電子移動速度は，最短で23ピコ秒，最長で30ナ

ノ秒でした.

　ここで面白いのは，反応のエネルギー差が大きければ電子移動速度が速くなるわけではない，ということです．ノーベル賞を受賞した「マーカス理論」の通り，電子移動速度は，距離（d），人工キノンの性質と周囲のタンパク質の性質で決まる反応の自由エネルギー差（$-\Delta G$），電子を受け取った人工キノンと周りのタンパク質の構造がゆらいで原子が再配置するのに必要なエネルギー（$\lambda$），この3つで精密に決められているのです．再配置エネルギーと，反応の自由エネルギー差が一致したとき，見かけ上の活性化エネルギーがゼロになり，電子が最も速く動くように最適化されている（最大の速度を与え，無駄なエネルギーが使われない）ことが明らかになりました．植物の光化学系Ⅰ反応中心でのキノンへの電子移動速度は，光合成細菌の光化学系Ⅱの反応中心に比べて100倍以上に速くなっていました．これは，距離が0.2 nm（1億分の2 cm）近いことによると考えられています．

　私たちはフィロキノンをよく似た人工キノンに置換することから研究を始めましたが，ほかにも100種類以上のさまざまな人工分子がこの位置に正確に入って反応したり，反応を止めたりすることが分かりました．光合成を止める物質は，除草剤ともいえます．生物は，進化の過程で何億回という実験を繰り返し，あり合わせの部品を使い，タンパク質部分を少しずつ変えていくことで，電子移動速度を最適化していったのでしょう．

### ◧宇宙のような極低温でも光反応が起きるか

　宇宙空間は，地球表面と比べると非常に低温で，絶対温度で4 K（マイナス269℃）ほどです．光合成反応中心がそのような低温環境でも働くかどうかを調べたところ，光化学系Ⅰ，Ⅱの反応中心はどちらも，4 Kでも高速の励起エネルギー移動，電子移動反応をすることが分かりました．これによって，最高速度に最適化されているのは無駄な動きやロスがないことでもあることが示されました．

　極低温でも光反応は起こり，エネルギー移動も電子移動も進みます．では，構造変化はどうなるのでしょうか．私たちが光反応を研究している

PixD タンパク質は，シアノバクテリアが光の方向に動く走光性を制御する青色光センサーとして，ゲノム DNA 解析から発見されたものです．このタンパク質をつくる遺伝子を壊すと光と逆方向に動くことから，PixD タンパク質が光のセンサーであり，走光性を制御していることが確かめられました．遺伝子が先に決まり，それからタンパク質の機能を探る研究が始まる時代が来ました．

　極低温における構造変化を調べるため，5 K から 300 K における PixD タンパク質の光反応を調べました．青色光を PixD に当てると，極低温 10 K では 5 nm，260 K では 10 nm，吸収帯が赤色側へずれました．これは，PixD に 2 つの異なる状態があることを示しています．光を照射する温度によってそれぞれ異なる状態までしか反応が進まず，途中で止まってしまうのです．低温では光反応自体は起こるが，タンパク質構造が少ししか動けないことに原因があります．

　次に，PixD タンパク質の遺伝子を改変して構造を変えてみました．その結果，光を受けるフラビン色素の近くにある PixD の 50 番目のアミノ酸であるグルタミン 50 (Gln50) と 8 番目のチロシン 8 (Tyr8) のどちらか一方がなくなると，光反応が起きないことが分かりました（図 4-2-4 右）．グルタミン 50 はフラビンと水素結合していますが，チロシン 8 はフラビンと結合していません．なぜ，グルタミン 50 だけでなく，チロシン 8 も必須なのでしょうか．

　それを調べるため，コンピュータで分子動力学計算による解析を行い，PixD タンパク質と周りの水分子 8800 個の動きを，1 ピコ秒刻みで 2000 ピコ秒間シミュレーションしました（図 4-2-4 左）．タンパク質をつくっているアミノ酸と水を構成する 1 個 1 個の原子は，室温では絶えずゆれています．PixD タンパク質の真ん中のフラビン色素に光が当たると，フラビンが熱くなって励起され，グルタミン 50 との結合角度が大きく変わり反応が起きます．グルタミン 50 がないと角度がずれてしまう．だから反応が起きないのです．チロシン 8 は，フラビンとは直接結合していませんが，グルタミン 50 と水素結合でつながっています．チロシン 8 がないと，グルタミン 50

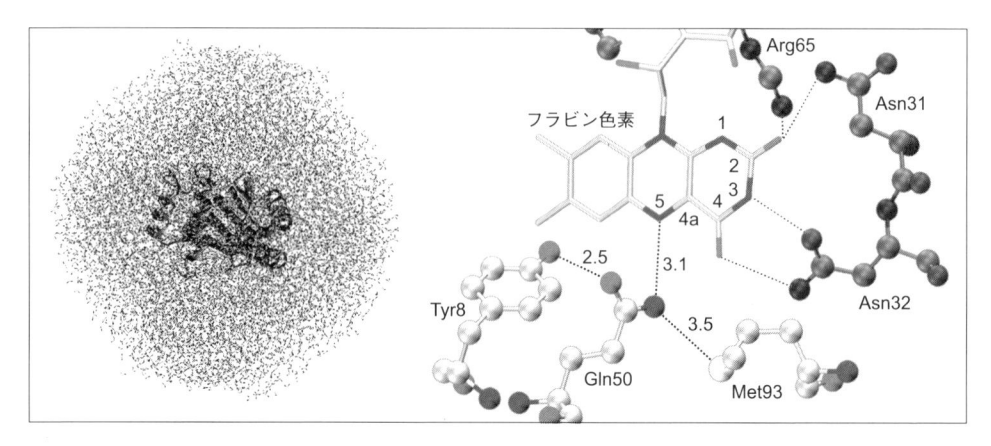

**図 4-2-4** PixD タンパク質の分子動力学計算による解析と情報伝達部分の構造

PixD タンパク質と周りの水分子 8800 個の動きを，1 ピコ秒刻みで 2000 ピコ秒間シミュレーションした．中央にあるフラビン色素に光が当たると，励起されてグルタミン 50（Gln50）との結合角度が変化して反応が起きる．グルタミン 50（Gln50）かチロシン 8（Tyr8）のいずれかが欠損すると，PixD タンパク質は光反応が起きない．点線は水素結合を示す．

が違う方向に動いてしまうため，反応が止まることが分かりました．

　低温の場合，タンパク質の構造の中で小さな部分は動けるが，大きな部分は動くことができなくなります．室温では動いていたものが，いろいろな状態で固まってしまう．そのうち動けるものだけが動いて反応をするのです．光は，局所的にはとても高い温度です．だから，光が当たった周りの構造変化は進みます．しかし，大きな構造変化や信号の伝達，分子の合成には，やはり高温，そして液体の水も重要なのです．したがって，PixD タンパク質は室温でしか能力を発揮しません．

　PixD のような光センサータンパク質は，光エネルギーを自分の形を変え信号に変換するために使います．一方，光合成タンパクは無駄なく光エネルギーを電子の流れに変換するためにできるだけ動かないので，極低温でも働きます．光で反応するのは同じですが，目的に合わせて違う戦略をとってタンパク質の構造を変えているのはすごいですね．

## ◎新型の光合成生物を探す

　私たちは，別の方向からの研究も進めています．光合成反応中心は，これまで見てきたようにとてもうまく設計されていて，光のエネルギーを無駄なく使っています．しかも，4 K という極低温でもきちんと働きます．しかし，30 数億年前に生物が光合成を始めたときから，このように完全に最適化された反応システムがあったのでしょうか．それが，気になりました．

　最初は完全ではなくて，不完全だったはずです．その不完全なものを見たい．そのために酸素を出さない光合成細菌や，パラオの海にすむホヤから採取された細菌を研究しています．ホヤの中で生きるアカリオクロリスという新型シアノバクテリアは，ほかのシアノバクテリアと同様に酸素発生型光合成をします．酸素発生型の光合成を行う植物とシアノバクテリアは，すべて 680 nm の赤色光のエネルギーを吸収し利用するクロロフィル $a$ を持っています．ところが，アカリオクロリスのクロロフィル $d$ は，1 割ほどエネルギーが低い近赤外の 740 nm の光を吸収利用できる新型だったのです．酸素を出さないバクテリア型の光合成から，酸素を出す植物型の光合成へ進化する中間型とも考えられます．アカリオクロリスはなぜエネルギーの低い近赤外の 740 nm の光でも酸素発生型の光合成が可能なのかを研究しています．植物がこの色素で光合成できるようになったらすごいですね．

　私たちは，もう 1 つの「新しいクロロフィル」の発見にかかわりました．クロロフィルはすべて真ん中にマグネシウム原子が入っています．中心金属がマグネシウムでなければクロロフィルとは呼ばないのです．ところが，アシドフィリウムという酸性光合成細菌が持つクロロフィルの中心には，マグネシウムではなく亜鉛の原子が入っていました．この細菌は，岩手県の硫黄鉱山の廃坑で見つかりました．硫黄を含む鉱山廃水は，空気に触れて酸化されて硫酸をつくります．水は強酸性となり，生物はすめません．しかし，pH 1～2 という強酸性の排水の中にアシドフィリウムがいたのです．

　私は学生のころからずっと光合成を研究していて，光合成というのはどれも同じで変わらないと思っていたのですが，とてつもなく常識を外れたものがいることが分かってきました．それでも，うまく光合成ができる．地球の

初めのころ，生物が生まれた時代の海水が中性ではなく酸性だったとしたら，亜鉛を使った方がよかったのかもしれません．調べた範囲では，機能的には差がありません．このことからも，中心の金属はエネルギー移動に直接は関係していないと考えられます．金属は，クロロフィルをタンパク質にうまく止めるためにあるようです．現在地球上にいる生物はとても素晴らしい完成形と思える体のシステムを持っています．しかし，多数派だけがよいとも限らず，本当はどちらでもいいことがたくさんあるようです．

　これらの生物は，レーザーで研究している私が最初に見つけたわけではありません．アカリオクロリスは現在京都大学にいる宮下英明さんが，アシドフィリウムは岩手大学の若尾紀夫さんが，最初に見つけました．お二人は微生物生態学者です．どうもおかしい，何か違うということで，生物物理を専門とする私たちと共同して研究し，本当に新しい型の光合成系であることが分かりました．異なる分野間の研究はいつもエキサイティングです．

　生物学者はみな，現在のこの環境が当たり前だと言います．けれども，生物はこれまでに何度も絶滅してきました．その歴史を残した，もっといろいろな生物がいるはずです．そういう「新型の生物」を見つけたい，知りたいと思います．約38億年前に生物が生まれました．27億年前に酸素が増えて，20億年前にやっと大きな生物が出てくる．地球と生命の歴史の中で，前半20億年はバクテリアしかいない世界でした．しかも，酸素がほとんどない．そういう環境で生命は生まれたくさんの可能性が調べられた．その時代の生命の体をつくる分子と，私たちの体をつくる分子はつながっているようです．ただし，太古の生命はその環境に最適化し，現在の生命は今の環境に最適化している．どちらも生物としてはあり得る形なのです．かつて，地球が全部凍ったこともあるようです．生命をつくる物質は，普遍的な力を持っているのではないでしょうか．この性質は原子や物質に最初から秘められた性質でもあります．生命はどこから来て，どこへ行くのか．分子の中に記録と未知の可能性がある．これをもっと利用できるのではないか．そう考えて研究を進めています．

# 生命を支えるプロトンポンプの
# 4次元構造を解く

神山 勉

## ◉イオンポンプとは

　生体の細胞の表面を覆う細胞膜には，濃度の低い方から高い方へ特定の物質を輸送する，ポンプのような働きをするタンパク質があります．電荷を持つイオンを輸送するのが，イオンポンプです．細胞膜に埋め込まれたタンパク質の中心辺りにロータリーエンジンのような仕掛けがあってイオンを一方向に輸送していると考えられていますが，まだ確立したモデルはありません．私たちは，生体イオンポンプの作動機構がどのようになっているかを，X線結晶構造解析によって調べています．

## ◉プロトンを輸送するバクテリオロドプシン

　イオンポンプのメカニズムを知るために最も適しているのが，「バクテリオロドプシン」です（図4-2-5）．バクテリオロドプシンは高度好塩菌という古細菌の細胞膜に存在し，光のエネルギーを使ってプロトン（$H^+$）を細胞の中から外へ輸送します．プロトンポンプの働きによって，細胞の内と外でプロトンの濃度勾配ができます．それを使って，鞭毛を回したり，筋肉を動かすためのATP（アデノシン三リン酸）という分子がつくられます．バクテリオロドプシンは，光のエネルギーを生体エネルギーに変換しているのです．30数年前にバクテリオロドプシンが発見されたときには，「第2の光合成系」として大きな注目を集めました．反応を光で容易に制御できることから，生物分野だけでなく物理分野の研究者も加わり，細かいところまで研究が進んでいます．

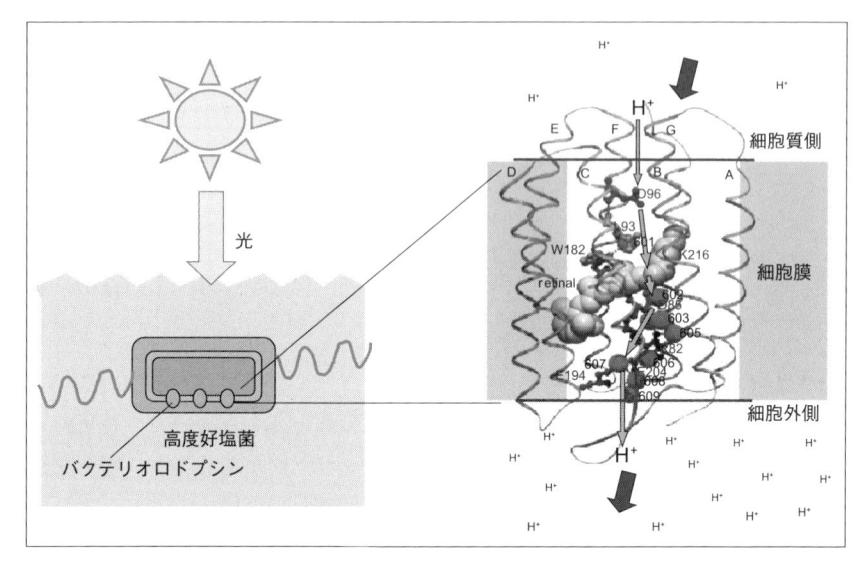

**図 4-2-5** バクテリオロドプシンによるプロトンの輸送

バクテリオロドプシンは高度好塩菌の細胞膜に存在し，光のエネルギーを使ってプロトン（$H^+$）を細胞の中から外へ輸送する．

　バクテリオロドプシンは 248 個のアミノ酸から成るタンパク質で，大きさは 50 Å（オングストローム）ほどです．真ん中にレチナールという色素があります．レチナールが光エネルギーを吸収すると，その構造が変化します．レチナールの構造変化がきっかけになってタンパク質全体の構造が変化し，それに伴ってプロトンが細胞の中から細胞の外へ運ばれます．

### ◉ 4 次元 X 線構造解析とは

　ヒトのすべてのタンパク質の 3 次元構造を決めようというのが，最近の生命科学研究の大きな流れになっています．しかし，物理学的視点から言うと，3 次元構造だけでは物足りません．さらに変化させるパラメータが欲しいのです．例えば，時間や温度，あるいは pH です．タンパク質が反応するときに何が起きているのか，温度や pH の変化に対してタンパク質はどのように応答するのかといった，実際にタンパク質が動いている様子を X 線構

造解析によって見てみたい．それが，「4次元X線構造解析」です．

X線構造解析では，試料として3次元結晶を使い，X線を照射します．X線は原子の周りの電子によって散乱されるので，電子密度に比例して波の位相変化が生じます．結晶中の多数の単位格子からの散乱波は互いに干渉して特定の方位に進む波のみが強くなり，回折斑点として観測されます．試料のいろいろな方向から回折像を100枚ほど撮影して，それぞれフーリエ変換を行います．そのようなデータを総合的に解析すると，結晶格子内の電子密度の分布図が求まり，立体構造を導き出すことができます．

私たちは10年ほど前から，兵庫県播磨にあるSPring-8という世界最高輝度の大型放射光施設を利用して研究を進めています．SPring-8のX線は非常に強力で，1枚の回折像を撮るのにかかる時間はわずか数秒から10秒ほどです．ゆくゆくは，現場で電子密度が即座に求まり，さらに構造の時間変化もとらえることができるようにしたいものです．すでに，その実現に向けた試みもなされています．

## ◎新たな結晶化法「膜融合法」を開発

バクテリオロドプシンは，細胞膜上で凝集して六方格子状の2次元結晶をつくります．バクテリオロドプシンの2次元結晶は非常に安定で，多少の熱を加えたり，pHを0から12くらいまで変えたりしても壊れません．

2次元の結晶でも電子顕微鏡をうまく使うと立体構造が見えますが，分解能が足りず，細かいところが見えません．2Åくらいの分解能を得るには，やはり3次元結晶が必要です．しかし，もともとフィラメント構造や2次元結晶をつくっているタンパク質や，膜に埋め込まれているタンパク質は，3次元結晶をつくるのがとても難しいのです．

そこで私たちは，膜タンパク質の結晶をつくる新しい方法を開発しました（図4-2-6）．「膜融合法」と呼ばれるこの方法は，バクテリオロドプシンだけでなく，いろいろな膜タンパク質の結晶化にも応用できると考えています．平面状の2次元結晶に少量の界面活性剤と結晶析出剤を加えると丸くなり，球殻構造を取ります．温度を下げると球殻構造が不安定になって膜融合し，

座布団のような形になります．それを積み重ねて3次元にします．バクテリオロドプシンは，生体内で3個のタンパク質が並んだ3量体の構造を取ります．膜融合法では，生体内と同じく，3量体の構造を保ったままの結晶ができます．さらに重要なのは，結晶に細胞膜の構成成分である脂質も入っていることです．膜構造の環境が結晶中にも保存されているため，細胞膜にあるときと同じような反応が起きます．

### ◪ 細胞外側近くに水分子が偏在

バクテリオロドプシンのおおざっぱな立体構造は，2次元結晶の電子顕微鏡像から分かっていましたが，X線構造解析によって，7本の膜貫通 $\alpha$ ヘリックス（らせん構造）から成ること，レチナール色素が中心に存在すること，水の分布は非対称で細胞の外側近くに多数の水分子が存在することが明らかになりました（図4-2-7）．分光学などいろいろな方法から，プロトンがバクテリオロドプシンの96番目のアミノ酸であるアスパラギン酸96（D96），85番目のアスパラギン酸85（D85），194番目と204番目のグルタミン酸194と204のペア（E194−E204）を経由して移動していくことはすでに確かめられています．

しかし，どうして細胞の外側近くにだけ水分子が偏って存在しているのかは謎でした．この非対称的な分布はバクテリオロドプシンだけに限らず，も

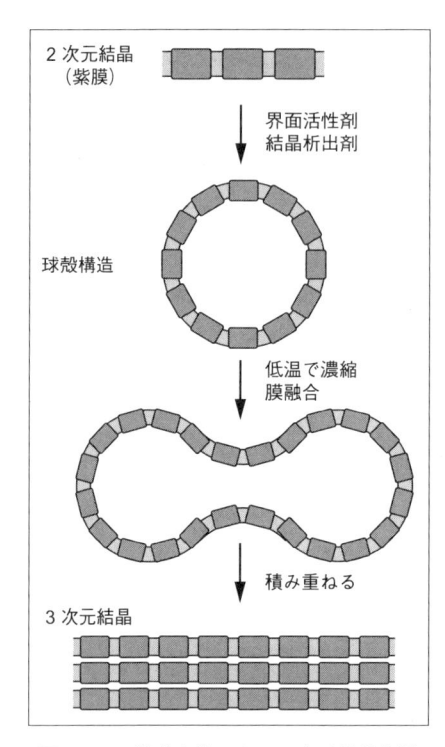

**図4-2-6 膜融合法による3次元結晶作製**
紫膜と呼ばれる2次元結晶に界面活性剤と結晶析出剤を加えると球殻構造になり，低温で濃縮すると膜融合する．それを積み重ねて3次元結晶をつくる．

しかしたら生体イオンポンプに共通しているのかもしれません．ポンプはプロトンを濃度の低い方から高い方へ運び，濃度勾配をつくるため，放っておいたら逆流してしまいます．運んだプロトンが元に戻らない仕掛けも必ず必要です．その仕掛けがここに隠されているのではないかと，私たちは考えています．細胞質側には，水分子が入り込めるスペースはつくられていません．つまり，細胞の中からバクテリオロドプシンへの水分子の進入を制限することによりプロトンの逆流を防いでいると考えられます．

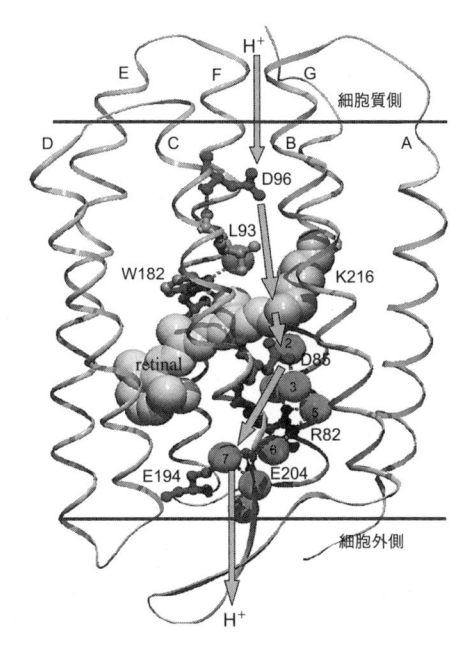

図 4-2-7 バクテリオロドプシンの立体構造
バクテリオロドプシンは光エネルギーを使ってプロトン（$H^+$）を細胞の中から外へ運ぶ．

### ◘ pHの変化による構造変化

　膜融合法でつくったバクテリオロドプシンの3次元結晶は非常に安定で，pHを2から12まで変えても壊れません．一方で，中性pHでは紫色ですが，pHが3より低い酸性になると青色になります．この酸性転移に伴ってバクテリオロドプシンの構造がどのように変化するかを見てみました（口絵12左）．

　中性型と酸性型の構造を比較すると，ヘリックスD，E，Fの傾きが大きく変わっていることが分かります．さらに，ヘリックスCの細胞外側半分が，ヘリックスGの方に動いています．詳しく見てみると，ヘリックスC内の水素結合がレチナールの付いている辺りで切れ，ヘリックスCは真ん中で折れています．その結果，中性型では活性部位にあった水分子の1個

が，酸性型では排除されてなくなっています（口絵12右）．

たかが1個の水分子の動きがどうした，と思われるかもしれません．しかし，それが大きな意味を持っています．1個の水分子がなくなったことで，レチナールの活性部位にあるアスパラギン酸85と212（D85とD212）がプロトンを1個余分に付けようと働きます．その結果，イオン化状態が変化するのです．

### ◘プロトン輸送サイクルにおける構造変化

バクテリオロドプシンのレチナールが光を吸収すると，暗順応状態が明順応状態になり，反応中間体のK，L，M，N，Oとぐるりと回って，元の基底状態に戻ります（図4-2-8）．室温ではだいたい数ミリ秒で1回転します．

その間にプロトンを1個，細胞質側から細胞外へ運びます．プロトン輸送サイクルにおける構造変化を知りたいのですが，実時間で見るのは難しい．そこで，100〜180Kの低温で反応させることで時計をゆっくり回すことができます．私たちは結晶の温度を変えることで，反応中間体の構造がどう変わっていくかを調べました．

レチナールを上から見ると，基底状態では真っすぐになっています．それがK中間体の形成に伴って，雑巾を絞るように大きくねじれます（図4-2-9）．この構造変化がきっかけとなって，タンパク質全体の構造がだんだん変わっていくのです．レチナールが大き

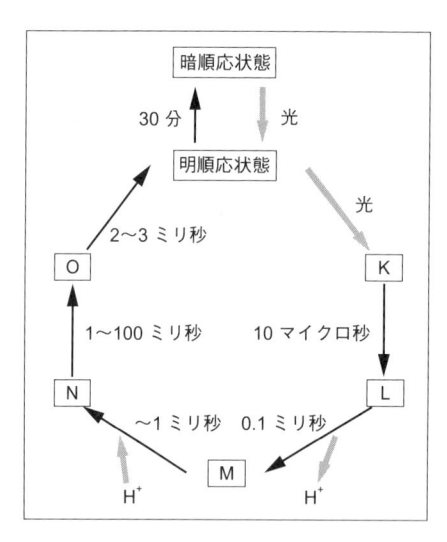

**図4-2-8** バクテリオロドプシンの光化学反応サイクル

バクテリオロドプシンのレチナールが光を吸収すると暗順応状態が明順応状態になり，反応中間体のK，L，M，N，Oと回り，基底状態に戻る．その間に1個のプロトン（H⁺）を細胞の中から外へ運ぶ．時間は室温での反応の場合．

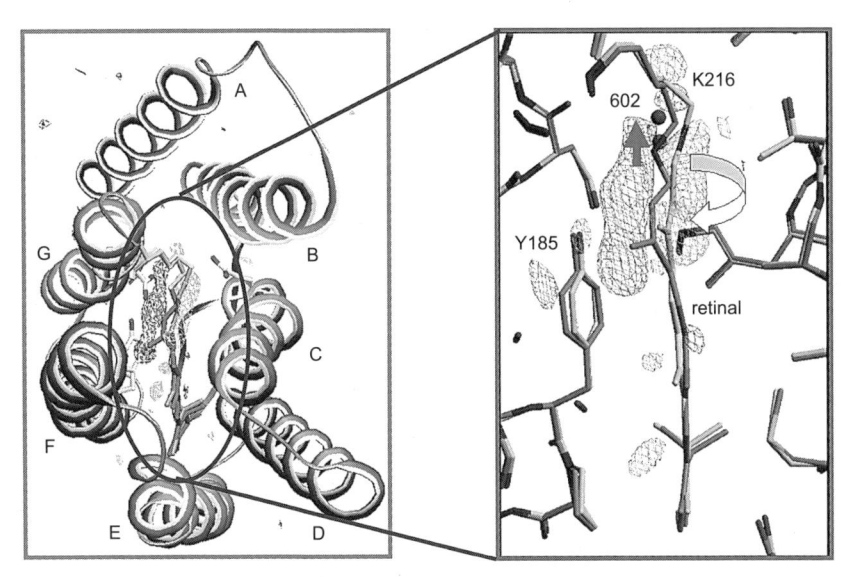

**図 4-2-9 K 中間体形成に伴うバクテリオロドプシンの構造変化**
レチナールが大きくねじれ，水分子 602 が細胞質側へ動く．(出典：Y. Matsui et al., 2002, JMB, 324, 469)

くねじれると水分子 602 が動いていることに注目してください．K 中間体からL 中間体になると，水分子はシッフ塩基の N–H の細胞質側にまで移動してきます（図 4-2-10）．M 中間体では，水分子がシッフ塩基から外れます．水素結合をする相手を失った結果，シッフ塩基のプロトンをつかまえておく力が減少し，プロトンが細胞の外側に向かって移動を開始します．このとき，ヘリックス C が変形し，ヘリックス G がスライドします．それと同時に，プロトン放出チャネルが構造変化を起こして，プロトンが細胞の外に放出されます．

pH の高い状態でも，M 中間体と似たような構造変化が起きます．プロトン放出チャネルの出口で変化が起き，その結果，プロトンが細胞の外に放出されるのです．

プロトン輸送サイクルにおける構造変化と pH 変化に対する構造変化をまとめると，図 4-2-10 のようになります．これを「名古屋モデル」と呼んで

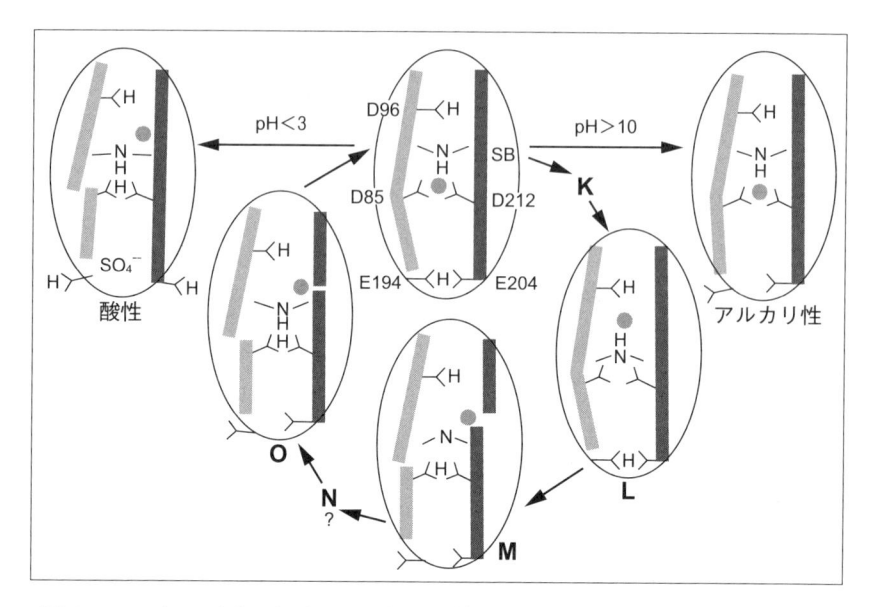

**図 4-2-10** バクテリオロドプシンのプロトン輸送サイクルと pH 変化における構造変化
ヘリックス C (左の線) とヘリックス G (右の線), プロトン (H), 水 (丸), シッフ塩基 (N-H) などを示している. 上が細胞質側, 下が細胞の外側.

います. N 中間体の構造解析はまだできていませんが, 将来必ずはっきりさせたいと思っています.

### ◯バクテリオロドプシンは水分子とプロトンの対輸送体

バクテリオロドプシンでは, プロトンが移動する前に必ず水分子が動くことが分かってきました. バクテリオロドプシンは単純なプロトンポンプではなくて, 水分子とプロトンの対輸送体なのです. 水が存在しない系では, プロトンポンプは絶対に働きません. プロトン移動は生体における基本的な反応で, すべての酵素反応で見られる現象です. この基本反応において水分子が非常に重要な役割を果たしていることを, 私たちの結果は示唆しています.

生命は海で生まれたといわれています. プロトンポンプと水とのつながりは, それと関係しているのでしょうか.

―― *Column* つくる ――

### 人工光合成タンパク質をつくる

伊藤　繁

　私たちは，光合成を利用して物理として面白いことをやりたい，と思っています．その1つとして，トヨタ自動車㈱と豊田中央研究所㈱と共同で，人工光合成の実現を目指した研究を行ってきました．太陽光のエネルギーを用いて二酸化炭素と水から酸素と有機物を人工的につくり出すことができれば，エネルギー問題や環境問題の解決にも大きく貢献するでしょう．誰でもそう考えますが，実現したいですね．

　しかし，生物をつくるタンパク質はほとんどが軟らかく，精製して取り出すと，すぐに壊れてしまいます．光合成膜タンパク質も膜から取り出すと，不安定になって機能しなくなります．生物型人工光合成の実現のためには，まず取り出したタンパク質を安定化しなければなりません．

　そこで私たちが注目したのが，中空のナノ構造を持つシリカ化合物です．ナノサイズの穴が開いた筒がたくさん並んでいるもので，シリカ化合物，つまりガラスでできています．その穴に温泉で採取したシアノバクテリアの持つ耐熱性の光合成膜タンパク質を入れました．光合成膜タンパク質は，この硬いナノ構造の中では安定化され，高温でも壊れずに機能します．酸素を出す光合成膜タンパク質を使えば，光エネルギーを吸収して酸素を出すこともできるようになりました．タンパク質が安定化して非常に強くなり，水がほとんどなくても光合成が可能な系ができつつあります．シリカの中で酸素を出したり，還元力をつくり出せるようになりました．この小さな孔の中に新しい人工の光合成系が生まれつつあります．

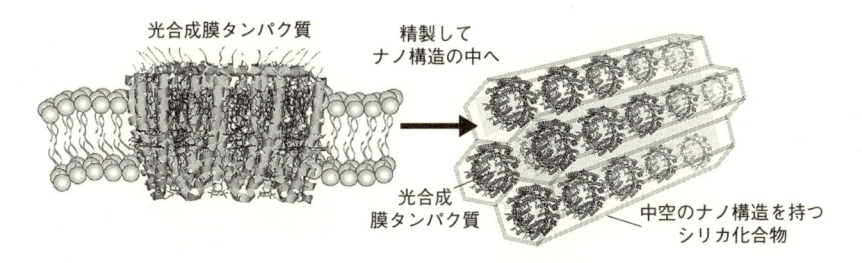

# おわりに

　本書では，宇宙の形成と進化を軸として，21世紀初めに何が開示されたのかを解説しました．宇宙と物質の起源を追究する営みに終わりはありません．本書に提示された研究成果も，宇宙全体から見れば，ささやかなものです．研究は，宇宙という何ページあるか知れない限りなく分厚い書物の，ほんの数ページを読む作業に似ています．

　本書のもとになった活動は，名古屋大学21世紀COEプログラム「宇宙と物質の起源：宇宙史の物理学的解読」（2003〜2007年，日本学術振興会）の一環として行われました．最先端の物理学研究自体のみならず，研究者の分野を超えた交流と連携が，本プログラムの大きな目標でした．「たこつぼ化」しがちな現代科学に，分野横断的な「新しい風」を送り込み，学問本来のみずみずしい姿を取り戻すことを目指しました．また，若手研究者の育成にも多くの努力を注ぎました．研究活動のパブリックアウトリーチにも努め，国立科学博物館において企画展示「宇宙137億年の旅」を開催するなど，情報発信を積極的に行いました．その成果は，最終的には10年，20年のスケールで評価されるべきものでしょう．

　21世紀の現時点で，物理学研究は確実に次のステップに展開しつつあります．坂田昌一，早川幸男両氏の育てた名古屋大学物理学教室の研究・教育の真価の一端は，2008年，小林誠，益川敏英両氏のノーベル物理学賞の受賞によって内外に広く認識されました．素粒子実験は，さらに高いエネルギー領域で新しい物理の発見に力を注いでいます．宇宙観測の分野では，2010年にはサブミリ波大望遠鏡ALMAが南米チリの高地で観測を始め，「すざく」「あかり」をはじめとする日本の天文衛星も続々と新たな観測結果をもたらしています．

　本COEプログラム活動の展開において，立花隆，畫馬輝夫両氏には拠点アドバイザーをお願いしました．飯塚哲太郎，鹿児島誠一，松本敏雄，吉村

太彦各氏には研究教育活動へのアドバイスと成果の評価をお願いしました．また，最終評価ではヨセフ・シルク氏（オクスフォード大学教授）に評価委員長をお願いできたことは，大きな喜びでした．お名前をここに記せなかったほかの多くの方々の貢献を含めて，ここに厚く感謝の意を表します．

2010 年 2 月

福　井　康　雄

# 用語集

### [ア 行]

**アミノ酸** 1個の炭素原子にアミノ基（–NH$_2$）とカルボキシル基（–COOH）が結合した化合物．自然界では20種類あり，中心の炭素に付いた側鎖の違いによって性質が異なる．1個のアミノ酸のアミノ基と別のアミノ酸のカルボキシル基が脱水縮合を起こすことで，ペプチド結合を形成して連なる．タンパク質は，アミノ酸が数十から数千個連なったもの．

**一般相対性理論** エネルギーや質量を持つ物質の周りでは時空間がゆがみ，それによって重力が発生するとする理論．アルバート・アインシュタインが提唱．

**インフレーション** 宇宙誕生の $10^{-36}$ 秒後から始まった真空のエネルギーによる急膨張．$10^{-34}$ 秒後ごろまで続き，宇宙の大きさは少なくとも $10^{30}$ 倍になった．インフレーションの終了とともに宇宙は相転移を起こし，真空のエネルギーが熱に転化した．それがビッグバンの熱の正体である．

**宇宙項** 一般相対性理論を宇宙に当てはめたところ，宇宙が膨張したり収縮したりする解が出たため，アルバート・アインシュタインは，静的な宇宙になるように重力に対して斥力として働く宇宙項を導入した．その後，エドウィン・ハッブルによって膨張宇宙が発見され，不要なものと考えられるようになった．近年，宇宙の加速膨張が発見されたため復活し，ダークエネルギーは宇宙項であるとも考えられている．

**宇宙線** 宇宙から飛んでくる高いエネルギーを持った陽子や電子などの荷電粒子．最もエネルギーが高い宇宙線は $10^{20}$ 電子ボルト（eV）を超える．

**宇宙の大規模構造** 銀河が，泡状のネットワークとして分布していること．網の目のつなぎ目には，たくさんの銀河から成る「銀河団」が存在する．銀河の分布がとても少ない「ボイド」と呼ばれる構造もある．

**宇宙の晴れ上がり** 宇宙誕生から38万年後，温度が3000 K くらいまで冷えたことで電子が陽子にとらえられ，水素原子やヘリウム原子が形成された．その結果，それまで電子に衝突していた光が直進できるようになり，宇宙が晴れ上がった．そのときの光を「宇宙マイクロ波背景放射」として観測できる．

**宇宙マイクロ波背景放射** 宇宙の全方向から同じ強さで観測される電磁波．宇宙誕生から38万年後，宇宙の晴れ上がりによって直進できるようになった光．その当時は絶対温度3000 K の赤外線だったが，宇宙膨張によって波長が引き伸ばされ，現在では絶対温度2.725 K のマイクロ波として観測される．1965年，アーノ・ペンジアスとロバート・ウィルソンによって偶然発見された．

**X線結晶構造解析** タンパク質の3次元構造を知るために用いられる手法．タンパク質の3次元結晶をつくってX線を照射すると，X線は原子核の周りにある電子によって散乱され，互いに干渉して回折斑点として観測される．結晶を回転させながら写真を多数撮影し，回折斑点の強度からフーリエ変換によって結晶内の電子密度の分布を求め，3次元構造を導き出す．

**M理論** 自然界に存在する4つの力を統合することができる超大統一理論の有力候補の1つ．超ひも理論はこの宇宙を10次元と考えたが，M理論では1次元を加えて11次元と考える．5つある超ひも理論を統一することができる．

**エントロピー** 乱雑さ，無秩序の度合いを表す物理量．もともとは熱力学における物質や熱の拡散の度合いを表すが，情報理論にも応用されている．

[カ 行]

**核融合反応** 原子核同士が融合して別の元素の原子核ができること．ガスが収縮して星が生まれ，中心の温度が1000万度を超えると核融合反応が始まる．星は核融合反応によって放出されるエネルギーで輝いている．

**加速器** 電子や陽子，原子からいくつかの電子をはぎ取った陽イオンなどの荷電粒子を加速して，高エネルギーの粒子ビームをつくり出す装置．CERN（欧州原子核研究機構）の大型ハドロン衝突型加速器LHCは陽子を7テラ電子ボルト（TeV）まで加速することができる．

**活動銀河核** 非常に明るい銀河中心核．中心核には大質量のブラックホールがあり，これに吸い込まれる物質の重力エネルギーをX線などに変換して輝いている．

**軌道自由度** 電荷，スピンとともに，電子が持つ自由度．軌道自由度が重要な働きをしている物性には，異なった電子軌道が周期的に整列している「軌道秩序」，電子軌道が液体のように振る舞う「軌道液体」，軌道がゆらぐ「軌道ゆらぎ」，軌道の励起が波として伝わる「軌道波」などがある．

**球状星団** 数万〜数十万個の恒星が直径100光年ほどの領域に集中している星団．銀河円盤を囲むハローにあり，銀河系が生まれたころ（約100億年前）に形成された．

**キュリー温度** 強磁性体において，それ以上になると強磁性の性質が失われる温度．

**強磁性体** 隣り合う電子のスピンが同じ方向を向いて整列し，全体として大きな磁気モーメントを持っている磁性体．

**凝縮系** 低温あるいは高密度の物質において，物質を構成している分子や原子，電子など多数の粒子が，粒子間の相互作用によってマクロなスケールにわたって1つの基底状態になっている系．

**強相関電子系** 電子間の相互作用が非常に強い系．高温超伝導や磁性超伝導など，さまざまな物性が現れる．

**銀河** 1億から1兆個程度の恒星の集団．宇宙の見渡せる範囲全体で約1兆個の銀河がある．

**銀河系** 地球が属する銀河．「天の川銀河」ともいう．直径約10万光年で，円盤状の渦巻銀河．約2000億個の星からなる．中心には太陽の300万倍の質量を持つブラックホールがある．

**銀河団** 銀河の集団のこと．50個から数千個にも及ぶ銀河を含む．

**クーパー対** 電子と電子の間に弱い引力相互作用が働いてつくられる電子のペア．クーパー対ができることで超伝導状態となる．

**クォーク** 物質を構成する基本の素粒子．アップ，ダウン，チャーム，ストレンジ，トップ，ボトムの6種類と，それぞれに反粒子がある．

**クォーク星** クォークだけでできた天体．中性子星より高密度な天体が発見され，クォーク星ではないかと考えられている．

用語集　235

**クロロフィル**　「葉緑素」とも呼ばれ，植物の緑色のもとになっている色素．葉緑体の中にあるチラコイド膜に分布．光合成において，光のエネルギーを集める働きと，電子を運ぶ働きを担う．

**ゲージ粒子**　自然界に存在する4つの力を媒介する素粒子．重力子は重力，光子は電磁気力，WボソンとZボソンは弱い力，グルーオンは強い力を媒介する．

**原核生物**　生命は，細胞の中に染色体が核膜に包まれた核を持つ「真核生物」と，核膜に包まれた核を持たない「原核生物（細菌）」に分けられる．原核生物は，「古細菌（アーキア）」と「真正細菌」に分けられる．

**原子**　正の電荷を持つ1個の原子核と，負の電荷を持つ電子から構成される．かつては物質の基本単位であると考えられていた．英語の「Atom」は「分割できないもの」という意味．

**原子核乾板**　写真フィルムの一種．フィルムの表裏に臭化銀結晶を含む乳剤が塗布されており，荷電粒子が通過すると，飛跡上にある臭化銀結晶が感光する．現像すると，黒化銀の飛跡として可視化することができる．飛跡の長さなどから粒子のエネルギーが分かり，粒子の種類を特定することができる．

**原始惑星系円盤**　恒星が形成されるとき，その周りにできるガスとちりからなる円盤．この中で惑星がつくられる．

**高温超伝導体**　100 Kくらいより高い温度で超伝導となる物質．1986年に銅酸化物高温超伝導体が発見されて以降，より超伝導転移温度の高い物質が模索されている．従来のBCS理論では，高温超伝導のメカニズムを説明できない．

**光合成**　クロロフィルやカロテノイドなどの光合成色素を持つ生物が，光のエネルギーを用いて，二酸化炭素と水から酸素と有機物を合成する反応（酸素を出さない光合成もある）．光合成色素は，葉緑体のチラコイド膜にある．光合成色素とタンパク質の複合体であるアンテナ色素タンパク質が光エネルギーを集め，光合成色素とタンパク質からなる光合成反応中心にわたす．光合成反応中心では，光エネルギーを使って電荷分離が生じる．この反応で生じた還元力の強い電子を使い，二酸化炭素と水から酸素と有機物が合成される．

**高次元理論**　空間3次元と時間1次元以外に，見えない余剰次元があり，宇宙は4次元より高次元であるという理論．超ひも理論，M理論，ブレーンワールドシナリオなどがある．

**格子振動**　固体の物質において原子やイオンは，規則正しく格子状に並んだ結晶構造をとっている．原子やイオンは結晶格子の交点である格子点に並び，格子点を中心にわずかに振動している．この格子振動は，BCS理論で説明される従来型の超伝導現象の実現に深くかかわっている．

**恒星**　核融合反応のエネルギーによって自ら光を発している天体．太陽も恒星である．宇宙空間のガスが重力で集まった密度の高い分子雲の中で誕生する．太陽質量程度の恒星の寿命は100億年ほどで，ガスを宇宙空間にゆっくり放出して一生を終える．太陽質量8倍以上の重い恒星の寿命は数千万年ほどで，一生の最後に超新星爆発を起こす．本書では「星」と表記していることもある．

**降着円盤**　ブラックホールや中性子星，白色矮星など強い重力を持つ天体に落下していくガスやちりが，天体の周りに形成する円盤．落下したガスやちりが解放した重力エネ

ギーが熱エネルギーに変換されて降着円盤は高温となり，強い X 線を発する．降着円盤の中心部から上下にジェットを噴出していることもある．原始星の周りに形成される原始惑星系円盤も降着円盤の一種である．

**光年** 天体の距離を表す単位．1 光年は，光が真空中を 1 年かかって伝わる距離で，9 兆 4600 億 km．太陽系内の距離を表す場合は「天文単位（AU）」を用いる．1 天文単位は太陽と地球との平均距離で，1 億 4959 万 7870 km．1 光年は 6 万 3200 天文単位である．

**古細菌** 「アーキア」とも呼ばれる．細胞の中に核膜で包まれた核を持たない原核生物のうち，大腸菌などを含む真正細菌とは別の系統の細菌．細胞膜の脂質や，遺伝子コドン（塩基は 3 個が 1 組になって 1 個のアミノ酸を指定．この 3 個 1 組の塩基配列を「コドン」と呼ぶ）が真正細菌と異なる．メタン生成菌，好塩菌，好酸菌，好熱菌など，極限環境に生息する生物が多い．ヒトや植物を含む細胞核を持つ生物（真核生物）に，真正細菌より近い性質を持つ．

**小林・益川理論** 3 世代 6 種類のクォークが存在すると自然に「CP 対称性の破れ」が生じることを説明した理論．小林誠と益川敏英によって 1973 年に発表されたとき，クォークは 3 種類しか知られていなかったが，その後 6 種類すべてが発見された．高エネルギー加速器研究機構（KEK）で行われている Belle 実験によって観測された CP 対称性の破れの大きさは，小林・益川理論が予測する大きさと矛盾していない．

[サ 行]

**再電離** 宇宙が高温であった初期には，すべての原子が電離したプラズマ状態にあった．宇宙誕生から 38 万年後，電子は原子核にとらえられ，中性化した．しかし，現在の宇宙の銀河間ガスは，ほとんどが電離状態にある．宇宙誕生の数億年後に誕生した大質量星の出す紫外線などによって，宇宙が再び電離したためと考えられている．

**散開星団** 数十〜数千個の恒星が，さしわたし数十光年の領域に集まっている星団．銀河系では現在も新しく形成されている．

**シアノバクテリア** 真正細菌の中で最も進化した，酸素を出す光合成を行う唯一のグループ．1000 種以上が確認されている．20 億年ほど前に大量に出現し，地球の大気に酸素を大量に供給した．細胞内共生で真核細胞に取り込まれ，細胞内の葉緑体となり，植物をつくり出した．

**磁性体** 本書では，ミクロな磁気モーメントの規則的配列（長距離秩序）を示す「強磁性体」と「反強磁性体」を指す．

**磁性超伝導体** 強磁性あるいは反強磁性秩序と超伝導とが同居している物質のこと．本書では特に，磁気秩序と超伝導の両方が同一の電子によって担われているものを指す．

**重元素** 天文学・宇宙物理学においては，炭素，窒素，酸素より重い元素を指す．恒星の内部や超新星爆発で起きる核融合反応によってつくられる．

**重力** 自然界に存在する 4 つの力の 1 つ．すべての粒子に働き，重力子によって媒介される．力の到達距離は無限である．

**重力レンズ現象** 重力の大きな天体があると，その後ろにある天体からくる光が曲げられること．ダークマターが存在する証拠の 1 つにもなっている．

**縮退** 電子などのフェルミ粒子は「パウリの原理」に従うため，複数の粒子が同一の状態を取ることができない．そのため，密度が高いまま温度が下がっていく場合，エネルギーの低い状態を取ることができる粒子数が限界に達すると，粒子は高いエネルギー状態

にも分布する．そのような状態を「縮退」あるいは「フェルミ縮退」という．縮退によって生じる縮退圧で支えられている星を「縮退星」という．白色矮星は電子の縮退圧で支えられている縮退星である．

**主系列星**　自らの重力によって収縮しようとする力と，水素の核融合反応のエネルギーによって膨張しようとする圧力が釣り合い，安定な状態にある恒星．恒星は一生のほとんどを主系列星として過ごす．その寿命は恒星の質量によって決まり，太陽質量程度の恒星は約100億年，太陽質量の10倍の恒星は約1000万年である．縦軸に絶対等級，横軸にスペクトル型（表面温度）をとった恒星の分布図「ヘルツシュプルング・ラッセル（HR）図」では，左上（明るく高温）から右下（暗く低温）に分布する．

**真核生物**　細胞の中に染色体が核膜で包まれた核を持つ生物．生物は「真核生物」と「原核生物」に大別され，私たちヒトを含む動物，植物，クロレラやゾウリムシなどの単細胞生物の一部は真核生物である．細菌は，核膜に包まれた核を持たない原核生物である．

**シンクロトロン放射**　荷電粒子が磁場の中で運動方向が曲がるとき放射される電磁波．

**スピン**　「スピン角運動量」ともいう．「軌道角運動量」とともに電子が持つ自由度の1つ．隣り合う電子のスピンがすべて同じ方向を向いて整列していると強磁性体，互いに反対方向を向いて整列していると反強磁性体となる．

**スペクトル**　放射スペクトルのこと．

**星団**　ほぼ同時に生まれた恒星の集団．銀河系では，数万～数十万個の恒星が直径100光年ほどの領域に集中している年老いた「球状星団」と，数十～数千個の恒星がさしわたし数十光年の領域に集まっている若い「散開星団」がある．大マゼラン銀河には，1万個以上の恒星から成る若い「ポピュラス星団」がある．

**相転移**　温度や圧力の変化によって物理的な性質が変化すること．水を0℃に冷やすと氷になる．これは，液相から固相への相転移である．金属が超伝導状態になることも相転移という．

**素粒子**　物質を構成している最も基本的な粒子．物質を構成するクォークとレプトン，力を媒介するゲージ粒子がある．

[タ 行]

**ダークエネルギー**　宇宙の73%を占める正体不明のエネルギー．宇宙の膨張を加速させる真空のエネルギーで，アルバート・アインシュタインが提唱した宇宙項であるとも考えられている．

**ダークマター（暗黒物質）**　電磁波を出さないために観測できないが，重力からその存在が分かる物質．宇宙の23%を占める．

**太陽系外惑星**　太陽系以外で発見される惑星．1995年に初めて発見され，現在では350個を超える．中心星のすぐ近くの軌道を木星ほどの大きな惑星が回っている例が多かったが，地球に似ている惑星も見つかり始めている．

**多波長観測**　電波，赤外線，可視光，紫外線，X線，ガンマ線など，さまざまな波長の電磁波を使って観測を行うこと．波長によって観測できる天体や現象が変わってくるため，宇宙の理解には多波長観測が不可欠である．

**単結晶**　結晶のどの位置でも結晶軸の方向がそろっているもの．物性は単結晶で顕著に現れるため，物性物理研究では単結晶が試料として使われる．単結晶は工業応用の材料と

しても重要で，例えばシリコン単結晶は半導体に利用されている．タンパク質のX線構造解析にも単結晶の生成が不可欠である．

**タンパク質**　生物の体を構成し，さまざまな生命現象を担う高分子化合物．数十から数千個のアミノ酸がペプチド結合によって連なり，折り畳まれてできる．そのアミノ酸配列は遺伝子DNAに記録されている．肉の主成分．

**チェレンコフ光**　荷電粒子が物質中を進む速度が，その物質中での光の速さより速いとき，荷電粒子の進行方向を軸とした円錐状の方向に放射される光．チェレンコフ光の放射角は粒子の速度に依存するため，加速器実験では粒子の識別に利用されている．

**中間子**　1個のクォークと1個の反クォークからできている粒子．「メソン」とも呼ぶ．$\pi$中間子など．

**中性子星**　太陽質量の8倍以上の恒星が，その一生の最後に超新星爆発を起こし，後に残される天体．中性子だけでできており，半径10 kmほどで，1 cm$^3$当たり10億トンにもなる高密度天体．さらに重力崩壊を起こしてブラックホールになる場合がある．

**超新星爆発**　太陽質量8倍以上の重い星が一生の最後に起こす大爆発．超新星爆発のときに急激な核融合反応が起き，さまざまな重元素がつくられる．超新星爆発の後，中心に中性子星やブラックホールが残されるとともに，高温のガスが周囲に放出されて超新星残骸を形成する．ほかに，白色矮星に質量が降り積もって爆発することもある．

**超対称性理論**　フェルミ粒子とボース粒子には，超対称性を持った粒子が存在するという理論．超対称性粒子は「SUSY粒子」と呼ばれる．

**超大統一理論**　自然界に存在する4つの力（重力，電磁気力，弱い力，強い力）をすべて統一して扱うことができる理論．いまだ完成していない．超ひも理論やM理論が有力候補である．

**超伝導**　ある温度以下になると，電気抵抗がなくなる現象．超伝導になる温度を「転移温度」という．

**超ひも理論**　重力，電磁気力，弱い力，強い力を統一する超大統一理論の有力候補の1つ．物質の最小の単位は粒子ではなく，ひものような構造を持ち，宇宙は10次元の時空であると考える．ひもの振動状況が素粒子に対応する．ひも理論に超対称性という概念を組み込んだものが，超ひも理論．

**超流動**　ある温度以下になると，粘性がなくなる現象．

**対消滅**　粒子と反粒子が出会うと，光子を出して消滅する．光子から粒子と反粒子が対で生まれることを「対生成」という．

**強い力**　自然界に存在する4つの力の1つ．クォークに働き，グルーオンが力を媒介する．強い力を感じるのは，クォークがカラー荷を持つためである．カラー荷には赤，青，緑があり，クォーク同士は必ず白になる組み合わせで結合する．強い力は，原子核を構成する陽子と中性子を結び付けることから，「核力」とも呼ばれる．

**定常宇宙論**　宇宙にははじまりもなければ終わりもない，宇宙は膨張や収縮をせず定常である，という考え．アルバート・アインシュタインも最初は定常宇宙論を支持した．ビッグバンに対立する宇宙論として，1960年代初頭まで活発に研究が進められていた．1965年の宇宙マイクロ波背景放射の発見以後は，ビッグバン理論が主流となる．

**電子軌道**　原子核の周りを回る電子が入ることができる軌道．$s$軌道，$p$軌道，$d$軌道などがあり，1つの軌道に入ることができる電子の数は決まっている．しかし，実際に軌道

が存在するわけではなく，量子力学に基づいて，電子の存在確率を示す「電子雲」として表される．

**電磁気力** 自然界に存在する4つの力の1つ．電子など電荷を持った粒子に働き，光子によって媒介される．

**電磁波** 空気中や物質中を伝わる電磁的な振動．電磁波の量子は光子．波長が長い（エネルギーが低い）方から，電波，赤外線，可視光，紫外線，X線，ガンマ線がある．

**電子ボルト（eV）** エネルギーの単位．素粒子の質量の単位としても用いられる．1 eVは1ボルト（V）で加速された電子1個の運動エネルギーに相当する．通常使われるエネルギーの単位「ジュール（J）」に換算すると，$1 eV = 1.6 \times 10^{-19} J$である．1Jは1ニュートン（N）の力で物体をその力の向きに1m動かす仕事量に相当する．最もエネルギーが高い宇宙線は$10^{20}$ eVを超える．

**電弱力** 電磁気力と弱い力を統一したもの．宇宙誕生$10^{-10}$秒後に，電磁気力と弱い力に分岐した．

**ドップラー効果** 電磁波など波の発生源が動いている場合，観測される周波数が変わる現象．電磁波の場合，発生源が近づくと，波長は短くなり，青方偏移となる．逆に遠ざかると，波長は長くなり，赤方偏移となる．ドップラー効果による波長のずれを調べることで，天体の運動速度が分かる．音波の場合は，発生源が近づくと音が高くなり，遠ざかると低くなる．

[ナ・ハ行]

**ニュートリノ振動** ニュートリノには電子，ミュー，タウの3種類があるが，飛んでいる間にほかの種類のニュートリノに変わる現象のこと．名古屋大学の中川昌美，牧二郎，坂田昌一が，ニュートリノに質量があればニュートリノ振動が起きると予言した．スーパーカミオカンデを使った実験などによって，ニュートリノ振動が起きている証拠が観測されている．

**パーカー不安定** 銀河規模で，銀河円盤と垂直方向に重力とつり合いにある磁力線が，重力に抗してループ状に浮き上がる現象．磁力線に凍結した星間ガスは，ループの根元に落下して集中し，星間雲をつくる．1966年，ユージン・ニューマン・パーカーによって，星間雲形成機構として提案された．

**パウリの原理** 1つの状態には1個の粒子しか入ることができないという原理．「パウリの排他原理」ともいう．パウリの原理に従う電子などの粒子をフェルミ粒子という．従わない粒子はボース粒子である．

**白色矮星** 太陽質量程度の恒星は一生の最後に，宇宙空間にガスを放出し，惑星状星雲を形成する．惑星状星雲の中心には白色矮星が残される．大きさは地球くらいだが，$1 cm^3$当たり1トンにもなる高密度天体．

**バクテリオロドプシン** 高度好塩菌（古細菌の一種）の細胞膜に存在し，光のエネルギーをロドプシン色素で吸収し，タンパク質の構造変化によりプロトン（$H^+$）を細胞の中から外へ輸送するタンパク質．プロトンの濃度勾配を使い，鞭毛を回したり，筋肉を動かすためのATP（アデノシン三リン酸）を合成する．クロロフィル色素で電子移動をする光合成とは異なる．古細菌以外の生物はこれを持たないが，動物の視物質であるロドプシンはよく似た構造を持つ．

**ハッブル定数** 天体が銀河系から遠ざかる速さと，その天体までの距離が正比例するこ

とを表す「ハッブルの法則」における比例定数．天体の後退速度を，その天体までの距離で割ると求まる．ハッブル定数と，宇宙の物質やダークエネルギーの量を知ることで，宇宙の年齢を計算することができる．ハッブル定数の逆数は，ほぼ宇宙の年齢になる．

**ハドロン**　クォークで構成されている物質で，数百種類ある．3個のクォークからなるバリオンと，1個ずつのクォークと反クォークからなる中間子に分けられる．

**バリオン**　中性子や陽子など，3個のクォークで構成されている物質．クォークは赤，青，緑のカラー荷を持つ．バリオンをつくるときは，3色のカラー荷を持つクォークが結び付き，白色となる．

**バリオン音響振動**　陽子と電子と光子の混合流体の相互作用によって生じた波．宇宙誕生から38万年後までの宇宙に発生していた．バリオン音響振動のパターンが大規模構造に刻まれていることから，宇宙の構造がどのように発生・進化したかを知るかぎとなる．

**反強磁性体**　隣り合う電子のスピンがそれぞれ反対方向を向いて整列し，全体として磁気モーメントを持たない磁性体．

**反粒子**　素粒子と質量は同じだが，電荷などの符号が逆の素粒子．電子の反粒子は陽電子，陽子の反粒子は反陽子．すべての素粒子に反粒子が存在する．

**ヒッグス粒子**　標準理論によって存在が予言されているが，まだ発見されていない．物質に質量を持たせる粒子．

**ビッグバン**　超高密度・超高温の宇宙のはじまり．宇宙が膨張していること，宇宙マイクロ波背景放射が観測されたことなどから，ビッグバンの正しさは証明された．

**標準理論**　電磁気力，弱い力，強い力を扱う理論で，電弱理論と量子色力学を統一したもの．実験結果ともよく合うことから「標準」と呼ばれる．「標準模型」「標準モデル」ともいう．標準理論で予測され，未発見の粒子はヒッグス粒子だけである．

**フェルミ加速**　エンリコ・フェルミが提案した宇宙線の加速機構．磁場を伴って高速で運動する星間ガスに荷電粒子が弾性衝突を繰り返し，衝突のたびにエネルギーを得て加速する．

**フェルミ粒子**　電子，陽子，中性子など物質を構成する粒子．「フェルミオン」とも呼ぶ．1つの状態に入ることができるフェルミ粒子は1個だけであるという「パウリの原理」に従う．

**プラズマ**　原子が，正の電荷を帯びた原子核と，負の電荷を帯びた電子に電離して分かれている状態．宇宙が高温であった初期には，すべての原子が電離したプラズマ状態にあった．宇宙膨張によって温度が下がり，宇宙誕生から38万年後に電子が原子核にとらえられた．これを「宇宙再結合」（実は最初の結合なのだが）または「宇宙の晴れ上がり」という．その後，宇宙誕生数億年後に，大質量の星が出す紫外線などによって宇宙空間は再び電離し，プラズマ状態になった．

**ブラックホール**　光さえも抜け出せないほど，重力の大きな天体．恒星が一生の最後に起こす超新星爆発の後に残される太陽質量の10倍程度のもの，星団などの中にある太陽質量1000倍程度の中質量のブラックホール，銀河の中心にある太陽質量の1億倍の大質量ブラックホールがある．地球を直径18 mmに押しつぶすとブラックホールになる．

**プランクエネルギー**　素粒子が持ち得るエネルギーの限界値．素粒子が持つエネルギーがそれ以上高くなれば，周りの時空が定義できなくなる．

**プランク長**　物理的に考え得る最小の長さ．

**ブレーンワールド** 3次元空間は，高次元の空間の中にある膜（ブレーン）であると考える理論．力を媒介するゲージ粒子は膜のみに存在して拘束されているので，余剰次元を見ることはできない．

**分子ガス雲** 星間空間を漂っている水素分子が主成分のガス雲．マイナス260℃ほどの低温．「星間分子雲」ともいう．

**ペロブスカイト構造** 結晶構造の一種．「ペロブスカイト」とは灰チタン石（$CaTiO_3$）を指し，それと同じ結晶構造をいう．化学式 $RMO_3$ で示される遷移金属酸化物などがペロブスカイト構造を取る．金属 R が立方晶を形成し，その体心に遷移金属イオン M が位置し，遷移金属イオン M は酸素がつくる八面体に取り囲まれている．転移温度が 100 K を超える酸化物高温超伝導体は，ペロブスカイト構造をしている．

**ボイド** 宇宙の大規模構造において，銀河がほとんど存在しない空間領域のこと．

**放射スペクトル** 宇宙から来る電磁波にはさまざまな波長の光が含まれている．それを波長ごとに分けたもの．本書では簡単に「スペクトル」とも言う．スペクトルに分けることを「分光」という．

**膨張宇宙** エドウィン・ハッブルが銀河の距離と後退速度を観測し，遠くの銀河ほど速いスピードで遠ざかっていることを1929年に発見．これによって宇宙が膨張していることが分かった．

**ホーキング輻射** スティーヴン・ホーキングが提唱したブラックホールの蒸発を説明する考え方．ブラックホールの周辺では，真空のエネルギーから粒子と反粒子の対生成が頻繁に起きている．対生成した一方の粒子がブラックホールに吸い込まれてしまうと，もう一方の粒子は反動で遠くに飛んでいく．ブラックホールはその分の質量を失い，軽くなっていく．

**ボース・アインシュタイン凝縮** ある温度以下になると，多数のボース粒子が最低エネルギーの状態を占める現象．超伝導，超流動とも密接なかかわりがある．

**ボース粒子** ボース統計に従う粒子．「ボソン」とも呼ぶ．「パウリの原理」に従わず，1つの状態にいくつでも入ることができる．力を媒介する素粒子はすべてボース粒子であり，光子，W ボソン，Z ボソン，グルーオン，重力子がある．

**ポピュラス星団** 大マゼラン銀河などに見られる1万個以上の恒星からなる星団．銀河系の球状星団に似ているが，球状星団は100億年前に形成されたものであるのに対して，ポピュラス星団は現在でも形成されている．

**[マ・ヤ行]**

**マゼラン銀河** 銀河系の2つの伴銀河．大マゼラン銀河と小マゼラン銀河がある．銀河系からの距離は，それぞれ16万光年と20万光年．

**モット絶縁体** 結晶格子点に入っている電子が1個であり原理的には電子が動けるにもかかわらず，電子間のクーロン反発力が強いために電子が動けず，絶縁体となっている物質．

**ヤーンテラー効果** 結晶構造が自発的にひずみ，電子軌道を分裂させること．もとの結晶構造とは異なった磁気的な性質を持つようになる．

**陽電子** 電子の反粒子．重さは電子と同じだが，正電荷を持つ．1928年，ポール・ディラックによって，その存在が予言された．1932年，カール・アンダーソンが霧箱を使って陽電子の飛跡をとらえることに成功した．

**4つの力**　すべての粒子に引力として働く「重力」，電子など電荷を持った粒子に働く「電磁気力」，クォークを結び付けて陽子や中性子をつくり，陽子と中性子を結び付けて原子核をつくる「強い力」，クォークとレプトンに働く「弱い力」．それぞれの力はゲージ粒子（ボース粒子）によって媒介される．宇宙が誕生したときは1つの力だったが，宇宙の進化とともに分岐した．

**弱い力**　自然界に存在する4つの力の1つ．ニュートリノや電子などに働き，W粒子（Wボソン）とZ粒子（Zボソン）によって媒介される．

**[ラ・ワ行]**

**量子色力学**　クォークに働く強い力を扱う量子力学．強い力は，グルーオンによって媒介される．クォークは赤，青，緑のカラー荷を持ち，白色になるように組み合わさってバリオンや中間子がつくられる．

**量子重力理論**　量子論と一般相対性理論を統一した理論．

**量子論**　古典物理学では説明することができない，ミクロな世界での物質の振る舞いを扱う理論．

**レプトン**　物質を構成する素粒子．電子，ミュー，タウ，電子ニュートリノ，ミューニュートリノ，タウニュートリノの6種類と，それぞれに反粒子がある．

**惑星状星雲**　太陽質量程度の恒星が一生の最後に膨張し，ガスを宇宙空間に放出してできる天体．惑星のように見えることから，この名がついた．中心には白色矮星が存在する．

**[A-Z]**

**BCS理論**　1957年に提唱された超伝導のメカニズムを説明する理論．格子振動を媒介として電子と電子の間に弱い引力相互作用が働き，クーパー対と呼ばれる電子のペアをつくることで超伝導状態になる．3人の提唱者，バーディーン，クーパー，シュリーファーの頭文字をとって名付けられた．高温超伝導のメカニズムを説明することはできない．

**Belle実験**　CP対称性の破れの検証実験．高エネルギー加速器研究機構（KEK）のKEKB加速器で加速した陽電子と電子を衝突させ，B中間子と反B中間子を大量につくり出し，性質の違いをBelle検出器で詳しく調べる．2001年，CP対称性の破れを確認．「Bファクトリー実験」とも呼ばれる．

**CP対称性の破れ**　粒子と反粒子の性質に違いがあること．生成された大部分の粒子は反粒子と対消滅するが，性質の違いにより粒子・反粒子の量のバランスが崩れる．その結果，現在の宇宙は物質優勢になっている．

**K2K実験**　つくば・神岡間長基線ニュートリノ振動実験．高エネルギー加速器研究機構（KEK）の加速器でつくったミューニュートリノを，250km離れた岐阜県神岡にあるスーパーカミオカンデに向けて打ち込み，観測する．1999年6月から2004年11月まで実施し，ミューニュートリノの数が減っていることを確認した．ニュートリノ振動が起きたためだと考えられている．

**OPERA実験**　Oscillation Project with Emulsion-tRacking Apparatus．スイスのCERN（欧州原子核研究機構）でつくったミューニュートリノを732km離れたイタリアのグランサッソ研究所に向けて打ち込み，観測する．ミューニュートリノがニュートリノ振動によって変わったタウニュートリノを原子核乾板でとらえることを目指す．2006年から実験開始．

**WMAP** Wilkinson Microwave Anisotropy Probe の略. 1989 年に打ち上げられた COBE の後継機として, NASA が 2001 年に打ち上げた人工衛星. 宇宙マイクロ波背景放射を高精度に観測し, 温度のゆらぎの細かさを精密に測定した. 宇宙の年齢が 137 億歳であること, 宇宙の 23％はダークマター, 73％はダークエネルギーで, 普通の物質は 4％しかないことなどを明らかにした.

# 索　引

## ア 行

アインシュタイン，アルバート　26, 79
あかり　8, 77
アカリオクロリス　219
アシドフィリウム　219
アストロケミストリー　81
アストロバイオロジー　81
アミノ酸　204
泡箱　25
暗線　5
アンテナ色素タンパク質　204, 212
イオンポンプ　221
一酸化炭素分子　8, 109, 147
インフレーション　3, 19
宇宙項　26, 79
宇宙線　6, 25, 139
宇宙年齢　2, 3
宇宙の大規模構造　8, 83, 117
宇宙の晴れ上がり　4, 28, 82
宇宙マイクロ波背景放射　2, 4, 29, 79, 83, 93
エアロジェル RICH　48, 50
エキゾチックブラックホール　138
液体酸素　179
液体ヘリウム　167, 175
X 線　74, 77, 114, 136, 151
X 線顕微鏡　125
X 線結晶構造解析　222
M 理論　158
遠赤外線　75
エントロピー　133
オゾン層　207

## カ 行

角運動量　177
核融合反応　2, 28, 130, 144
核力　143
可視光　74, 77
加速器　26, 31, 37, 143
活動銀河核　155

かに星雲　146
カラー荷　135
カラー超伝導　136
カルツァ・クライン理論　158
カロテノイド　204, 213
ガンマ線　8, 74, 141
輝線　119, 153
軌道液体　185, 189
軌道角運動量　177
軌道自由度　185, 189
軌道秩序　185, 187
軌道波　185, 188
軌道ゆらぎ　185, 187, 191
キノン　215
球状星団　83, 105
キュリー温度　178
強磁性(体)　134, 180
凝縮系　132
強相関電子系　133, 172, 184
極限天体　132
局部銀河群　8, 84
巨大磁気抵抗効果　185
霧箱　25, 142
銀河　10, 28, 78, 97
銀河系　5, 83, 97, 105
銀河団　8, 79, 84, 113
金属　171, 184
近・中間赤外線　77
クーパー対　133, 135, 169
クォーク　17, 35, 37, 39, 135
クォーク星　11, 136
グランサッソ研究所　55, 60
グリッチ　137
グルーオン　18, 37, 135
クロロフィル　202, 204, 210, 212
ゲージ粒子　18
結晶場　186
原子　17, 28, 108
原子核　17, 28, 108
原子核乾板　55, 68, 125
原始銀河　95

原始星　9, 93
原始惑星系円盤　78
元素　30, 82, 119
硬X線望遠鏡　77, 122
高温超伝導　185
光化学系 I, II　213
交換相互作用　187
光合成　199, 201, 210
光合成反応中心　212
光子　18, 37
高次元理論　158
格子振動　133, 169
恒星　9, 11, 28, 78, 90, 97
降着円盤　155
黒体放射　116
古細菌（アーキア）　201, 221
古典力学　4
小林誠　35, 39
小林・益川理論　24, 35, 39

サ 行

再結合　93
再電離　4, 93
細胞内共生　202
サブミリ波　8, 74, 78, 109
散開星団　83, 106
酸素　199, 207
$3d$ 電子系　185
シアノバクテリア　199, 201, 207
紫外線　74, 93, 205
磁石　176
磁性超伝導体　174, 193
視線速度　147
磁場　88, 99, 140
重元素　9, 12, 28, 108, 119, 144
自由電子　184
重力　18, 21, 159
重力子　18
重力赤方偏移　155
重力不安定性　85
重力ポテンシャル　85
重力レンズ現象　80
縮退　11
主系列星　11
小マゼラン銀河　105
植物　201

磁力線　180
真核生物　201
シンクロトロン放射　102, 141
人工光合成タンパク質　229
真正細菌　201
スーパーBファクトリー　47
すざく　8, 77, 120, 151
すばる　89
スピン　167
スピン液体　189
スピン角運動量　177
スピン自由度　185, 189
スピン波　188
スペクトル　5, 28
星間分子　8, 12, 103
星団　103, 105
生命　12, 198, 210, 221
赤外線　74
赤色巨星　11, 130
絶縁体　171, 184
絶対零度　178, 194
Z粒子　18, 37
ゼロギャップ状態　174
相転移　20, 178
素粒子　16, 25, 30, 37

タ 行

ダークエネルギー　4, 79, 82, 89
ダークマター（暗黒物質）　4, 9, 26, 79, 82, 92, 116, 123
大気　201, 210
大気ニュートリノ異常　53
大統一理論　21
大マゼラン銀河　105
太陽系　12
太陽ニュートリノ欠損問題　53
タウニュートリノ　53, 61
タウ粒子　47
多波長観測　8, 79
W粒子　18, 37
単結晶　183, 193
炭素鎖分子　12
タンパク質　204, 221
チェレンコフ光　49, 141
地球　198
中間子（メソン）　39, 135

中性子　17
中性子星　11, 98, 131, 134, 136, 175
超軽量望遠鏡架台　126
超高速自動飛跡読み取り装置　59
超新星爆発　9, 28, 98, 108, 119, 131, 139, 144, 153
超対称性理論　124
超大統一理論　21
超伝導　133, 165, 176, 193
超ひも理論　36, 158
超流動　133, 168, 175
チラコイド膜　202, 210
対消滅　22
対生成　38
2dF銀河探査計画　84
強い力　18, 21, 135
鉄硫黄センター　214
鉄ヒ素系超伝導体　166, 173
テトラアーク炉　193
転移温度　133
電荷自由度　185
電気抵抗　165
電子　17, 140
電子軌道　185
電磁気力　18, 21
電磁波　7, 74, 140
電弱力　21
電波　7, 108
統一理論　21
銅酸化物高温超伝導(体)　166, 170
ドップラー効果　29, 99, 155

## ナ行

なんてん　75, 99, 109, 147
南部陽一郎　170
二酸化炭素　199, 208
二中間子論　143
ニュートラリーノ　124
ニュートリノ　22, 52, 60
ニュートリノ振動　23, 53, 60

## ハ行

パーカー不安定性　99
パイゼロ・ツーガンマ　141
π中間子　143

パウリの原理　11, 167
白色矮星　11, 97, 130
バクテリオクロロフィル　204
バクテリオロドプシン　221
ハッブル，エドウイン　2, 79
ハドロン　135
バリオン　117, 135
バリオン音響振動　89
パルサー　137
反強磁性(体)　134, 181, 193
反物質　7, 22
万有引力　4, 174
反粒子　7, 21, 31, 37
B中間子　22, 40
Bファクトリー　40
光エネルギー　198, 210, 221
ヒッグス粒子　19, 23, 46
ビッグバン　1, 27, 82
標準理論　7, 19, 37
フィロキノン　214
フェムト秒レーザー　210
フェルミ加速　144
フェルミ粒子（フェルミオン）　17, 166
フラウンホーファー線　5
プラズマ　93, 136, 138
ブラックホール　11, 98, 131, 137, 155, 157
ブラックリング　163
プランクエネルギー　160
プランク時間　27
プランク長　158
ブレーンワールドシナリオ　159
ブロッホ波　169
プロトン　221
分光　5
分子　16, 198
分子ガス雲（分子雲）　12, 98, 108, 142
ヘリウム　2, 5
ペロブスカイト構造　186
ペンギン崩壊　45
ボイド　84
膨張宇宙　2, 26, 29
ホーキング輻射　138, 161
ボース・アインシュタイン凝縮　167
ボース粒子（ボソン）　166
ポピュラス星団　106

索　引

## マ行

膜融合法　223
益川敏英　35, 39
ミトコンドリア　203
ミューニュートリノ　52, 54, 60
ミュー粒子　143
ミリ波　8, 74, 109
明月記　146
メタン　204
モット絶縁体　171

## ヤ行

ヤーンテラー効果　187
有機導体　173
有機物　81
陽子　17, 27, 139
陽電子　32, 143
葉緑素　202, 210
葉緑体　202, 210
余剰次元　157
4つの力　17, 21
弱い力　18, 21

## ラ・ワ行

リフレッシュ　63, 68
量子色力学　134
量子効果　181, 194
量子相転移　181
量子力学　6, 176
ルミノシティ　42
レチナール　222
レプトン　17, 37
惑星　12, 198
惑星状星雲　130, 153

## A-Z

ALMA　79, 96, 104
ASTRO-H　77, 137, 156
ATP　204, 221
Babar実験　24, 35
BCS理論　133, 168
Belle実験　22, 35, 42, 49
Belle測定器　42
BESS-Polar実験　34
CANGAROO　141
CERN　61
COBE　83
CP対称性の破れ　22, 34, 39
DIOS　123
DNA　204
ECCブロック　56, 63
FIRBE　77
FITE　77
GLC　23
InFOCμS　77, 122, 157
IRSF　77
JWST　95
K2K実験　54, 60
LHC　7, 47, 160
NANTEN2　75, 104, 150
OPERA　22, 54, 60, 68
OPERAフィルム　55, 63
PixDタンパク質　217
SDSS　77, 87
SKA　96
SUMIT　77, 122, 157
TeVシナリオ　160
TOPカウンター　47, 49
WMAP　3, 79, 83, 90, 93, 117

## 著者一覧（執筆順，＊印は編集委員）

＊福井　康雄　　名古屋大学　大学院理学研究科　教授
　大島　隆義　　名古屋大学　大学院理学研究科　特任教授
　三田　一郎　　神奈川大学　工学部　物理学教室　教授
＊飯嶋　　徹　　名古屋大学　素粒子宇宙起源研究機構　教授
　居波　賢二　　名古屋大学　大学院理学研究科　准教授
　中野　敏行　　名古屋大学　大学院理学研究科　助教
　中村　光廣　　名古屋大学　素粒子宇宙起源研究機構　准教授
　中村　　琢　　静岡北高等学校　教諭
　芝井　　広　　大阪大学　大学院理学研究科　教授
＊杉山　　直　　名古屋大学　大学院理学研究科　教授
　吉田　直紀　　東京大学　数物連携宇宙研究機構　特任准教授
　水野　範和　　国立天文台　ALMA推進室　准教授
　田原　　譲　　名古屋大学　エコトピア科学研究所　教授
　栗田光樹夫　　名古屋大学　大学院理学研究科　助教
　冨松　　彰　　名古屋大学　大学院理学研究科　教授
　國枝　秀世　　名古屋大学　大学院理学研究科　教授
　吉野　裕高　　アルバータ大学　物理学科　日本学術振興会海外特別研究員
＊平島　　大　　名古屋大学　大学院理学研究科　教授
　佐藤　憲昭　　名古屋大学　大学院理学研究科　教授
　伊藤　正行　　名古屋大学　大学院理学研究科　教授
＊伊藤　　繁　　名古屋大学　名誉教授
　神山　　勉　　名古屋大学　大学院理学研究科　教授

宇宙史を物理学で読み解く

2010年5月30日　初版第1刷発行

定価はカバーに
表示しています

監修者　福 井 康 雄
発行者　石 井 三 記

発行所　財団法人　名古屋大学出版会
〒464-0814　名古屋市千種区不老町1名古屋大学構内
電話 (052) 781-5027／FAX (052) 781-0697

ⓒ Yasuo FUKUI, et al., 2010　　　　　　Printed in Japan
印刷・製本　㈱クイックス　　　　ISBN978-4-8158-0639-2
乱丁・落丁はお取替えいたします。

Ⓡ〈日本複写権センター委託出版物〉
本書の全部または一部を無断で複写複製（コピー）することは，著作権法上での例外を除き，禁じられています。本書からの複写を希望される場合は，必ず事前に日本複写権センター（03-3401-2382）の許諾を受けてください。

早川幸男著
## 素粒子から宇宙へ
―自然の深さを求めて―
　　　　　　　　　　　　　　　　四六・352頁
　　　　　　　　　　　　　　　　本体 2,200円

土井正男・滝本淳一編
## 物理仮想実験室
―3Dシミュレーションで見る，試す，発見する―
　　　　　　　　　　　　　　　　A5・300頁・CD付
　　　　　　　　　　　　　　　　本体 4,200円

野依良治著
## 研究はみずみずしく
―ノーベル化学賞の言葉―
　　　　　　　　　　　　　　　　四六・218頁
　　　　　　　　　　　　　　　　本体 2,200円

石崎宏矩著
## サナギから蛾へ
―カイコの脳ホルモンを究める―
　　　　　　　　　　　　　　　　四六・254頁
　　　　　　　　　　　　　　　　本体 3,200円

渡邊誠一郎・檜山哲哉・安成哲三編
## 新しい地球学
―太陽-地球-生命圏相互作用系の変動学―
　　　　　　　　　　　　　　　　B5・356頁
　　　　　　　　　　　　　　　　本体 4,800円

西澤邦秀・飯田孝夫編
## 放射線安全取扱の基礎［第三版］
―アイソトープからX線・放射光まで―
　　　　　　　　　　　　　　　　B5・200頁
　　　　　　　　　　　　　　　　本体 2,400円